高等职业教育实训教材

钳工实训指导书

主　编　冯　刚　滕朝晖

副主编　陶文勇　周生伟　王海涛　方　明　陈　勇

　　　　张建平　郑卫华　吴金龙　徐德慧　江　平

　　　　李永松　曾勇刚

参　编　宓大荣　朱　峰　李振军　张友根

审稿人　刘　健

机械工业出版社

本书为钳工——高等职业教育实训教材。

全书共分三个模块。模块一为钳工基本知识与技术，主要由王海涛编写；模块二为装配、修理与调整基本知识与技术，主要由滕朝晖编写；模块三为手工制作零件基本知识与技术，主要由冯刚编写。内容以由浅入深、由易到难的教学原则，按任务的形式安排。

本书适用于高职高专、技工学校的钳工学生及入岗钳工的入门教育培训。

图书在版编目（CIP）数据

钳工实训指导书/冯刚，滕朝晖主编. —北京：机械工业出版社，2014.6（2024.9 重印）
高等职业教育实训教材
ISBN 978-7-111-46240-8

Ⅰ.①钳… Ⅱ.①冯…②滕… Ⅲ.①钳工-高等职业教育-教材 Ⅳ.①TG9

中国版本图书馆 CIP 数据核字（2014）第 115845 号

机械工业出版社（北京市百万庄大街 22 号 邮政编码 100037）
策划编辑：沈 红 责任编辑：沈 红 雷云辉
版式设计：霍永明 责任校对：张莉娟
封面设计：陈 沛 责任印制：张 博
北京雁林吉兆印刷有限公司印刷
2024 年 9 月第 1 版 · 第 11 次印刷
169mm×239mm · 14 印张 · 267 千字
标准书号：ISBN 978-7-111-46240-8
定价：36.00 元

凡购本书，如有缺页、倒页、脱页，由本社发行部调换

电话服务	网络服务
服务咨询热线：010-88361066	机 工 官 网：www.cmpbook.com
读者购书热线：010-68326294	机 工 官 博：weibo.com/cmp1952
010-88379203	金 书 网：www.golden-book.com
封面无防伪标均为盗版	教育服务网：www.cmpedu.com

前　　言

目前，高职高专教育已经成为我国普通高等教育的重要组成部分。根据教育部发布的《关于全面提高高等职业教育教学质量的若干意见》的文件精神，同时针对高职高专院校机电一体化、数控、模具等专业教学思路和方法的改革创新，特精心策划了高等职业技术教育中的《钳工实训指导书》，用以全面提高学生的专业操作技能。本书结合高职高专院校学生的实际情况，内容结构安排上力求做到简明、实用；理论内容以应用为目的，进一步突出专业操作技能，促进理论与实践的紧密结合，增强实用性与适用性。

本书由冯刚、滕朝晖任主编，陶文勇、周生伟、王海涛、方明、陈勇、张建平、郑卫华、吴金龙、徐德慧、江平、李永松、曾勇刚任副主编，宓大荣、朱峰、李振军、张友根参编。定稿为浙江工业职业技术学院冯刚，审稿为浙江工业职业技术学院机械工程分院刘健教授。本书在编写过程中得到了相关学院领导及同行的大力支持，在此谨致谢意。

由于时间仓促，编者水平和经验有限，书中难免有欠妥和错误之处，恳请广大师生和读者予以批评指正。

编　者

2014 年 5 月

目　录

前言
模块一　钳工基本知识与技术……1
任务一　入门知识……1
任务二　金属錾削……6
任务三　锯削……10
任务四　锉削……16
任务五　钻孔……24
任务六　扩、锪、铰孔……32
任务七　攻、套螺纹……40
任务八　刮削……46
任务九　立体划线……61
任务十　研磨……65
模块二　装配、修理、调整基本知识与技术……69
任务一　高精度轴组的装配、修理与调整……69
任务二　机床操纵机构的修理与调整……97
任务三　液压系统的修理与调试……105
任务四　滚珠丝杠机构的装配、修理与调整……123
任务五　旋转件的平衡校正……131
模块三　手工制作零件基本知识与技术……137
任务一　锉削正方体……137
任务二　锉削六方体……139
任务三　U形块加工……142
任务四　工形板……146
任务五　十字块……149
任务六　锉配凹凸体……153
任务七　双角度对配……157
任务八　直角圆弧镶配……161
任务九　4台阶对配……164
任务十　T形配板……168
任务十一　L形镶配……172
任务十二　长方换位对配……176
任务十三　V形圆镶配件……180

任务十四　X形扣合件 ······ 185
任务十五　样板 ······ 189
任务十六　三角R合套 ······ 193
任务十七　三爪R合套 ······ 198
任务十八　R样板副 ······ 204
任务十九　梅花合套 ······ 209
参考文献 ······ 217

模块一　钳工基本知识与技术

任务一　入 门 知 识

一、教学要求

1）了解钳工在工业生产中的工作任务。

2）了解钳工实习场地设备和本工种操作中常用的工、量、刃具。

3）掌握实习场地的规章制度及安全文明生产要求。

4）树立安全文明生产意识。

二、学习内容

1. 钳工的主要工作任务

钳工的工作范围很广，如各种机械设备的制造，首先，从毛坯（铸造、锻造、焊接的毛坯及各种轧制的型材毛坯）开始，经过切削加工和热处理等步骤成为零件，然后，通过钳工把这些零件按机械的各项技术精度要求进行组件、部件装配和总装配，才能成为一台完整的机械设备；有些零件在加工前，还要通过钳工来进行划线；有些零件的技术要求，采用机械方法不太适宜或不能达到，也需通过钳工来完成。

许多机械设备在使用过程中，出现损坏、产生故障或长期使用后失去使用精度，影响了正常使用，也要通过钳工进行维护和修理。

在工业生产中，各种工、夹、量具及各种专用设备等的制造，也需通过钳工才能完成。

不断进行技术革新，改进工具和工艺，以提高劳动生产率和产品质量，也是钳工的重要任务。

2. 钳工技能的学习要求

随着机械工业的发展，钳工的工作范围日益扩大，并且专业分工更细，可分成装配钳工、修理钳工、工具制造钳工和普通钳工等。不论哪种钳工，都应掌握好钳工的各项基本操作技能，包括划线、錾削、锯削、钻孔、扩孔、锪孔、铰孔、攻螺纹和套螺纹、矫正和弯形、铆接、刮削、研磨及基本测量技能和简单的热处理工艺等，再根据分工不同进一步学习掌握好零件的钳工加工及产品和设备的装配、修理等技能。

基本操作技能是进行产品生产的基础，也是钳工专业技能的基础，因此，必须熟练掌握，才能在今后的工作中逐步做到得心应手、运用自如。

钳工基本操作项目较多，各项技能的学习掌握又具有一定的相互依赖关系，因此要求我们必须循序渐进，由易到难、由简单到复杂，一步一步地对每项操作按要求学习好、掌握好，不能偏废任何一个方面。还要自觉遵守纪律，有吃苦耐劳的精神；严格按照每个课题要求进行操作，只有这样，才能很好地完成基础训练。

3. 钳工常用设备

(1) 台虎钳（图 1-1） 它是用来装夹工件的常用夹具，有固定式（图 1-1a）和回转式（图 1-1b）两种结构类型。回转式台虎钳的构造和工作原理如下。

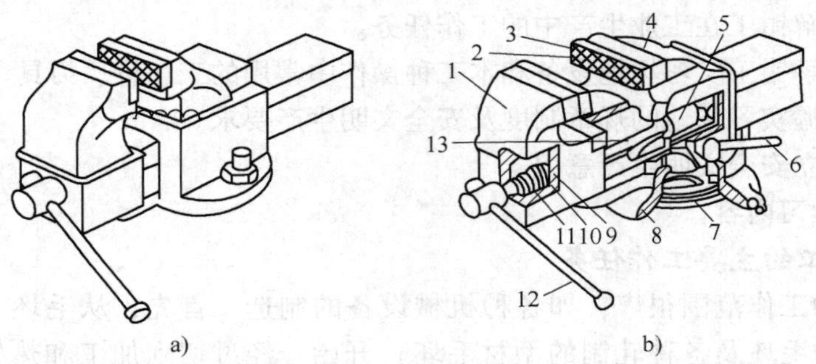

图 1-1 台虎钳

a）固定式台虎钳 b）回转式台虎钳

1—活动钳身 2—螺钉 3—钢质钳口 4—固定钳身 5—丝杠螺母
6、12—手柄 7—夹紧盘 8—转座 9—销 10—挡圈 11—弹簧 13—丝杠

活动钳身 1 通过导轨与固定钳身 4 的导轨孔进行滑动配合。丝杠 13 装在活动钳身上，可以旋转，但不能轴向移动，并与安装在固定钳身内的丝杠螺母 5 配合。摇动手柄 12 使丝杠旋转，就可带动活动钳身相对于固定钳身做轴向移动，起夹紧或放松工件的作用。弹簧 11 借助挡圈 10 和销 9 固定在丝杠上，其作用是当放松丝杠时，可使活动钳身及时地退出。在固定钳身和活动钳身上各装有钢质钳口 3，并用螺钉 2 固定。钳口的工作面上制有交叉的网纹，使工件夹紧后不易产生滑动。钳口经过了热处理淬硬，具有较好的耐磨性。固定钳身装在转座 8 上，并能绕转座轴心线转动。当转到要求的方向时，扳动手柄 6 使夹紧螺钉旋紧，便可在夹紧盘 7 的作用下把固定钳身紧固。转座上有 3 个螺栓孔，用来与钳台固定。

台虎钳的规格以钳口的宽度表示，有 100mm（4in）、125mm（5in）、150mm（6in）等。

台虎钳在钳台上安装时，必须使固定钳身的工作面处于钳台边缘以外，以保证装夹长条形工件时，工件的下端不受钳台边缘的阻碍。

（2）钳台（钳桌）　用来安装台虎钳、旋转工具和工件等。台虎钳高度为800～900mm，装上台虎钳后，钳口高度以恰好齐人的臂肘为宜（图1-2）；长度和宽度随工作需要而定。

（3）砂轮机　用来刃磨钻头、錾子等刃具或其他工具等，由电动机、砂轮和机体组成。

（4）钻床　用来对工件进行各类圆孔的加工，有台式钻床、立式钻床和摇臂钻床等。

图1-2　台虎钳的高度

4. 钳工基本操作中常用工、量具

常用工具有划线用的划针、划针盘、划规（圆规）、样冲（中心冲）和平板，錾削用的锤子和各种錾子，锉削用的各种锉刀，锯削用的锯弓和锯条，孔加工用的各类钻头、锪钻和铰刀，攻、套螺纹用的各种丝锥、板牙和铰杠，刮削用的平面刮刀和曲面刮刀以及各种扳手和旋具等。常用量具有钢直尺、刀口形直尺、内外卡钳、游标卡尺、90°角尺、塞尺、百分表等。

5. 生产实习场地规则

按实习工厂规则宣讲明确。

6. 安全和文明生产的基本要求

1）钳工设备的布局：钳台要放在便于工作和光线适宜的地方；钻床和砂轮机一般应安装在场地的边沿，以保证安全。

2）使用的机床、工具（如钻床、砂轮机、手电钻等）要经常检查，发现损坏应及时上报，且在未修复前不得使用。

3）使用电动工具时，要有绝缘防护和安全接地措施。使用砂轮时，要戴好防护眼镜。在钳工台上进行錾削时，要有防护网。清除切屑要用刷子，不要直接用手清除或用嘴吹。

4）毛坯和加工零件应放置在规定位置，排列整齐；应便于取放，并避免碰伤已加工表面。

5）工、量具的安放，应按下列要求布置（图1-3）：①在钳台上工作时，为了取用方便，右手取用的工、量具放在右边，左手取用的工、量具放在左边，各自排列整齐，且不能使其伸到钳台边以外，如图1-3a所示；②量具不能与工具或工件混放在一起，应放在量具盒内或待用格架上，如图1-3b所示；③常用的工、量具要放在工作位置附近；④工、量具收藏时要整齐地放入工具箱内，不应任意堆放，以防损坏和取用不便。

7. 现场参观

1）参观钳工各种常用工、量具及历届同学实习时所做的工件和生产的产品。

2）参观校（或工厂）钳工工作场地的生产设备及钳工在生产中的工作情况。

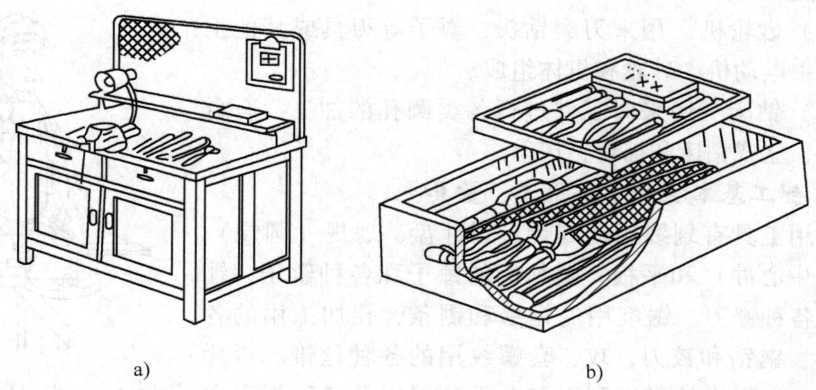

a） b）

图 1-3 工、量具放置
a）在钳台上摆放 b）在工具箱内放置

8. 整理实习工作位置

在明确各自的实习工作位置后，整理并安放好所发下的个人使用工具，然后对台虎钳进行一次熟悉结构的拆装实践，同时对台虎钳做好清洁去污、注油等维护保养工作。

三、钳工实习工场文明生产守则

1）热爱本职，热爱集体；尊师守纪，团结同学，互帮互学，听从教师指导；勤学苦练，精益求精。

2）上课时不迟到、不早退，不无故缺席，不擅自离开实习岗位；不擅自开动与实习无关的机床设备。

3）进入实习工场前，必须穿戴好劳保用品；操作机床时严禁戴手套。

4）进行操作时，要严格遵守各项操作规程。

5）实习工场内不准互相打闹、开玩笑，以防发生意外。

6）离开实习工场前，必须切断场内一切设备及照明设施的电源；电气设备损坏应由电工维修，不得擅自拆动。

7）要爱护设备及工、量、刃具等。工作时将这些工、量、刃具分类合理安放整齐；工作后应将这些工具进行保养，整齐地放回工具箱。

8）爱护国家财产，注意节约原材料，杜绝浪费。

9）保持工场整洁。下班前应将自己的钳桌、台虎钳及使用过的设备进行清理保养，然后由值日生将整个场地打扫干净，离开时要关窗、熄灯、关门上锁。

四、钳工实习工场安全生产守则

1）进入实习场地之前，必须按操作规定穿戴好劳保用品。

2）工具必须齐全、完好、可靠才能开始操作，禁止使用有裂纹、毛刺、手柄松动或不符合安全要求的工具。

3）开动设备前，应先检查防护装置、紧固螺钉以及电、气、油等动力开关是否完好，并空载试车检查后，方可投入工作。

4）工作时，应按《钳工常用工具操作规程》进行操作；使用设备时，应严格遵守设备操作规程。

5）操作时，应注意周围人员及自身的安全，防止因挥动工具，使工具、工件脱落及铁屑飞溅而造成伤害，两人以上一起工作时要注意协调配合。

6）清除铁屑必须使用工具，禁止用嘴吹、手拉。

7）设备上的电气、线和器件及电动工具，若发生故障，应由电工维修，自己不得拆卸，且不准自已敷设线路和安装临时电源。

8）工场要保持清洁，油液、污水不得流在地上，以防滑倒。

9）工作完毕或因故必须离开岗位时，应将设备和工具的电气、水、油源切断。

五、钳工实习工场台钻安全操作规程

1）使用台钻时戴防护眼镜，禁止戴手套，且衣服袖口必须扎紧；另外，女学生必须戴工作帽。

2）钻孔时必须用钳子、夹具或压板夹紧、压牢，禁止用手拿着钻孔，特别是在小工件上钻较大孔时，装夹必须牢固。

3）钻孔时必须用毛刷清除切屑，钻出长条钻屑时，要用钩子钩断后除去。在钻孔开始或工件要钻穿时，应轻轻用力，尽量减少进给力，以防止工件钻动时甩出。开动钻床前，应先检查是否有钻夹钥匙或斜铁插在钻轴上。

4）头不准与旋转的主轴靠得太近。停机时应让主轴自然停止，不可用手去制动，也不能反转制动。

5）严禁在开机状态下拆卸工件。检查工件和变换主轴转速时，必须在停机状态下进行。

6）工作完毕后要搞好清洁卫生工作；清洁钻床和加注润滑油时，应切断电源。

六、钳工实习工场砂轮机安全操作规程

1）砂轮机应经常检查，以保证正常运转。

2）操作者必须戴防护眼镜，站立在砂轮机回转线半侧面或斜侧位置后，才能工作。

3）磨工件和刃具时，不能用力过猛，也不准撞击砂轮。

4）同一块砂轮上，禁止两人同时操作，且不准在砂轮的侧面磨工件。

5）对于细小的、大的和不好拿的工件，不能在砂轮机上磨；特别是小工件要拿牢，以防挤入砂轮机内，将砂轮挤碎。

6）砂轮不准沾水，且要经常保持干燥，以防湿后失去平衡，发生事故。

7）巴氏合金、纯铜、锡、铝、木头等能粘砂粒的材料，不准在砂轮上磨。

8）砂轮机使用完毕，应立即关闭电源，不要让砂轮机空转。

任务二　金属錾削

一、教学要求

1）了解錾子的切削部分及其几何角度对錾削质量和錾削效率的影响。

2）正确掌握錾子和锤子的握法及锤击动作。

3）正确掌握錾削中的姿势、动作，并协调自然。

4）了解錾削时的安全知识和文明生产要求。

二、工艺知识

1. 錾削工具

（1）錾子　錾子是最简单的一种刀具。刀具之所以能切下金属是以下列两个因素为基础的：其一是切削部分的材料比工件的材料要硬；其二是切削部分呈楔形，以便顺利地分割金属。

1）錾子切削部分几何角度对切削的影响，如图 1-4 錾削示意图所示。影响錾削质量和錾削效率的主要因素是錾子楔角 β_o 和錾削时后角 α_o 的大小。①楔角 β_o：楔角 β_o 愈小，錾子刃口愈锋利，但錾子强度较差，錾削时刃口容易崩裂；楔角 β_o 愈大，刀具强度虽好，但錾削阻力很大，錾削很困难，甚至不能进行。所以錾子的楔角应在其强度允许的情况下选择尽量小的数值。錾削软硬不同的材料，对錾子强度的要求不同。因此，錾子楔角主要应该根据工件材料软硬来选择。根据经验，在錾硬材料（如碳素工具钢、铸铁）时，錾子要承受圈套的锤击力，楔角应大些，一般取 60°~70°；錾削软材料（如铜、铝）时，錾子承受的锤击力较小，楔角取小些，可减少阻力，提高切削效率，一般取 30°~50°；对錾削一般碳钢和中等硬度的材料，楔角取 50°~60°。②后角 α_o：錾削时后角 α_o 太大，会使錾子切入材料太深（图 1-5a），錾不动，甚至损坏錾子刃口；若后角 α_o 太小（图 1-5b），由于錾削方向太平，錾子容易从材料表面滑出，同样不能使錾削顺利进行。③前角 γ_o：前角的作用

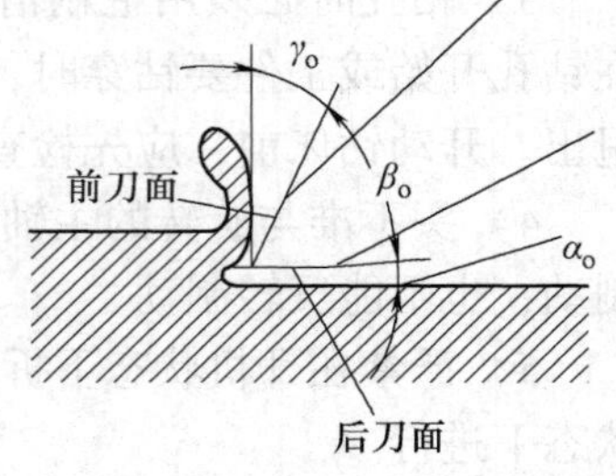

图 1-4　錾削示意图

γ_o—前角　β_o—楔角　α_o—后角

是减少切屑变形，并使切削轻快。

2）錾子一般都由碳素工具钢（T7A）锻成，长度约为170mm（图1-6）。錾子由切削部分、斜面、柄和头部四个部分组成。柄部做成八棱形，头部做成圆锥形，顶端带球面形，使锤击力容易通过錾子的中心线。一般錾削时后角α_o以5°~8°为宜，否则即使能錾削，由于切入很浅，效率也不高。在錾削过程中应握稳錾子使后角α_o不变，否则表面将錾得高低不平。

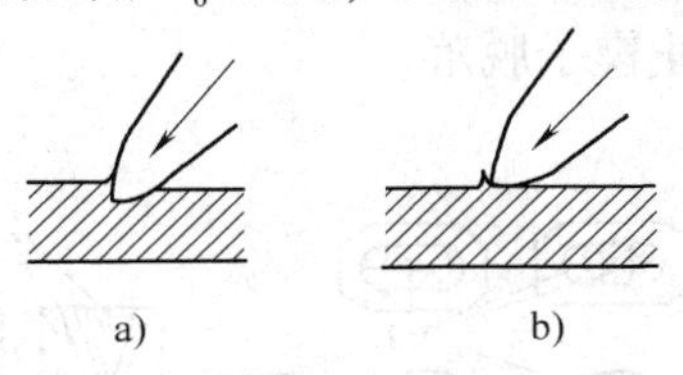

图1-5　后角对錾削的影响
a）后角α_o过大　b）后角α_o过小

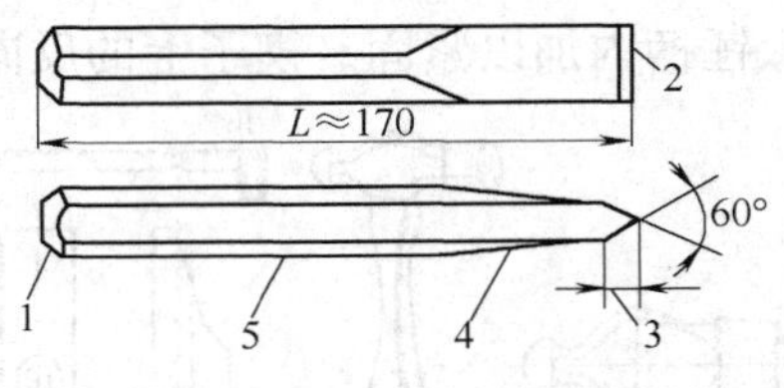

图1-6　錾子的构造

钳工常用的錾子有三种：

①扁錾：扁錾的切削部分扁平，切削刃略带圆弧形，如图1-7a所示。其作用是在平面上錾微小凸起部分时，切削刃两边的尖角不易损伤平面的其他部位。扁錾用于錾削平面、清除毛坯件表面的毛刺和分割材料等。

②狭錾：狭錾的切削刃较短，适用于錾槽和分割曲线形板料，如图1-7b所示。狭錾斜面部分的两侧面从切削刃起向柄部逐渐狭小，其作用是在錾削时，两个侧面不会被工件卡住。狭錾的斜面有较大的角度，以保证切削部分有足够的强度。

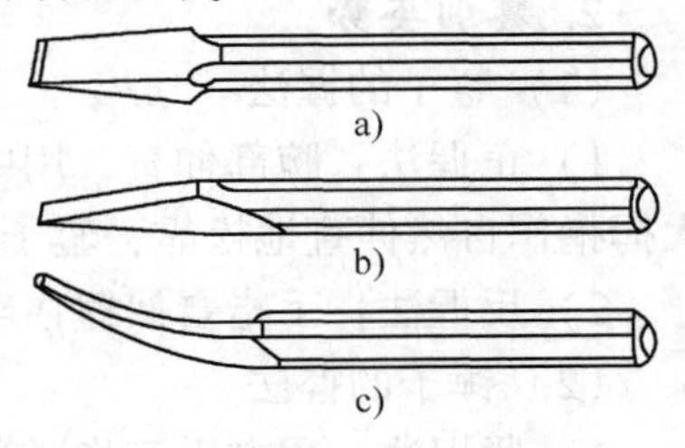

图1-7　錾子的种类

③油槽錾：油槽錾用于錾削润滑油槽。它的切削刃一般制成圆弧形，如图1-7c所示。斜面做成弯曲形，便于錾油槽。

（2）锤子　在錾切的时候是借锤子的锤击力来使錾子切入金属的，锤子是錾切工作中不可缺少的工具，而且还是钳工装、拆零件的重要工具。

1）锤子一般分为硬锤子和软锤子两种。软锤子有铜锤、铝锤、木锤、硬橡胶锤等。为了节约有色金属，一般在硬锤头上镶或焊入一段铜或铝作为软锤。软锤一般用在装配、拆卸过程中。硬锤子由碳钢淬硬制成，钳工所用的硬锤子有圆头和方头两种，如图1-8所示。圆头锤子（图1-8a）一般在錾切、装拆零件时使用；方头锤子（图1-8b）一般在打样冲眼时使用。

2）不管哪种锤子，均由锤头和锤柄两部分组成。锤子的规格是根据锤头的质量来决定的。钳工所用的硬锤子，有0.25kg、0.5kg、1kg等几种。锤柄的材料选用坚硬的木材，如胡桃木、檀木等，其长度应根据不同规格的锤头选用，如0.5kg的锤子，柄长一般为350mm。

3）无论哪一种形式的锤子，装锤柄的孔都要做成椭圆形的，而且孔的两端比中间大，呈凹鼓形，这样便于装紧。当手柄装入锤头时，手柄中心线与锤头中心线要垂直，而且柄的最大椭圆直径方向要与锤头中心线一致。为了达到紧固不松动，避免锤头脱落，必须用金属楔子（上面刻有反向棱槽，见图1-9）或木楔打入锤柄内加以紧固。楔子上的反向棱槽能防止楔子脱落。

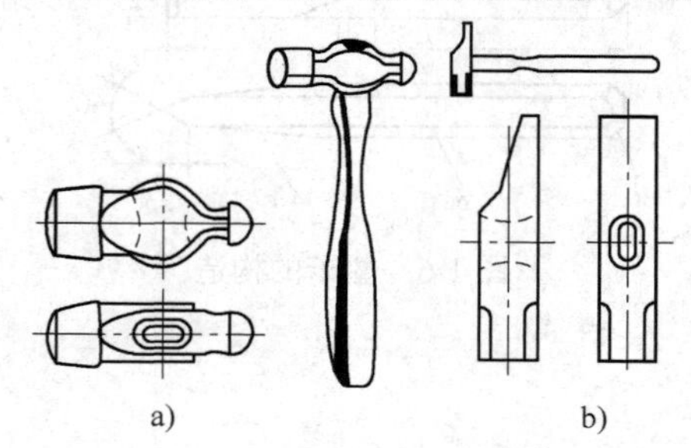

图1-8　锤子

a）圆头锤子　b）方头锤子

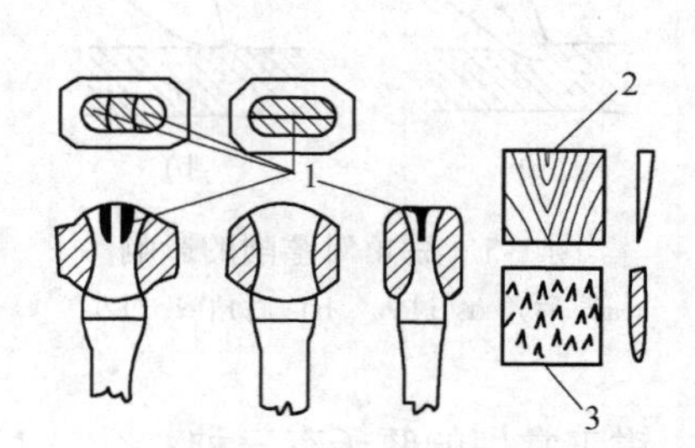

图1-9　锤柄内加楔子

1—楔子　2—木楔　3—钢楔

2. 錾削姿势

（1）錾子的握法

1）正握法：腕部伸直，用中指、无名指捏住錾子，小指自然合拢，食指和大拇指作自然伸直地松靠，錾子头部伸出约20mm，如图1-10a所示。

2）反握法：手指自然捏住錾子，手掌悬空，如图1-10b所示。

（2）锤子的握法

1）紧捏法：用右手五指紧握锤柄，如图1-11所示。

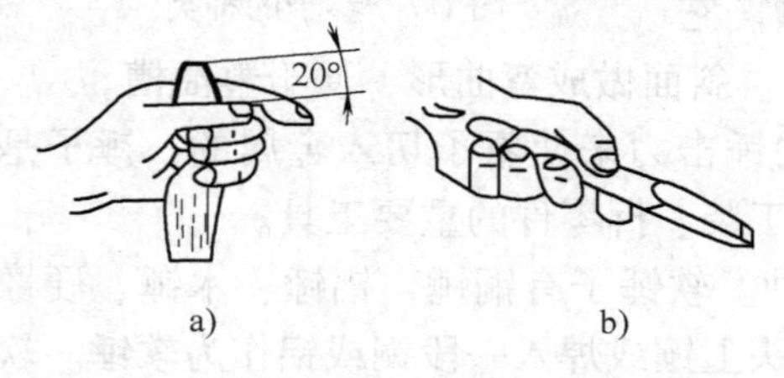

图1-10　锤子握法

a）正握法　b）反握法

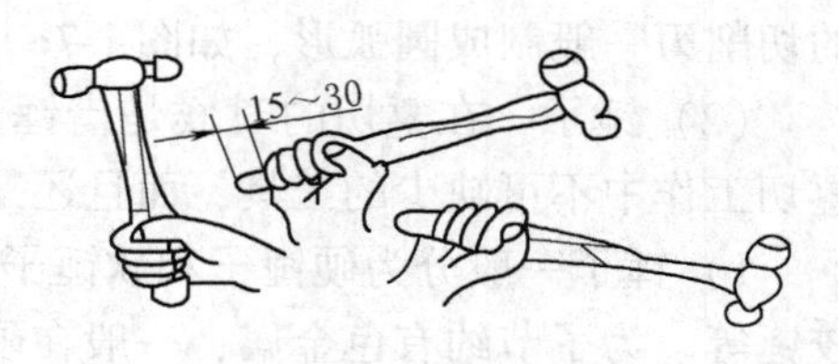

图1-11　锤子紧握法

大拇指合在食指上，虎口对准锤头方向，木柄尾端露出15～30mm。在挥锤和锤击过程中，五指始终紧握。

2）松握法：只用大拇指和食指始终握紧锤柄，如图1-12所示。在挥锤时，小指、无名指、中指依次放松；在锤击时，又以相反的次序收拢握紧。这样握法的优点是手不易疲劳，且锤击力大。

（3）挥锤方法　有腕挥、肘挥和臂挥三种方法。

1）腕挥：腕挥是仅用手腕的动作进行锤击运动。采用紧握法握紧，一般用于錾削余量较少或錾削开始和结尾时，如图 1-13 所示。

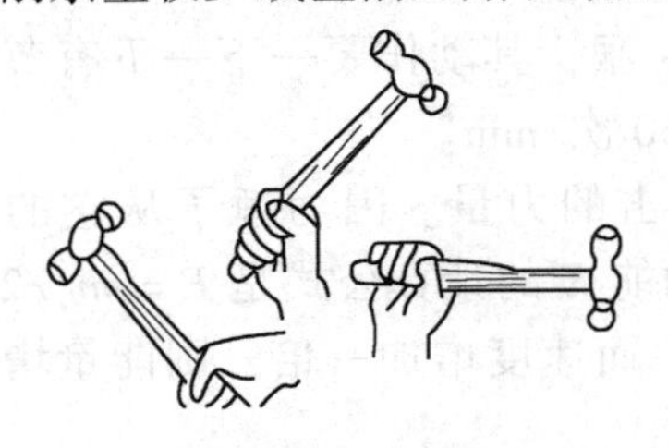

图 1-12　锤子松握法

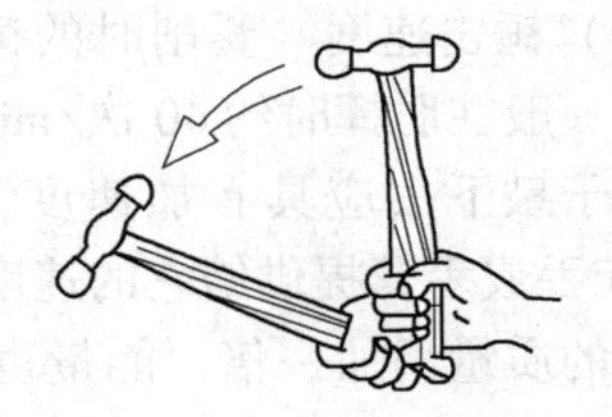

图 1-13　腕挥

2）肘挥：肘挥是用手腕与肘部一起挥动作锤击运动。采用松握法握锤，因挥动幅度较大，其锤击力也较大，这种方法应用最多，如图 2-14 所示。

3）臂挥：臂挥是用手腕、肘和全臂一起挥动，其锤击力最大，用于需要大力錾削的工作，如图 1-15 所示。

图 1-14　肘挥

图 1-15　臂挥

（4）站立姿势　在一般的锤击工作中，挥锤人员所站的位置和姿势正确与否，对发挥锤击的力量有直接影响，如果所站的位置不适当，就不能充分发挥力量。錾削时的站立姿势，应使全身不易疲劳，又便于用力。人应稳定地站立在台虎钳的近旁，左脚向前半步，如图 1-16 所示。脚不要过分用力，膝盖稍有弯曲，保持自然，右脚稍微朝后，要站稳伸直，作为主要的支点，但也不要过于用力。头部不应探前或后仰，并应面向工件，图 1-14、图 1-15 所示。图 1-16 所示的是钳工在台虎钳上工作时脚的基本站立位置，对錾、锉、锯均适用。

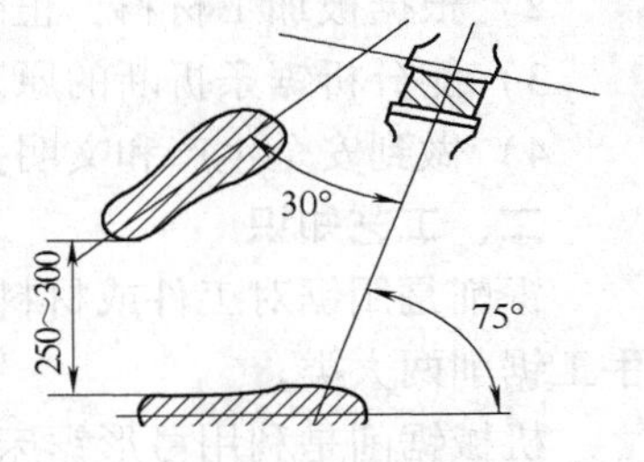

图 1-16　錾削时的站立位置

锤击的时候，锤子在右上方划弧形做上下运动。锤击时眼睛要看在錾刃和工件之间，这样才能顺利地工作，才能保证产品质量。但初学錾削的人员在錾切时往往在锤子提起时眼睛看在刃口上，当锤子击下的时候，眼睛又转到錾子的头部上去了。这样就目标分散，不能得到平整的錾削表面，同时，锤子容易打在手上。

（5）锤击速度　錾削时的锤击要稳、准、狠，其动作要一下一下有节奏地进行，一般在肘挥时约 40 次/min，腕挥时约 50 次/min。

锤子敲下去应具有加速度，可以增加锤击的力量。因为锤子从它的质量（m）和手或手臂提供给它的速度（v）获得动能 E 的计算公式是 $E=mv^2/2$，故当锤子的质量增加一倍，能量也会增加一倍，而速度增加一倍，则能量增加四倍。

3. 安全注意事项

1）工件在台虎钳中心须夹紧，伸出高度一般以离钳口 10～15mm 为宜，同时下面要加木衬垫。

2）要防止锤头飞出伤人，发现木柄松动或损坏时，必须立即装牢或更换。要防止锤子滑出伤人，挥锤者不准戴手套，木柄上不准蘸油。

3）要防止錾削的切屑飞出伤人，工作地点周围应装有安全网，同时操作者最好戴上防护眼镜。

4）錾子头部如有毛刺时，应及时磨掉，以避免碎裂伤手。

三、训练作业

用錾子进行锤击练习。

任务三　锯　　削

一、教学要求

1）能对各种形状材料进行正确的锯削，操作姿势正确，并能达到一定的精度要求。

2）根据被加工材料，正确选用锯条，并熟练安装锯条。

3）能分析锯条折断的原因和锯缝歪斜的影响因素及预防措施。

4）做到安全生产和文明操作。

二、工艺知识

锯削是用锯对工件或材料进行分割的一种切削加工，它可以分为机械锯削和手工锯削两大类。

机械锯削是利用弓形锯床或圆盘锯床对大型工件或原材料进行锯削加工；手工锯削是使用手锯对小型工件或原材料进行锯削加工。手工锯削是钳工的一项重要操作技能。

1. 锯削的工作范围

1）分割各种材料及半成品，如图1-17a所示。

2）锯掉工件上多余部分，如图1-17b所示。

3）在工件上锯槽，如图1-17c所示。

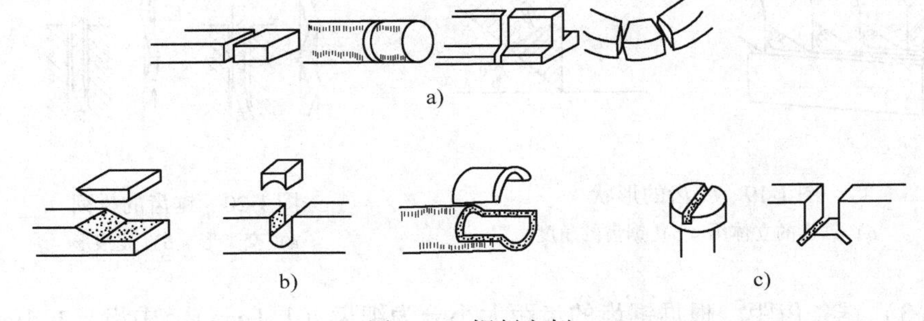

图1-17　锯削实例

a）分割各种材料　b）锯掉工件上多余部分　c）在工件上锯槽

2. 手锯构造

手锯由锯弓和锯条组成，锯弓用来安装锯条。锯弓分固定式（图1-18a）和可调式（图1-18b）两种，固定式锯弓只能安装固定长度的锯条；可调式锯弓通过调整可以安装不同长度的锯条。由于可调式锯弓的手柄便于用力，所以目前被广泛使用。

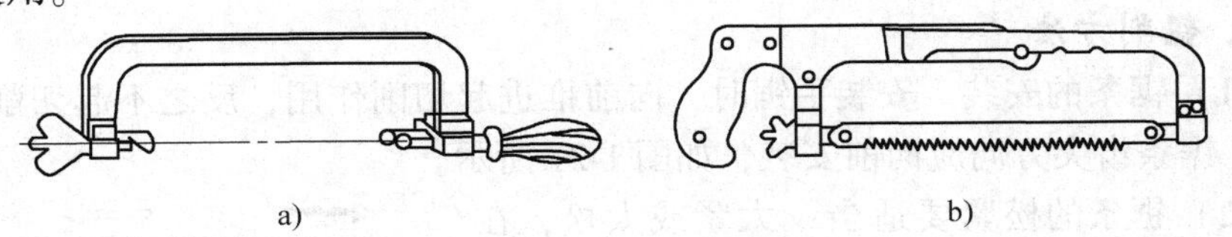

图1-18　锯弓的构造

a）固定式　b）可调式

3. 锯条的正确选用

锯条一般由碳素工具钢或合金工具钢制成，并经热处理淬硬。锯条一般一边开齿，也有两边开齿的。手锯条的长度以两端安装孔的中心距来表示，一般为30mm，锯条宽度为10～25mm，厚度为0.6～1.5mm。

（1）锯齿角度　锯条的切削部分由许多锯齿组成，每一锯齿相当于一把錾子，如图1-19a所示。一般锯条的后角$\alpha_0=40°$，楔角$\beta_0=50°$，前角$\gamma_0=0°$，如图1-19b所示。

（2）锯路　在制造时，锯条上的全部锯齿按一定的规则左右错开，排列成一定的形状，称为锯路。锯路有交叉形（图 1-20a）、波浪形（图 1-20b）等。锯路的作用是使锯缝大于锯条背部的厚度，锯削时，减少锯条与锯缝的摩擦力，便于排屑。

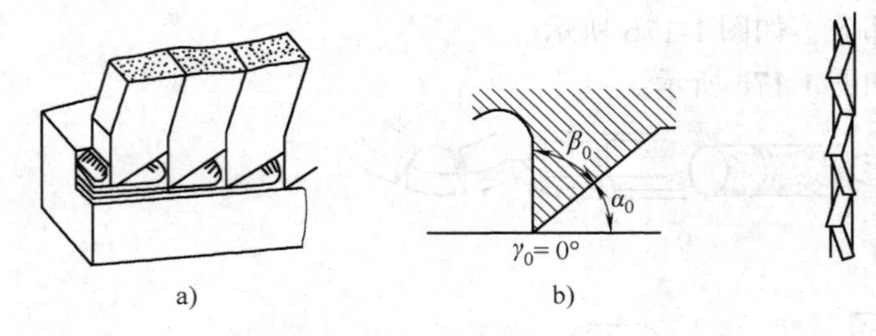

图 1-19　锯齿的形状
a）锯齿的立体图　b）锯齿的角度

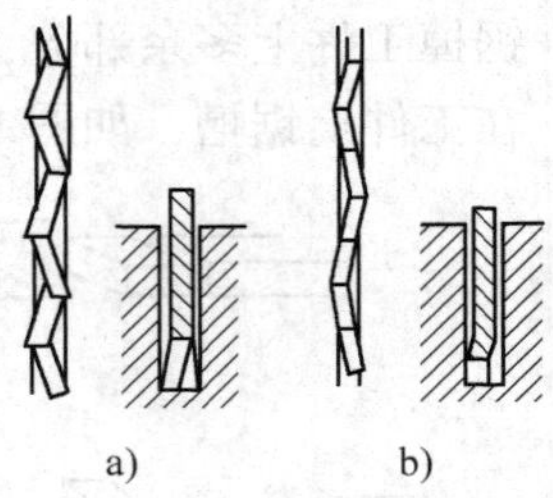

图 1-20　锯齿的排列
a）交叉形　b）波浪形

（3）锯条齿距，根据锯齿的齿距大小分为细齿（1.1mm）、中齿（1.4mm）、粗齿（1.8mm）。锯齿的粗细根据被加工材料的软硬和厚薄来选择。

（4）锯削软材料或厚材料　应选择粗齿锯条。因为软或厚的材料在锯削时，锯屑较多，要有较大的容屑空间，如纯铜、铝、铸铁、低碳钢和中碳钢等。锯削硬或薄的材料时，应用细齿锯条。因为硬的材料锯齿不易切入，不需要大的容屑空间，而且由于切削齿数多，每齿锯削力小，材料容易被切除。锯削薄的材料，同样工作齿数多，每锯齿承受的切削力较小，锯齿不易被崩裂，如工具钢、合金钢、各种管材、薄板料、角铁等。

4. 锯削方法

（1）锯条的安装　安装手锯时，向前推进起切削作用，反之不起切削作用。因此，锯条齿尖方向应向前安装，如图 1-21 所示。

（2）锯条的松紧要适当　太紧或太松，在锯削时容易引起锯条折断。锯条装好后，检查是否歪斜，如有歪斜，则需校正。方法是：在旋紧蝶形螺母后，锯条会有些扭曲，一般是再旋紧些，然后放松一些来消除扭曲现象。

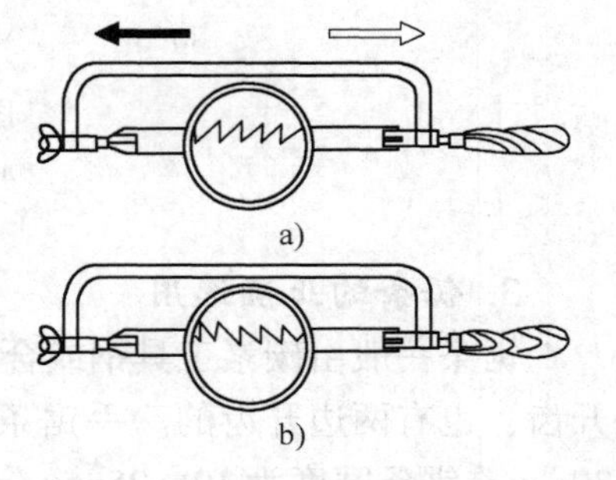

图 1-21　锯条的安装
a）正确　b）不正确

（3）锯削姿势、起锯、压力、速度及往复行程长度

1）锯削的姿势。锯削时的站立姿势与锉削姿势相似。右手握柄，左手扶弓，如图 1-22 所示。推力和压力大小主要由右手掌握，左手压力不要过大，否则易引起锯条折断。锯削姿势有两种，一种是直线往复运动，适用于锯薄形工件及直槽；另一种是摆动式，锯削时，摆动要适度。推进时，左手

微上翘，右手下压；回程时，右手略微朝上，左手回复。这样不易疲劳，且效率高。

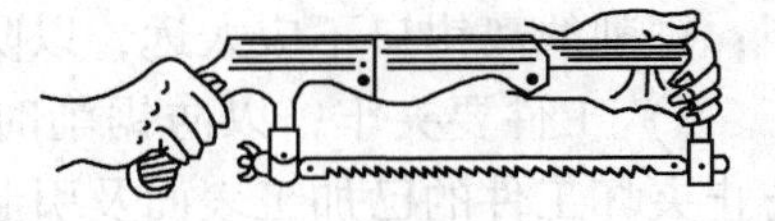

图 1-22 手锯的握法

2）起锯是锯削工作的开始，起锯好坏，直接影响锯削质量。起锯方式有两种，即远起锯和近起锯。①远起锯是从工件远离自己的一端起锯，如图 1-23a 所示。起锯时，左手大拇指贴住锯条（图 1-23b），锯条与工件夹角小一点，以防崩齿。而且起锯时锯削行程要短些，压力要小些，当锯条陷入工件 2 ~ 3mm 深时，才能逐渐进入正常锯削。通常以远起锯为好，锯齿不易钩住。②近起锯是从工件靠近操作者的一端起锯，如图 1-23c 所示。此法掌握不好，锯齿容易被棱边钩住，造成崩齿现象。

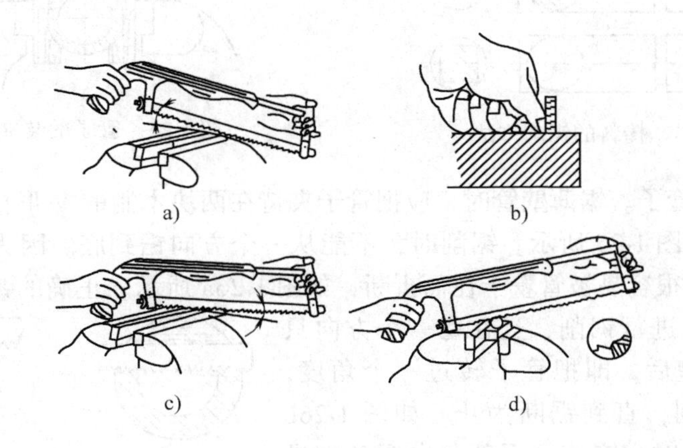

图 1-23 起锯方式

a）远起锯 b）左手拇指贴住锯条起锯 c）近起锯 d）起锯角度太大

起锯角度一般不超过 15°。角度太大，锯齿易被棱边钩住（图 1-23d）；角度太小，不易切入材料，锯条可能打滑，使工件表面被锯坏。

3）锯削速度、压力及往复行程长度。①锯削速度以 20 ~ 40 次/min 为宜，材料软可快些，反之可慢些。速度太快，锯条易磨钝；速度太慢，效率不高。收锯时，用单手进行锯削，左手拿住没有夹住的那段材料，以免掉落。②锯削硬材料时，压力应大些，压力太小锯齿不易切入，可能打滑，并使锯齿钝化。锯削软材料时，压力应小些，压力太大会使锯齿切入过深而产生咬住现象。手锯在朝前推时施加压力，而往后退时不施加压力，还应略微抬起，以减少锯条磨损。③手锯在锯削时，最好使锯条的全长都能参加锯削，一般手锯的往复行程长度应不小于锯条全长的三分之二。

（4）工件的装夹

1）工件应装夹在台虎钳的左边，以便操作；锯削线应与钳口平齐，以防锯斜；锯削线离钳口不应太远，以防振动。

2）工件要夹牢，以防锯削时工件移动而使锯条折断，但也不要夹得过紧，防止夹坏工件的已加工表面及引起工件变形。

（5）各种材料的锯削方法

1）锯削棒料。如果要求锯出的断面较平整，则应从一个方向锯到底。锯削中应随时注意锯条和锯缝的方向，且不要偏斜。

如果对锯出的断面要求不高时，可分几个方向锯削，在最后一次锯断，如图 1-24 所示。这样，由于锯削面小而容易锯入，省力且可以提高锯削效率。

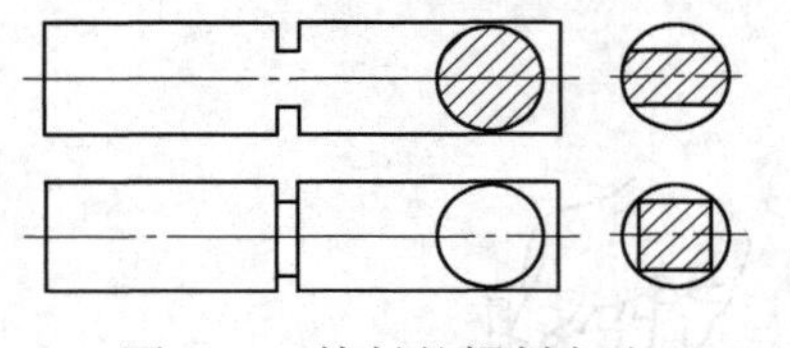

图 1-24　棒料的锯削方法

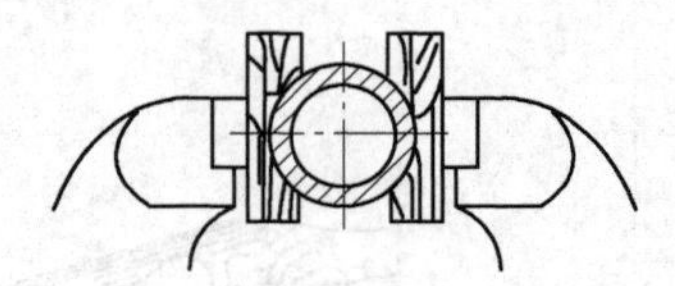

图 1-25　管子的装夹方法

2）锯削管子。锯薄壁管时，应把管子夹持在两块木制的 V 形槽块间，以防夹扁管子，如图 1-25 所示。锯削时，不能从一个方向锯到底。因为锯穿管子的内壁后，锯条很容易被管壁卡住而折断，如图 1-26a 所示。正确的锯削方法应是多次变换方向进行锯削，且在每一个方向只锯到管子内壁后，即把管子转过一个角度，逐次进行锯削，直到锯断为止，如图 1-26b 所示。在转动时，应使已锯部分向锯条推进方向转动，不得反转，否则锯齿会被管壁卡住。

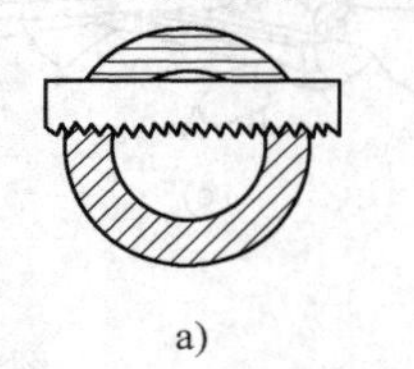

a)

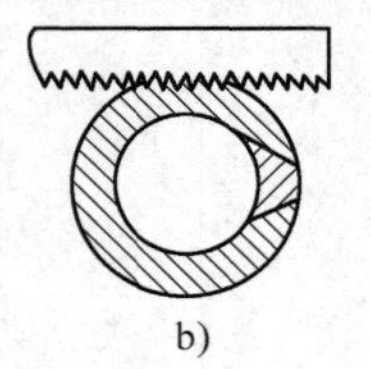

b)

图 1-26　管子的锯削方法
a）不正确　b）正确

3）锯削薄板料。可借用两层木板和薄板料一起夹紧，连木板一起锯断，如图 1-27a 所示。这样，既可避免板料抖动，又增加了同时参加锯削的锯齿数，提高了板料锯削时的刚度。如果锯削较长的板料，则可按图 1-27b、c 所示的方法，用两根角铁或钳口作靠板夹紧板料，贴着角铁锯削，这样锯削质量较好。

4）锯削深缝。当被锯材料的高度超过锯弓时，锯削不能一次锯到底。此时，可将锯条转过 90°或 180°进行安装，再循原槽锯削，如图 1-28 所示。

5. 锯条损坏原因及预防措施

锯条损坏的主要形式为锯条折断、锯齿崩裂及锯齿快速磨钝等，其原因及预防措施见表 1-1。

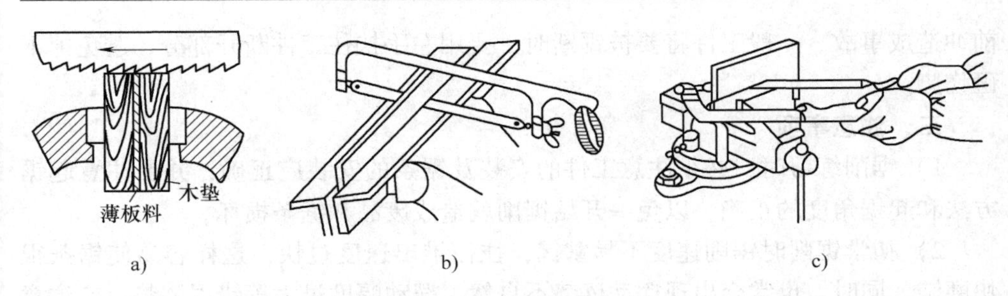

图 1-27　板料的锯削方法

a）借用两层木板一起夹紧锯削　b）用两根角铁做靠板锯削　c）用钳口做靠板锯削

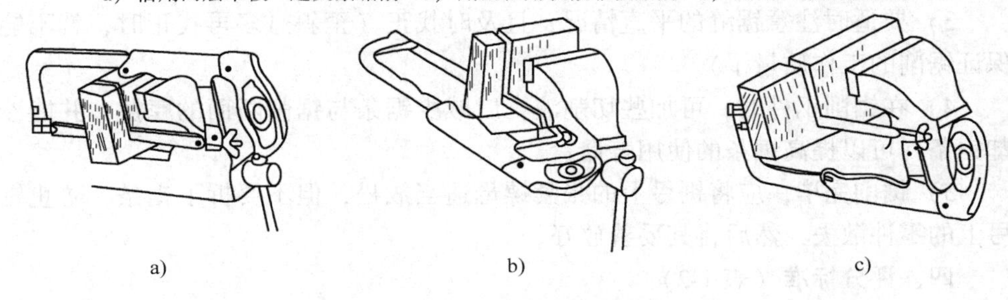

图 1-28　深缝锯削

a）锯弓与工件相碰　b）锯条转 90°安装　c）锯条转 180°安装

表 1-1　锯条损坏的形式、原因及预防措施

损坏形式	原　因	预　防　措　施
锯条折断	1. 锯条装得过紧或过松 2. 工件抖动或松动 3. 锯缝歪斜，纠正不当 4. 压力过大 5. 新锯条在旧锯缝中卡住	1. 正确安装锯条，松紧适当 2. 工件夹牢，锯缝靠近钳口 3. 扶正锯弓，按划线锯割 4. 压力控制适当 5. 调换新锯条后，调头锯削
锯齿崩裂	1. 锯条粗细选择不当 2. 起锯方向不对 3. 突然碰到砂眼，杂质	1. 正确选用锯条 2. 选用正确的起锯方向及角度 3. 碰到砂眼，杂质应减小压力
锯齿很快磨钝	1. 冷却不够 2. 锯削速度太快	1. 选用适当的冷却方法 2. 减缓锯削速度

6. 安全知识

1）锯条要装得松紧适当，锯削时不要突然用力过猛，防止工作中锯条折断从锯弓上崩出伤人。

2）工件将要被锯断时，压力要小，以避免压力过大使工件突然断开时手向前冲造成事故。一般工件将要被锯断时，要用左手扶住工件断开部分，避免掉下砸伤脚。

三、注意事项

1）锯削练习时，必须注意工件的安装及锯条的安装应正确，并要注意起锯方法和起锯角度的正确，以免一开始锯削就造成废品和锯条损坏。

2）初学锯削时锯削速度不易掌握，往往推出速度过快，这样容易使锯条很快磨钝。同时，也常会出现摆动姿势不自然、摆动幅度过大等错误姿势，应注意及时纠正。

3）要适时注意锯缝的平直情况，且及时找正（歪斜过多再找正时，就不能保证锯削的工作质量了）。

4）在锯削钢件时，可加些切削液，以减少锯条与锯削断面的摩擦，并能冷却锯条，可以提高锯条的使用寿命。

5）锯削完毕，应将锯弓上的张紧螺母适当放松，但不要拆下锯条，防止锯弓上的零件散失，然后将其妥善放好。

四、评分标准（表 1-2）

表 1-2　评分标准

序号	评分内容	评分标准	配分	得分
1	站立位置	按正确程度给分	10	
2	动作协调	按正确程度给分	30	
3	锯缝平直度误差≤0.5mm	超差不得分	10	
4	速度≤40 次/min	超差不得分	10	
5	锯条安装正确	按正确程度给分	10	
6	工具、量具使用及摆放	按正确程度给分	10	
7	安全文明生产	违章扣分	20	

任务四　锉　削

一、教学要求

1）了解锉削的种类和选择。

2）初步掌握锉削时的站立姿势和动作。

3）懂得锉削时两手用力的方法。

4）能正确掌握锉削速度。

5）了解锉刀的保养和锉削时的安全知识。

二、工艺知识

1. 锉刀

（1）锉刀各部分的名称　锉刀是用优质碳素工具钢 T13 或 T12 制成的，并经热处理淬硬。锉刀的硬度应在 62～67HRC 之间。锉刀的各部分名称如图 1-29 所示。它有 100mm、150mm、200mm、250mm 和 300mm 等多种规格。为便于锉孔选用，锉刀的规格用直径表示，方锉刀的规格用方形尺寸表示。

1）锉刀面：锉刀的主要工作面，在纵向上做成凸弧形，它在工件上能锉出凹弧面。其作用是能够抵消锉削时由于两手上下摆而产生的表面中凸现象，保证工件锉缝平直。

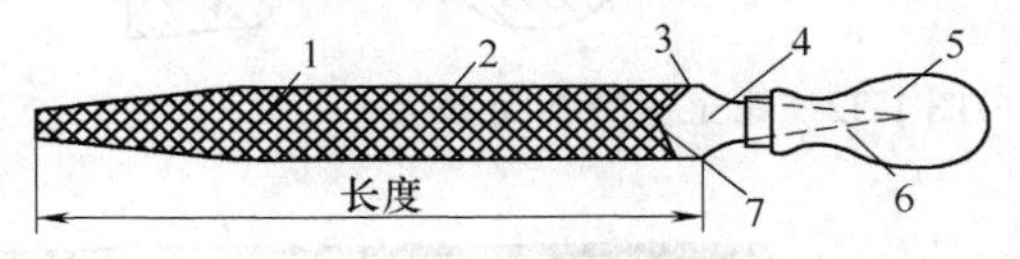

图 1-29　锉刀的各部分名称

1—锉刀面　2—锉刀边　3—底锉纹

4—锉刀尾　5—柄　6—舌　7—面锉纹

2）锉刀边：锉刀的两个侧面。其中没有锉纹的侧面称为光边，在锉内直角形时，用它靠在内直角的一条边上去锉削另一直角边，可使不加工的表面免受损坏。

3）锉刀舌：锉刀尾部，不淬硬，装入木柄内，便于握持以传递推力。

（2）锉刀的锉纹　锉刀的锉纹有单锉纹和双锉纹两种。

1）双锉纹：双锉纹是交叉排列的，如图 1-30 所示。双锉纹锉刀锉削时，每个锉纹的锉痕不重叠，锉屑易碎裂，且不易堵塞锉面，保证了工件表面光滑，所以锉削时常用双锉纹锉刀。

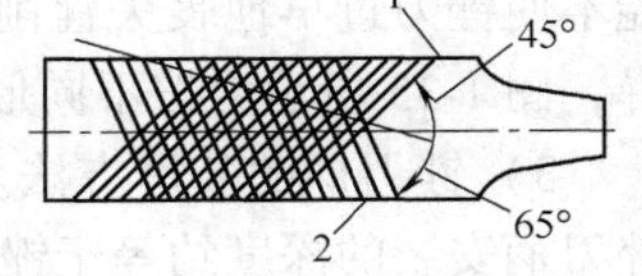

图 1-30　锉纹的排列

1—底锉纹　2—面锉纹

2）单锉纹：锉刀上的锉纹只有一个方向时称为单锉纹，如图 1-31 所示。单锉纹锉刀全锉纹宽参加锉削，因此锉削时较费力。目前单锉纹锉刀主要用来锉削铝、镁等有色金属。这类材料较软，锉起来即使全锉纹宽参加切削，费力也还不算太大，但可提高锉削效率。

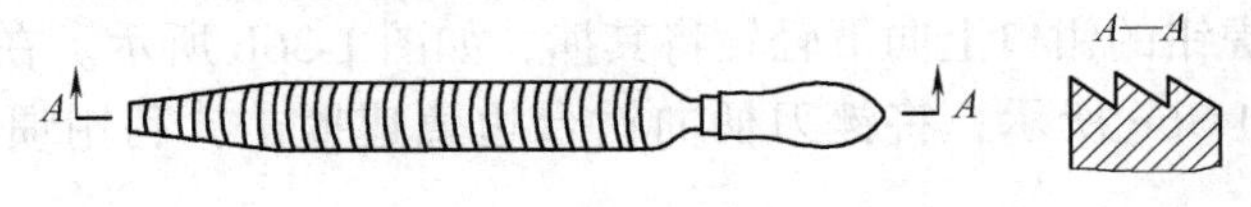

图 1-31　单锉纹锉刀

（3）锉刀的种类和选择

1）锉刀分为钳工锉、异形锉和整形锉三类。①钳工锉：按锉刀断面的形状又分为扁锉、方锉、圆锉、半圆锉和三角锉等五种，如图 1-32 所示。②异形锉：异形锉是锉削零件上的特殊表面用的，它有直的、弯的两种，其断面形状如图 1-33 所示。③整形锉：它适用于修整工件上的细小部位，一套整形锉由许多把各种断面形状的锉刀组成，如图 1-34 所示。

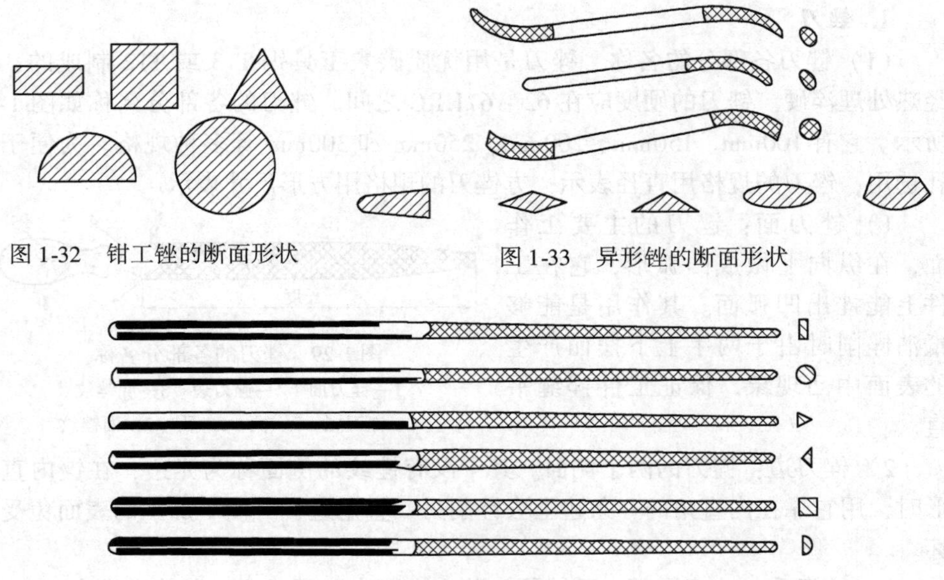

图 1-32　钳工锉的断面形状

图 1-33　异形锉的断面形状

图 1-34　整形锉

2）选择锉刀时，每种锉刀都有一定的用途和使用寿命，只有选用得当，才能不使锉刀过早地丧失锉削能力。锉刀的形状，要根据加工工件的形状进行选择，图 1-35 所示为按不同形状的工件选用不同形状锉刀的例子。

3）锉刀柄的装拆方法。为了握锉时便于使用和运力，锉刀必须装上木柄。锉刀柄安装的深度约等于锉舌的长度。孔的大小，应使锉舌能自由插入二分之一的深度。装柄时用左手扶柄，用右手将锉舌插入锉柄内，如图 1-36a 所示。然后放开左手，用右手把锉刀柄的下端垂直地朝钳台上轻轻磕紧，插入的长度约等于锉舌的四分之三。

拆卸锉刀柄可在台虎钳上或钳台上进行。在台虎钳上拆卸锉刀柄的方法：把锉刀柄搁在台虎钳的钳口上向下轻轻将其撞，如图 1-36b 所示。在钳台上拆卸锉刀的方法如图 1-36c 所示，将锉刀柄向钳台边急速撞击，利用惯性作用使它脱开。

2. 平面锉削的姿势

锉削姿势正确与否，对锉削质量、锉削力的运用和发挥及操作时的疲劳程度都有着决定性的影响。正确的锉削姿势，必须从握锉、站立步伐、姿势及动作，以及操作作用力这几个方面进行协调一致的反复练习才能达到。

（1）锉刀握法　正确握持锉刀有助于提高锉削质量。由于各种锉刀的大小和形状不相同，所以有以下各种握法。

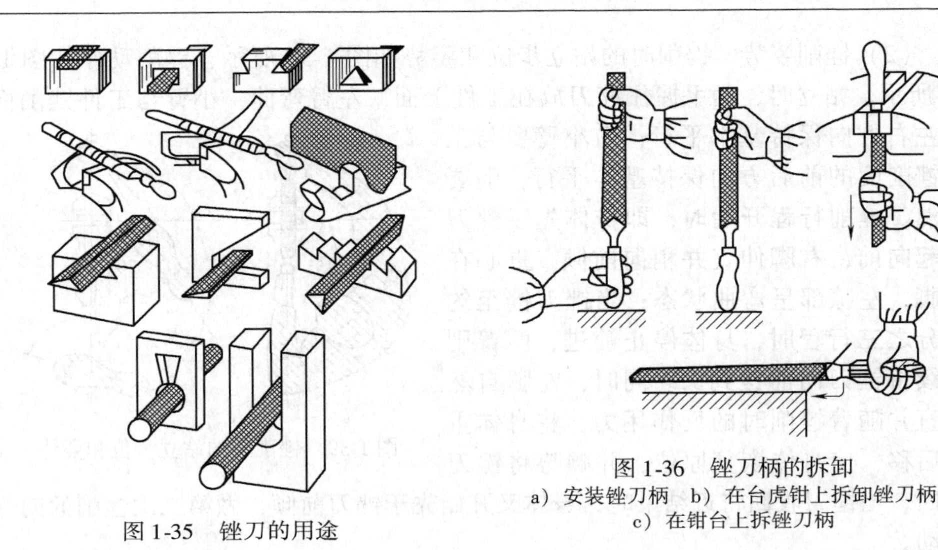
图 1-35　锉刀的用途

图 1-36　锉刀柄的拆卸
a）安装锉刀柄　b）在台虎钳上拆卸锉刀柄
c）在钳台上拆锉刀柄

1）较大锉刀的握法：大于 250mm 扁锉的握法如图 1-37 所示，用右手握紧锉刀柄、左手握住锉刀的前部，协同右手一起推送锉刀。

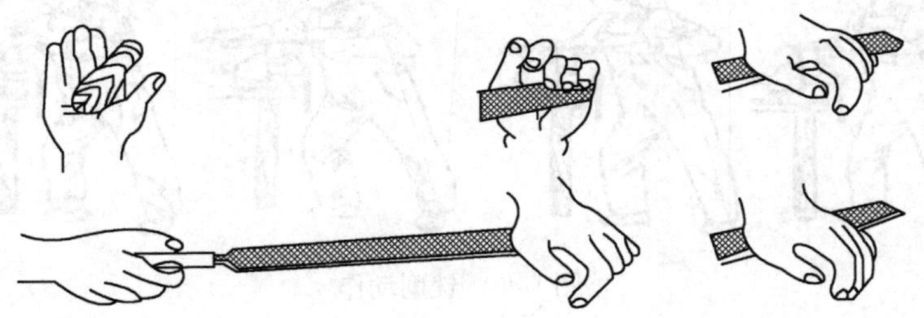
图 1-37　较大锉刀的握法

2）中、小型锉刀的握法：中、小型锉刀，由于其尺寸小，本身强度较低，在锉刀上施加的压力和推力也应小于大锉刀。因此在握法上与大锉刀有所不同，常用的握法如图 1-38 所示。

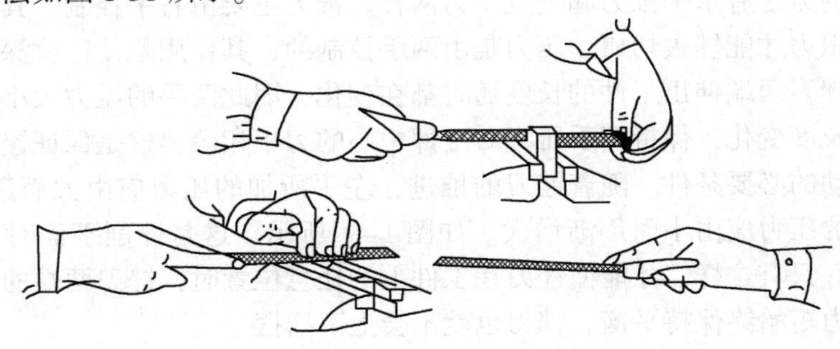
图 1-38　中、小锉刀的握法

（2）锉削姿势　锉削时的站立步位和姿势如图 1-39 所示，锉削动作如图 1-40 所示。站立时，两手握住锉刀放在工件上面，左臂弯曲，小臂与工件锉削面的左右方向保持基本平行；右小臂要与工件锉削面的前后方向保持基本平行，但要自然。锉削行程开始时，即身体先于锉刀一起向前，右脚伸直并稍向前倾，重心在左脚，左膝部呈弯曲状态；当锉刀锉至约四分之三行程时，身体停止前进，两臂则继续将锉刀向前锉到头。同时，左腿自然伸直并随着锉削时的反作用力，将身体重心后移，使身体恢复原位，并顺势将锉刀收回。当锉刀收回将近结束时，身体又开始先于锉刀前倾，做第二次锉削的向前运动。

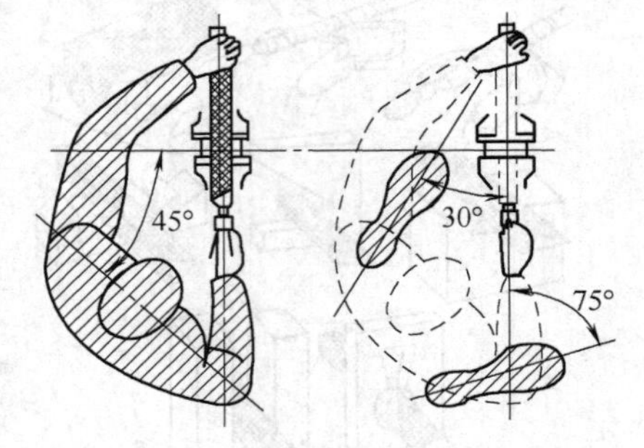

图 1-39　锉削时的站立步位和姿势

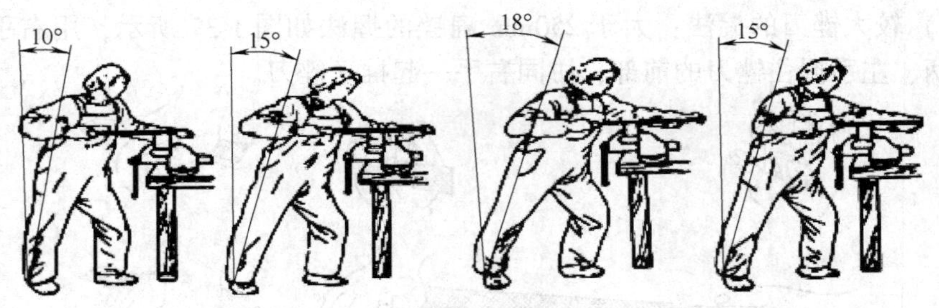

图 1-40　锉削动作

3. 锉削时两手的用力和锉削速度

为了保证锉削表面平直，锉削时必须正确掌握锉削力的平衡，使锉刀平衡而不上下摆动，这样才能锉出平直的表面。

锉削的力量有水平推力和垂直压力两种。推力主要由右手控制，其力必须大于切屑的阻力才能锉去切屑。压力是由两手控制的，其作用是使锉纹深入金属表面。由于锉刀两端伸出工件的长度随时都在变化，因此两手的压力大小也必须随着工作的长度变化，保持两手压力对工件中心的力矩相等，这是保证锉刀平稳而不上下摆动的必要条件。随着锉刀的推进，左手所加的压力应由大而逐渐减小，右手所加的压力应由小而逐渐增大。如图 1-41 所示，这是锉削平面时需掌握的技术要领。只有这样，才能使锉刀在工件上的任意位置时，锉刀两端的压力对工件中心的力矩始终保持平衡，锉刀也就不会上下摇摆。

锉削速度一般应在 40 次/min 左右。推出时稍慢，回程时稍快，动作要自然协调。

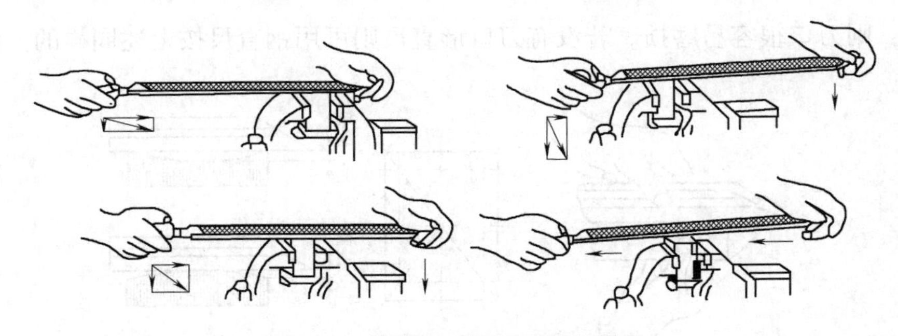

图 1-41　锉平面时的两手用力要领

4. 平面的锉法

（1）顺向锉　锉刀运动方向与工件装夹方向始终一致，如图 1-42a 所示。锉削后可得到正且直的锉痕，比较整齐美观，适用于锉削不大的平面和最后的锉削顺锉纹。

（2）交叉锉　锉刀运动方向与工件装夹方向约成 30°～40°角，如图 1-42b 所示，而且锉纹交叉。由于锉刀与工件的接触面大，锉刀容易掌握平稳。同时，根据锉痕是否交叉，就可判断锉面的是否平顺的情况，以便继续把高处锉平。这也是主要的锉削方法。

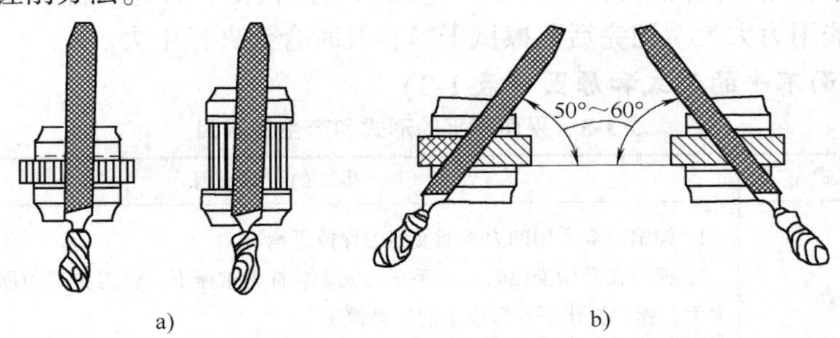

图 1-42　平面的锉法
a）顺锉法　b）交叉锉

5. 平面度误差的检查方法

常用平板和塞尺、刀口形直尺或钢直尺以透光法来检查其平面公差。图 1-43 所示为用刀口形直尺检查工件平面度误差的方法。检查时，刀口形直尺只用三个指头（大拇指、食指、中指）拿着，如图 1-43a 所示。如果直尺与平面间透过来的光线微弱而均匀，说明该平面是平直的；假如透过来的光线强弱不一，说明该平面高低不平，光线最强的部位是最凹的地方，如图 1-43c 所示。检查应在平面的纵向、横向和对角线方向多处进行，如图 1-43b 所示。移动刀口形直尺时，应该把它提起，并且小心地把它放到新的位置。如把刀口形直尺在被检平面上来回拖动，则刀口很容易磨损。若没有刀口形直尺则可用钢直尺按上述同样的方法检查。

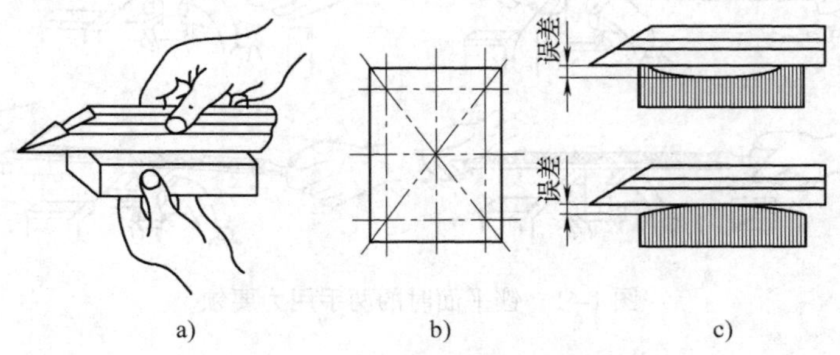

图 1-43　用刀口形直尺检查平面度误差

平面度误差值的确定，可用塞尺作塞入检查。对于中凹平面，其平面度误差可取各检查部位中的最大直线度误差值计；对于中凸平面，则应在两边以同样厚度的塞尺做塞入检查、其平面度误差可取各检查部位中的最大直线度误差值计。

塞尺是用来检验两个结合面之间间隙大小的片状量规。使用时根据被测间隙的大小，可用一片或数片重叠在一起做塞入检验，并需做两次极限尺寸的检验后才能得出其间隙的大小。例如用 0.05mm 的塞片可以插入，而用 0.06mm 的塞片就插不进去，则其间隙应为 0.05mm。塞尺的塞片很薄，容易弯曲和折断，所以测量时不能用力太大。用完后要擦拭干净，及时合到夹板中去。

6. 平面不平的形式和原因（表 1-3）

表 1-3　平面不平的形式和产生的原因

形　式	产　生　的　原　因
平面中凸	1. 锉削时双手用的力不能使锉刀保持平衡 2. 锉刀在开始推出时，右手压力太大，锉刀被压下；锉刀推到前面，左手压力太大，锉刀被压下，形成了前后角锉多 3. 锉削姿势不正确；锉刀本身中凹
对角扭曲或塌角	1. 左手或右手施加压力时，重心偏在锉刀的一侧 2. 工件未装夹正确 3. 锉刀本身扭曲
平面横向中凸或中凹	锉刀在锉削时左右移动不均匀

7. 锉刀的保养

1）新锉刀要先使用一面，用钝后再使用另一面；且避免锈蚀可以延长其使用寿命。

2）在粗锉时，应充分使用锉刀的有效全长，既提高了锉削效率，又可避免锉纹局部磨损。

3）锉刀上不可沾油与沾水，否则会引起锉削的打滑或锈蚀。

4）锉刀在使用过程中，特别是用完后，要用钢丝刷顺锉纹及时刷去嵌入锉纹槽内的铁屑，以免生锈腐蚀和降低锉削效率。

5）不可用锉刀锉毛坯件的硬皮、氧化皮及淬硬的表面，否则锉刀很易变钝而丧失锉削能力。

6）铸件表面如有硬皮，应先用砂轮磨去或用旧锉刀的有锉纹侧边锉去，然后再进行正常锉削加工。

7）无论在使用过程中还是放入工具箱时，均不可与其他工具或工件堆放在一起，也不可与其他锉刀互相重叠堆放，以免损坏锉刀。

8. 锉削时的文明生产和安全生产知识

1）锉刀是右手工具，应放在台虎钳的右面。放在钳台上时，锉刀柄不可露在钳桌外面，以免碰落砸伤脚或损坏锉刀。

2）没有装柄的锉刀、锉刀手柄已裂开或没有锉刀柄箍的锉刀不可使用。

3）锉削时，锉刀手柄不能撞击到工件，以免锉刀手柄脱落造成事故。

4）不能用嘴吹锉屑，也不能用手擦、摸锉削表面。

5）锉刀不可作为撬棒或锤子用，否则容易折断。

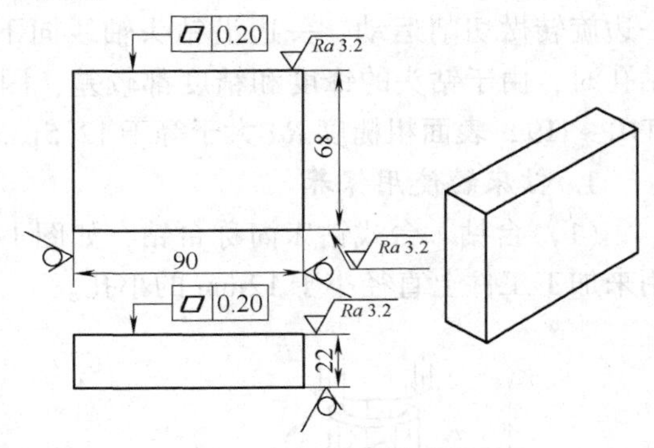

图 1-44　锉削平面

三、训练作业锉削平面

1）检查来料尺寸，掌握好加工余量的大小。

2）先在宽平面上、后在狭平面上采用顺向锉练习锉削作业（图 1-44）。

3）锉削长方体平面评分表见表 1-4。

表 1-4　锉削长方体平面评分表

评　分　内　容	配分	评　分　标　准	得分
握锉姿势正确	10	发现一处不正确扣 2 分	
站立步位和身体姿势正确	14	发现一处不正确扣 2 分	
锉削动作协调、自然	16	双手动作不协调每次扣 2 分	
工、量具安放位置正确、排列整齐	10	发现一件不正确扣 1 分	
量具使用正确	10	发现一处使用不正确扣 2 分	
平面度公差 0.20mm（4 面）	6×4	超差 0.10mm 扣 3 分	
锉纹整齐（4 面）	4×4	每发现一面不整齐扣 4 分	
安全文明生产	—	违反规定酌情扣分	
工时/h	—	记录、不参评	

任务五　钻　孔

一、教学要求

1）了解本工作场地台钻、立钻的规格、性能及其使用方法。

2）懂得钻孔时工件的几种基本装夹方法。

3）懂得钻孔时转速的选择方法。

4）掌握划线钻孔方法，并能进行一般孔的钻削加工。

5）进行安全和文明操作。

二、工艺知识

用钻头在实体材料上加工出孔的工作称为钻孔。用钻床钻孔时，工件装夹在钻床工作台上固定不动，钻头装在钻床主轴上（或装在与主轴连接的钻头上），一边旋转做切削运动，一边沿钻头轴线向下做直线进给运动，如图 1-45 所示。钻孔时，由于钻头的锋度和精度都较差，因此加工精度不高，一般公差等级为 IT10 ~ IT9，表面粗糙度 *Ra* 大于等于 12.5μm。

1. 钻床的使用保养

（1）台钻　台式钻床简称台钻，如图 1-46 所示。这是一种小型钻床，一般用来加工工件上直径小于 12mm 的小孔。

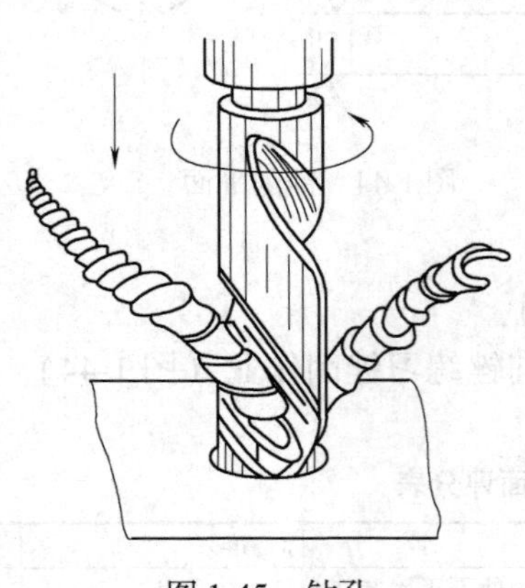

图 1-45　钻孔

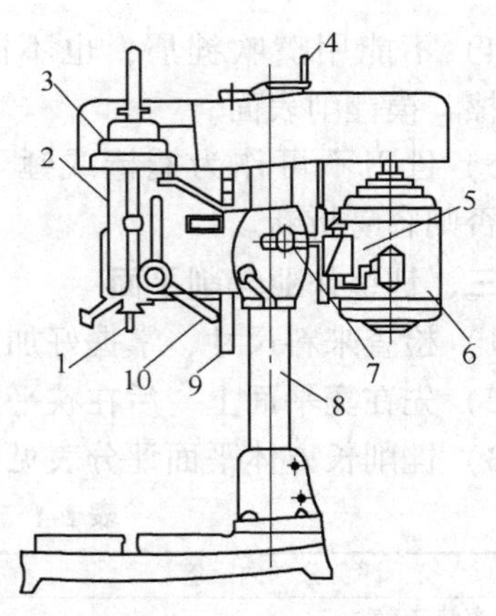

图 1-46　台钻

1—主轴　2—进给箱　3—塔轮　4、9—旋转手柄　5—转换开关　6—电动机　7—螺钉　8—立柱　10—进给手柄

1）变速时，操纵电器转换开关 5，能使电动机 6 正、反转起动或停止。电动机的旋转动力分别由装在电动机和头架上的五级 V 带轮（塔轮）3 和 V 带传

给主轴1。改变V带在两个V带轮五级轮槽中的位置，可使主轴获得五种转速。

钻孔时，必须使钻头正转，即顺时针方向转动。变速时，必须先停车。松开螺钉7可推动电动机前后移动，借以调节V带的松紧，调节后应将螺钉拧紧。主轴的进给运动由手操作进给手柄10来控制。

2）头架安装在立柱8上，调整时，先松旋转手柄9，旋转手柄4使头架升降到需要位置，然后再操作旋转手柄9将其锁紧。

3）维护保养：①在使用过程中，工作台面必须保持整洁。②钻通孔时，必须使钻头能通过工作台面上的让刀孔，或者在工件下面垫上垫铁，以免钻坏工作台面。③结束操作时，必须将机床外露滑动面及工作台面擦净，并对各滑动面及各注油点加注润滑油。

（2）立钻　即立式钻床，简称立钻，常用的有Z525立钻，其组成如图1-47所示。一般用来钻中、小型工件上的孔，其最大钻孔直径有25mm、35mm、40mm、50mm几种。

1）主要结构的使用调整：①主轴箱6位于机床的顶部，主电动机5安装在其后面，变速箱左侧有两个变速手柄4。参照机床的变速标牌，调整这两个手柄位置，能使主轴9获得8种不同转速。②进给箱7位于主轴变速箱和工作台11之间，安装在立柱10的导轨上。进给箱的位置高度，可按被加工工件的高度进行调整。调整前，需首先松开锁紧螺钉，待调整到所需高度，再将锁紧螺钉锁紧即可。进给箱左侧的手柄3为主轴正、反转起动或停止的控制手柄。正面有两个较短的进给变速手柄2，按变速标牌指示的进给速度与对应的手柄位置扳动手柄，可获得所需的机动进给速度。③在进给箱的右侧有三星式进给手柄8，这个手柄连同箱内的进给装置，称为进给机构。用它可以选择机动进给、手动进给、超越进给和攻螺纹进给等不同操作方式。④工作台11安装在立柱导轨上，可通过安装在工作台下面的升降机构进行操作。转动升降手柄即可调节工作台的高低位置。⑤在立柱左边底座凸台上安装着冷却泵和冷却电动机1，开动冷却电动机即可输送切削液对刀具进行冷却润滑。

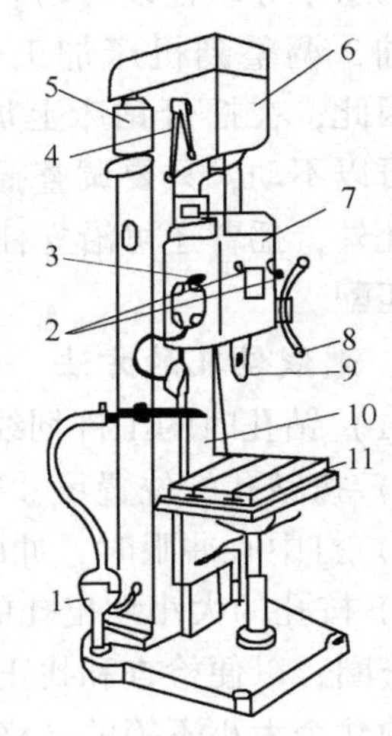

图1-47　立式钻床组成

1—冷却电动机　2、4—变速手柄　3—手柄　5—主电动机　6—主轴箱　7—进给箱　8—进给手柄　9—主轴　10—立柱　11—工作台

2）使用规则及维护保养：①立式钻床使用前必须先空转试车，在机床各机构都能正常工作时才可操作。②工作中不采用机动进给时，必须将三星手柄端盖

向里推，断开机动进给传动。③主轴转速的变换或机动进给量的改变，必须在停车后才能进行。④需经常检查润滑系统的供油情况。

（3）摇臂钻床　用立式钻床在一个工件上加工多个孔时，每加工一个孔，工件就得移动找正一次。这对于加工大型工件是非常繁琐的，并且要使钻头中心准确地与工件上的钻孔中心重合，也是很困难的。此时，采用主轴可以移动的摇臂钻床来加工这类工件，就比较方便。

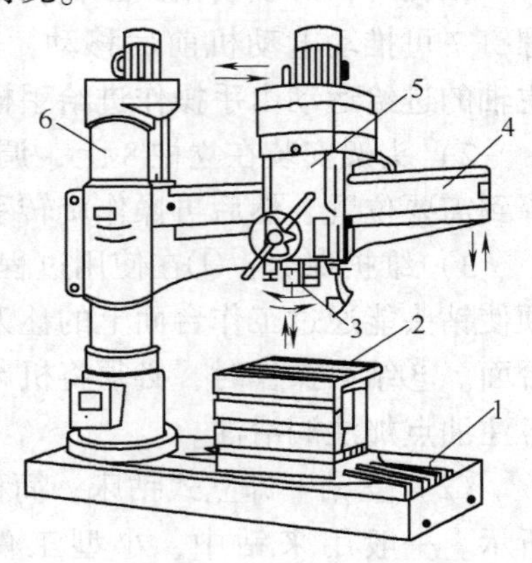

图1-48　摇臂钻床

1—机座　2—工作台　3—主轴　4—摇臂　5—主轴箱　6—立柱

摇臂钻床如图1-48所示，工件安装在机座1或机座上面的工作台2上。主轴箱5装在可绕垂直立柱6回转的摇臂4上，并可沿着摇臂上的水平导轨往复移动。上述两种运动，可将主轴3调整到机床加工范围内的任何位置上。因此，在摇臂钻床上加工多孔的工件时，工件可以不动，只要调整摇臂和主轴箱在摇臂上的位置，即可方便地对准孔中心。此外，摇臂还可沿立柱上下升降，使主轴箱的高低位置与工件加工部位的高度相匹配。

2. 划线钻孔的方法

（1）钻孔时的工件划线

1）按钻孔的位置尺寸要求划出孔位的十字中心线。

2）打中心冲眼时，冲眼要小，位置要准。

3）按孔的大小划出孔的圆周线。钻直径较大的孔时，应划出几个大小不等的检查圈，以便检查和找正位置，如图1-49a所示。或可划出以孔中心线为对称中心的几个大小不等的方格，如图1-49b所示，以便检查。

4）将中心孔敲大，以便正确落钻定心。

（2）工件的装夹　钻孔时，根据工件的不同形状及钻削力大小，以及钻孔直径等情况，采用不同的装夹（定位和夹紧）方法，以保证钻孔质量。常用的基本装夹方法如下。

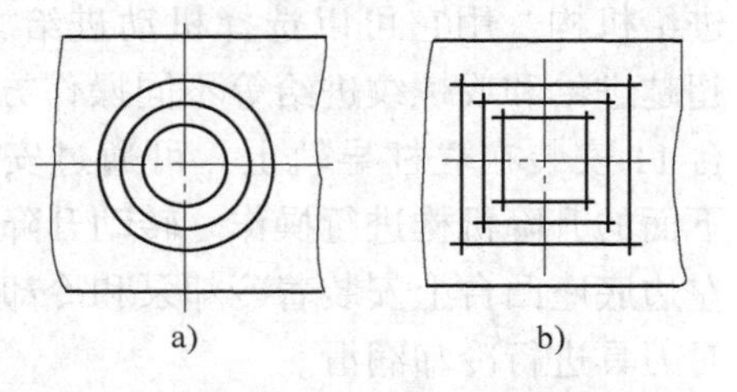

图1-49　定位检查划线形式

a）检查圈　b）检查方格

1）平整的工件用机用虎钳装夹。当被钻孔直径大于8mm时，由于钻削转矩较大，应将机用虎钳用螺栓、压板固定。如钻通孔，工件底部应垫上垫铁，空出落钻部位，以免钻坏机用虎钳，如图1-50a所示。

2）圆柱形的工件可用V形块对工件进行装夹，如图1-50b所示。装夹时要找正钻头轴心线位置。对称精度要求高时，用定心工具找正；对称精度要求不高时，可直接以钻头顶尖及90°角尺来找正，如图1-51所示。

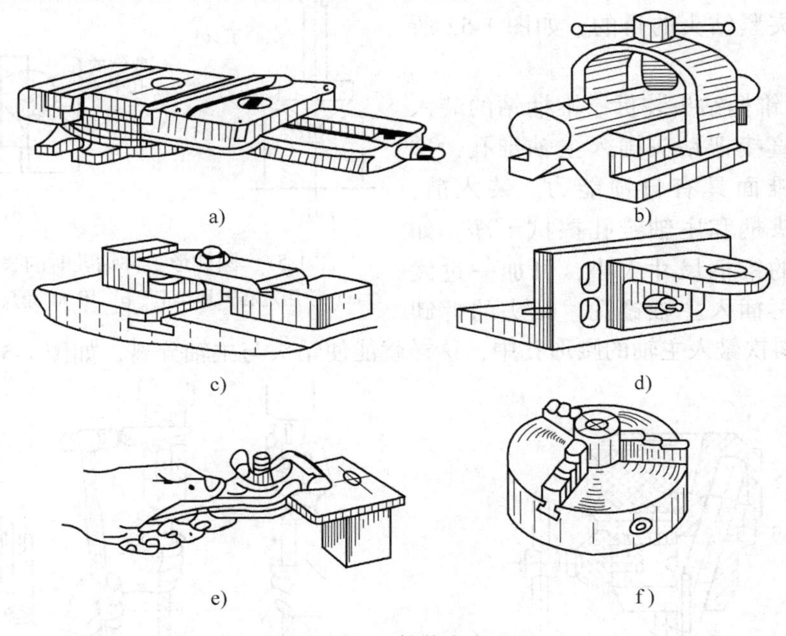

图1-50　工件装夹方法

a）机用虎钳　b）V形块　c）压板　d）角铁　e）手用虎钳　f）爪卡盘

3）工件较大且钻孔直径在10mm以上时，可用压板装夹的方法来钻孔，如图1-50c所示。在搭压板时应注意：①压板厚度与压紧螺栓直径的比例应适当，以免造成压板弯曲变形而影响压紧力；②压板螺栓尽量靠近工件，且垫铁应稍高于压紧表面，这样，夹紧可靠，工件也稳定；③当压紧表面为已加工表面时，应用衬垫保护，以防压出印痕。

4）底面不平或加工基准在侧面的工件，可用角铁进行装夹，如图1-50d所示。用这种方法钻孔时，角铁必须用压板固定在钻床工作台上，以免移动而影响加工质量。

5）在小型工件或薄板件上钻孔时，可将工件旋转在定位块上，采用手用虎钳夹紧，如图1-50e所示。

6）在圆柱工件端面钻孔时，可利用三爪卡盘进行装夹，如图1-50f所示。

（3）钻头的装拆

1）直柄钻头装拆。直柄钻头用钻夹头装夹，钻夹头1上端的锥孔和钻床主轴的锥孔由一心轴连接。用带小锥齿轮的钥匙 5 转动夹头套 2 上的大锥齿轮圈，由于夹头套与内螺纹齿圈 3 是连为一体的，所以内螺纹齿圈随夹头套一起转动，然后通过夹爪 4 上的外螺纹使三个夹爪沿一定的斜度上下移动，从而达到放松和夹紧钻头的目的，如图 1-52 所示。

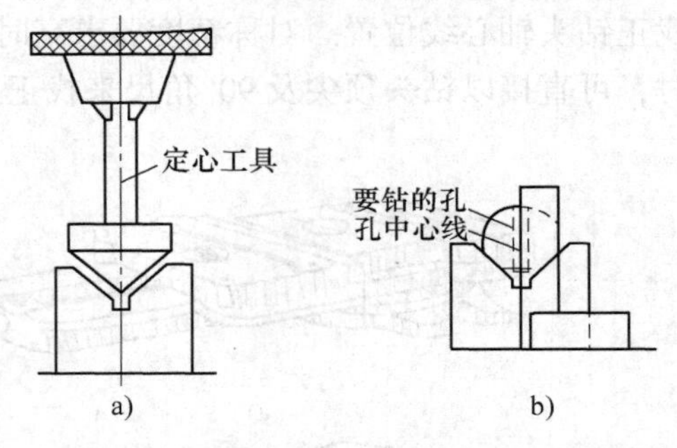

图 1-51　圆柱形工件钻孔时的找正

a）采用定心工具找正　b）用 90°角尺找正

2）锥柄钻头装拆。锥柄钻的装入方法是直接把钻头插入主轴锥孔，这是因其锥面具有自锁能力。装入前，需将钻头柄和主轴锥孔擦拭干净。如果钻头的锥柄尺寸太小，可加一过渡锥套后再插入主轴锥孔。钻头的拆卸是用一斜铁敲入主轴的腰形孔中，这样就能使钻头与主轴分离，如图 1-53 所示。

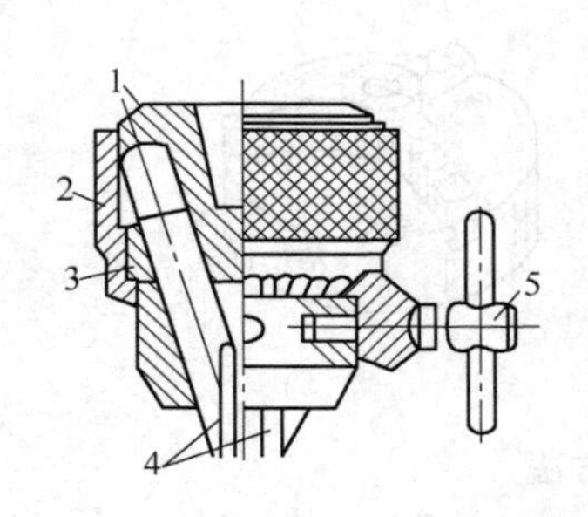

图 1-52　钻夹头

1—钻夹头　2—夹头套　3—内螺纹齿圈　4—夹爪　5—钥匙

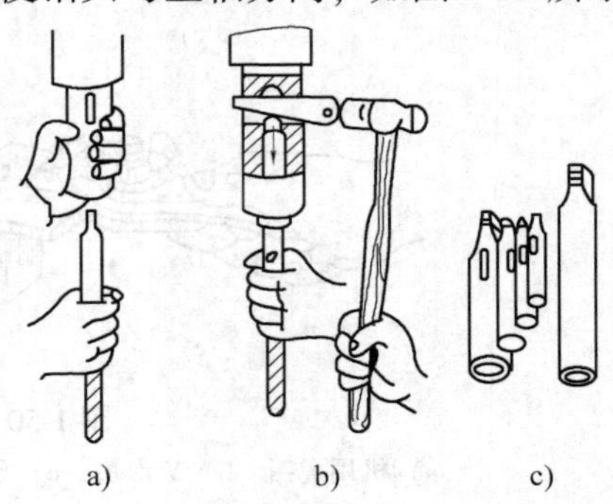

图 1-53　锥柄钻头的装拆

a）装入　b）拆卸　c）过渡锥套

（4）钻床转速的选择　首先要确定钻头的允许切削速度 v。用高速钢钻头钻铸铁件时，$v=14\sim22\text{m/min}$；钻钢件时，$v=16\sim24\text{m/min}$；钻青铜件时，$v=30\sim60\text{m/min}$。当工件的硬度和强度较高时，取小值（铸铁以 200HBW 为中值，钢以 $\delta=700\text{MPa}$ 为中值）；当钻头直径小时，取小值（以 $\phi16\text{mm}$ 为中值）；当钻孔深度 $L>3d$ 时，还应将取值乘以 0.7～0.8 的修正系数。然后用下式求出钻床转速 n：$n=1000v/\pi d$，其中，v 为切削速度（m/min）；d 为钻头直径（mm）。

例如：在钢件（强度 $\delta_b=700\text{MPa}$）上钻 $\phi10\text{mm}$ 的孔，钻头材料为高速钢，钻孔深度为 25mm 时，则选用的钻头转速：$n(1000v/\pi d)=(1000\times19)/(3.14\times10)\text{r/min}\approx600\text{r/min}$。

（5）起钻　钻孔时，先使钻头对准孔中心起钻出一浅坑，观察其位置是否正确，并不断校正，使起钻浅坑与划线同轴。找正方法：如偏位较少，可在起钻的同时用力将工件向偏位的方向推移，达到逐步找正；如偏位较多，可在找正方向打上几个中心冲眼或用油槽錾錾出几条槽，以减小此处切削阻力，达到找正目的，如图 1-54 所示。

（6）手进给操作　当起钻达到钻孔位置要求后，即可压紧工件完成钻孔。手进给时，进给用力适当，不要使钻头产生弯曲现象，以免使钻孔轴线歪斜，如图 1-55 所示。钻小直径孔或深孔时，进给力要小，并要经常退钻排屑，以免切屑阻塞而扭断钻头。钻孔将钻通时，进给力必须减小，以防进给量突然过大，增大切削扭转作用力，造成钻头折断，或者使工件随钻头转动造成事故。

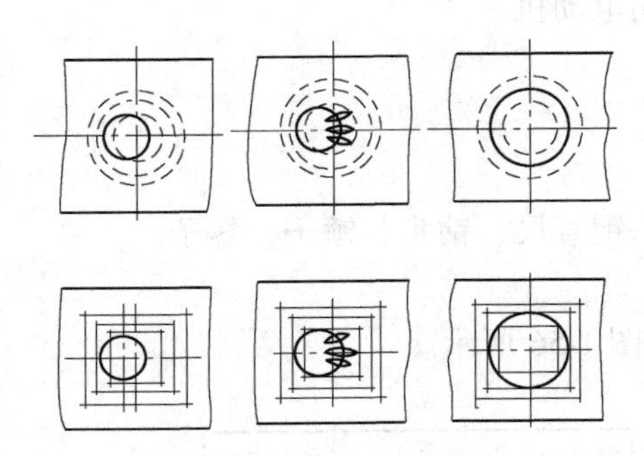

图 1-54　錾槽找正偏的孔位

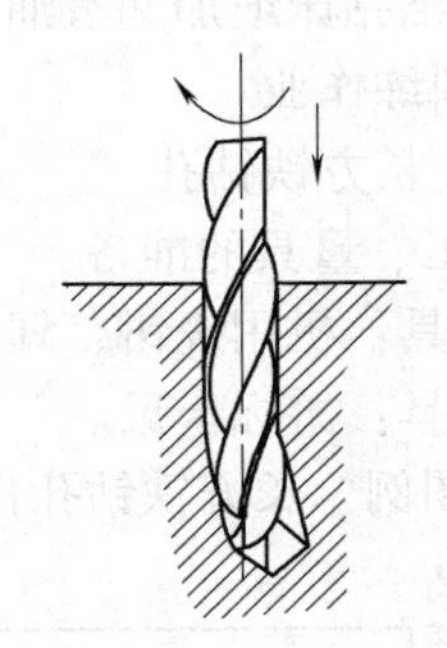

图 1-55　钻孔时轴线的歪斜

（7）钻孔时的切削液　为了使钻头散热冷却，减少钻削时钻头与工件、切屑的摩擦，以及消除粘附在钻头和工件表面上的积屑瘤，从而提高刀具寿命和工件的加工质量，钻孔时需加注足够的切削液，见表 1-5。

表 1-5　钻削各种材料用的切削液

工件材料	切　削　液
各种结构钢	质量分数为 3% ~5% 的乳化液、7% 的硫化乳化液
不锈钢、耐热钢	质量分数为 3% 的肥皂加 2% 的亚麻油水溶液、硫化切削液
纯钢、黄铜、青铜	不用，或用质量分数为 5% ~8% 的乳化液
铸铁	不用，或用质量分数为 5% ~8% 的乳化液、煤油
铝合金	不用，或用质量分数为 5% ~8% 的乳化液、煤油、煤油与菜油的混合油液
有机玻璃	质量分数为 5% ~8% 的乳化液、煤油

3. 钻孔时的安全知识

1）操作钻床时不可戴手套，袖口必须扎紧；尤其是女同学必须戴工作帽。

2）工件必须装夹牢固，尤其是在小工件上钻大直径孔时必须装夹牢固。孔将钻通时，应减小进给力。

3）开动钻床前，必须检查是否有钻夹头钥匙或斜铁插在钻轴上，如有，应拿掉。

4）不可用手和棉纱头或用嘴吹清除切屑，必须用毛刷清除。钻出长条切屑时，先用钩子钩断后再除去。

5）头不准与旋转主轴靠得太近；停机时，应让主轴自然停止，不能用手去制动，也不能用反转方式制动。

6）严禁在开机状态下装拆工件。检查工件及变换主轴转速时，必须停机进行。

7）清洁钻床或加润滑油时，必须关闭电动机。

三、训练作业

作业：长方铁钻孔

（1）工、量具的准备

1）工具：机用虎钳、划针盘、划针、钢直尺、钻头、锤子、錾子。

2）量具：游标卡尺。

（2）图例　长方铁钻孔作业训练图如图1-56所示。

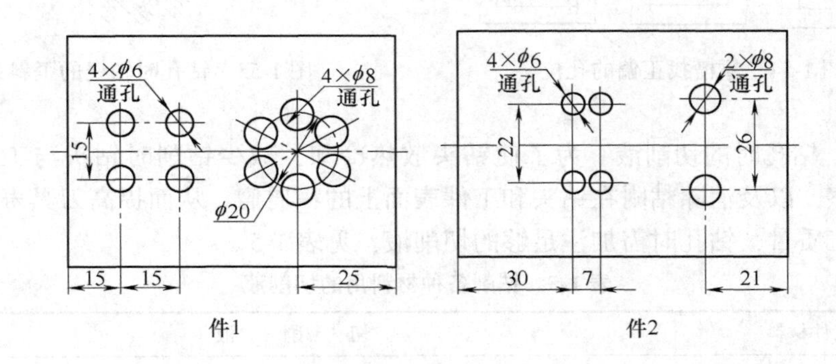

练习件名称	材料	件数
长方铁1	HT150	1
长方铁2	HT150	1

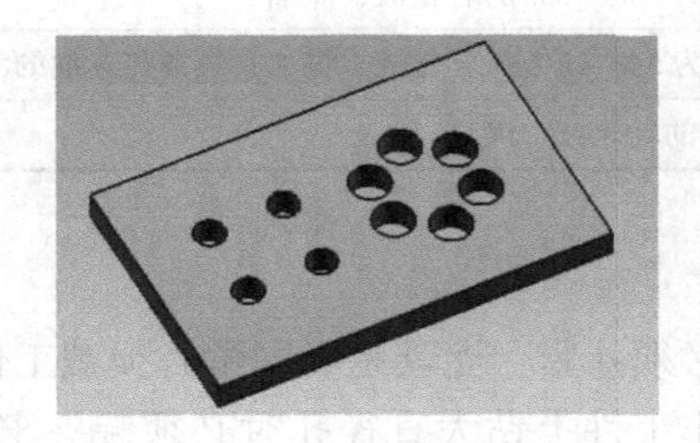

图1-56　长方铁钻孔作业训练图

（3）练习要求

1）由教师进行钻床高速操作示范，以及钻头、工件的装夹和钻孔方法示范。

2）按图样要求划线，且符合图样要求。

3）练习钻床空车操作，并进行钻床转速、主轴头架和工作台升降等调整练习。

4）钻孔操作，并达到图样要求。

（4）评分　表1-6为长方铁钻孔评分样表。

表1-6　长方铁钻孔评分样表

评分内容	配分	评分标准	得分
孔距尺寸公差要求 ±0.15mm	3×6	每超0.05mm扣1分	
孔的对称度公差要求0.20mm	4×7	每超0.05mm扣2分	
孔与端面垂直度公差0.15mm	2×16	每超0.05mm扣1分	
钻床使用操作情况	12	酌情扣分	
工具使用正确	10	酌情扣分	
安全文明生产	—	酌情扣分	
工时定额3h	—	每超15min扣2分	

四、注意事项

1）对不同孔径的钻孔转速要选择适当。

2）用钻夹头装夹钻头时，要用钻夹头钥匙，不要用扁铁和锤子敲击，以免损坏夹头。工件装夹时，必须做好装夹面的清洁工作。

3）钻孔时，手进给力根据钻头的工作情况，以目测和感觉进行控制。落钻时，钻头无弯曲。

4）钻头用钝后，必须及时修磨锋利。钻通时，需缓慢进给。

5）做到安全、文明操作。

6）掌握好钻孔时常出现的问题及其产生原因（表1-7），以便练习时注意。

表1-7　钻孔时常出现的问题及其产生原因

出现问题	产　生　原　因
孔大于规定尺寸	1. 钻头两切削刃长度不等，高低不一致 2. 钻床主轴径向偏摆或工作台未锁紧有松动 3. 钻头本身弯曲或装夹不好，使钻头有过大的径向圆跳动误差

（续）

出现问题	产生原因
孔壁粗糙	1. 钻头不锋利 2. 进给量太大 3. 切削液选用不当或供应不足 4. 钻头过短、排屑槽堵塞
孔位偏移	1. 工件划线不正确 2. 钻头横刃太长且定心不准，起钻过偏而没有找正
孔歪斜	1. 工件上与孔垂直的平面与钻轴不垂直，或钻床主轴与台面不垂直 2. 工件安装时，安装接触面上的切屑未清除干净 3. 工件装夹不稳，钻孔时产生歪斜，或工件有砂眼 4. 进给量过大，使钻头产生弯曲变形
钻孔呈多角形	1. 钻头后角太大 2. 钻头两主切削刃长短不一，角度不对称
钻头工作部分折断	1. 钻头用钝后仍继续钻孔 2. 钻孔时，未经常退出钻头排屑，使切屑在钻头螺旋槽内发生阻塞 3. 孔将钻通时，没有减小进给量 4. 进给量过大 5. 工件未夹紧，钻孔时产生松动 6. 在钻黄铜一类软金属时，钻头后角太大、前角又没有修磨小，造成了扎刀
切削刃迅速磨损或碎裂	1. 切削速度太高 2. 没有根据工件材料硬度来选择刃磨钻头角度 3. 工件表皮或内部硬度高，或有砂眼 4. 进给量过大 5. 切削液不足

任务六　扩、锪、铰孔

子任务一　扩、锪孔

一、教学要求

1）掌握扩、锪孔方法。

2）会使用标准麻花钻刃磨扩孔钻和锪孔钻。

3）了解扩孔钻、锪孔钻的种类及应用。

4）安全文明生产。

二、工艺知识

用锪钻（或改制的钻头）将工件孔口加工出平底或锥形沉孔的操作叫锪孔。

1. 锪孔的形式和作用。锪孔的形式有锪柱形埋头孔（图 1-57a），锪锥形埋头孔（图 1-57b），锪孔端平面（图 1-57c）。锪孔的主要作用：在工件的连接孔端锪出柱形或锥形埋头孔，用埋头螺钉埋入孔内把有关零件连接起来，使外观整齐，结构紧凑；将孔口端面锪平，并与孔中心线垂直，能使连接螺栓（或螺母）的端面与连接件保持良好接触。

2. 锪锥形埋头孔

（1）加工要求　锥角和最大直径（或深度）要符合图样规定（一般在埋头螺钉装入后，应低于工件平面约 0.5mm），加工表面无振痕。

（2）使用刀具　专用锥形锪钻（图 1-58）或用麻花钻刃磨改制（图 1-59）。

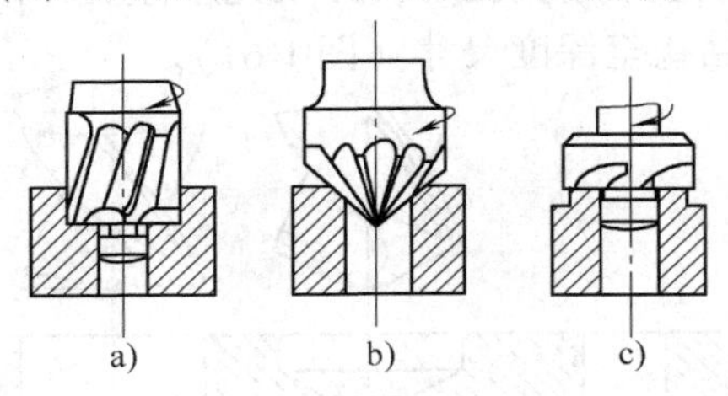

图 1-57　锪孔形式

a）锪柱形埋头孔　b）锪锥形埋头孔　c）锪孔端平面

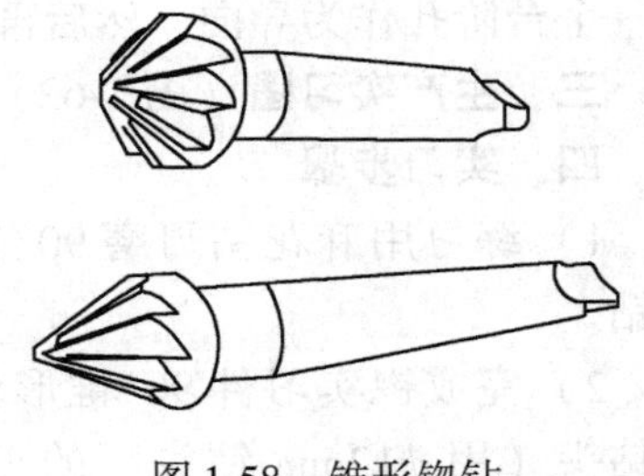

图 1-58　锥形锪钻

用麻花钻锪锥孔时，其顶角 2φ 应与锥孔锥角一致，两切削刃要磨得对称。由于锪孔时无横刃切削，故进给力减小，为了减小振动，通常磨成双重后角 $\alpha_f = 0° \sim 2°$，这部分的后面宽度 f 为 1 ~ 2mm；$\alpha_{f1} = 6° \sim 10°$。

对外缘处的前角做适当修小，使 $\gamma_o = 15° \sim 20°$，以防扎刀。

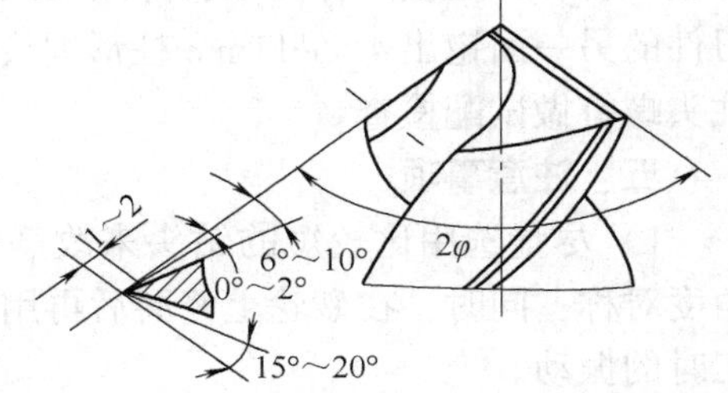

图 1-59　锪锥形埋头孔的麻花钻

3. 锪柱形埋头孔

（1）加工要求　孔径和深度要符合图样规定，孔底面要平整并与原螺栓孔轴线垂直，加工表面无振痕。

（2）使用刀具　专用柱形锪钻（图 1-60a）或用麻花钻刃磨改制（图 1-60b）。

用钻头改制的带导柱的锪钻，其圆柱导向部分直径为螺栓孔直径，钻头直径为埋头孔直径，再由磨床磨成所需要的台阶，端面切削刃靠手工在锯片砂轮上磨出，后角 $\alpha = 6° \sim 10°$。这种锪钻前端圆柱导向部分有螺旋槽，槽与圆柱面形成的刃口要用油石进行倒钝；否则在锪孔时，会刮伤螺栓孔壁。

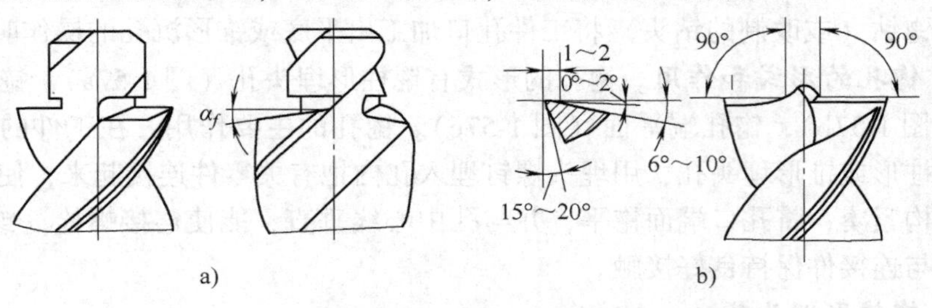

图 1-60　用麻花改制的柱形锪钻
a）带导柱　b）不带导柱

用麻花钻改制的不带导柱的锪钻加工柱形埋头孔时，必须先用标准麻花钻扩出一个台阶孔作为导向，然后再用平底钻锪至深度尺寸（图 1-61）。

三、生产实习图（图 1-62）

四、实习步骤

1）练习用麻花钻刃磨 90°锥形锪钻。

2）完成锪实习件 90°锥形埋头孔钻头（用 ϕ12mm 钻头）的刃磨，并达到使用要求。

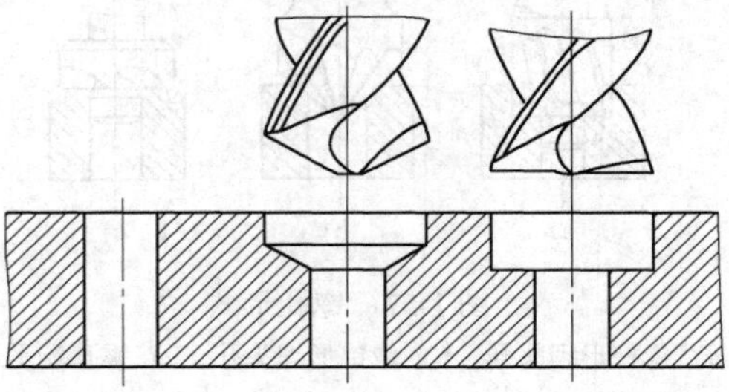

图 1-61　先扩孔后锪平

3）在实习件上完成钻孔、锪孔的加工。加工步骤如下：①按图样尺寸划线。②钻 4 × ϕ7mm 孔；然后锪 90°锥形埋头孔，深度按图样要求；并用 M6 螺钉做试配检查。③用专用柱形锪钻在实习件的另一面锪出 4 × ϕ11mm 柱形埋头孔，深度按图样要求，并用 M6 内六角圆柱头螺钉做试配检查。

五、注意事项

1）尽量选用比较短的钻头来改磨锪钻，且刃磨时要保证切削刃高低一致、角度对称；同时，在砂轮上修磨后再用油石修光，并使切削均匀平稳，以减小加工时的振动。

2）要先调整好工件的螺栓通孔与锪钻的同轴度，再夹紧工件。调整时，可旋转主轴进行试钻，且使工件能自然定位。工件夹紧要稳固，以减小振动。

3）锪孔时的切削速度应比钻孔低，一般为钻孔切削速度的 1/2 ~ 1/3；同时，由于锪钻的进给力较小，所以手进给力不宜过大，并要均匀。

4）当锪孔表面出现多角形振纹等情况时，应立即停止加工，找出钻头刃磨等问题，及时修正。

5）为控制锪孔深度，在锪孔前可对钻床主轴（锪钻）的进给深度用钻床上的深度标尺和定位螺母进行调整定位。

6）要做到安全、文明操作。

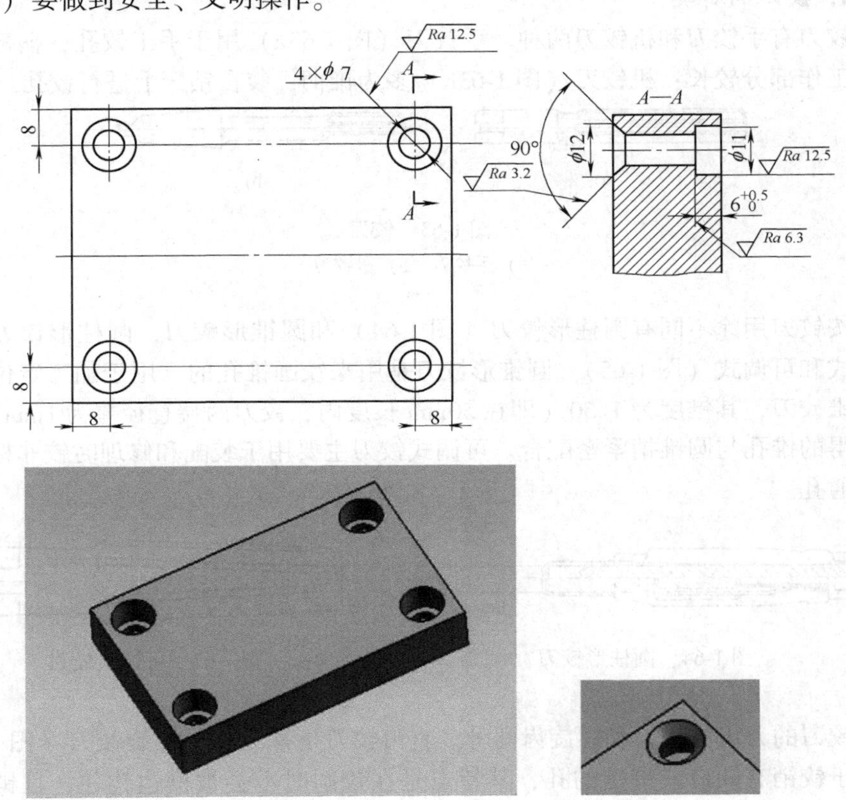

图 1-62　锪孔

子任务二　铰　孔

用铰刀对已经半精加工的孔进行精加工叫做铰孔，可加工圆柱形孔（用圆柱铰刀），也可加工圆锥形孔（用圆锥铰刀）。铰刀的切削刃数量多（6 ~ 12 个）、导向性好、尺寸精度高而且刚性好，其加工精度一般可达公差等级 IT9 ~ IT7 级（手铰公差等级甚至可达 IT6 级），表面粗糙度 Ra 为 3. 2 ~ 0. 8μm 或更小。

一、教学要求

1）了解铰刀的种类和应用。

2）掌握铰孔方法。

3）熟悉铰削用量和切削液的选择。

4）了解铰刀损坏原因及防止方法。

5）了解铰孔产生质量问题的原因及防止方法。

二、工艺知识

1. 铰刀的种类

铰刀有手铰刀和机铰刀两种。手铰刀（图 1-63a）用于手工铰孔，柄部为直柄，工作部分较长；机铰刀（图 1-63b）多为锥柄，装在钻床上进行铰孔。

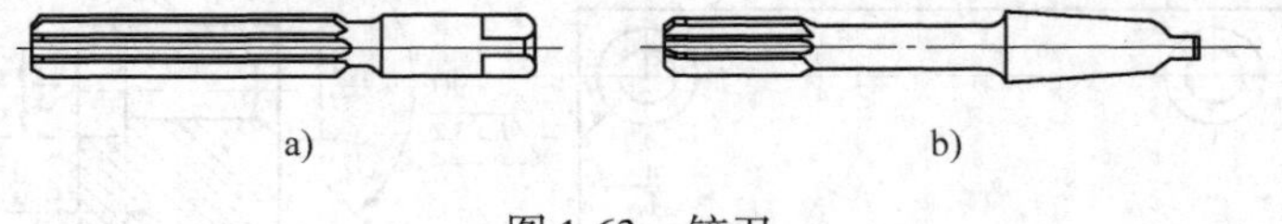

图 1-63 铰刀
a）手铰刀 b）机铰刀

按铰刀用途不同有圆柱形铰刀（图 1-64）和圆锥形铰刀，圆柱形铰刀又有固定式和可调式（图 1-65）。圆锥形铰刀是用来铰圆锥孔的。用于加工定位销锥孔的锥铰刀，其锥度为 1∶50（即在 50mm 长度内，铰刀两端直径差为 1mm），可使铰得的锥孔与圆锥销紧密配合。可调式铰刀主要用于装配和修理时铰非标准尺寸的通孔。

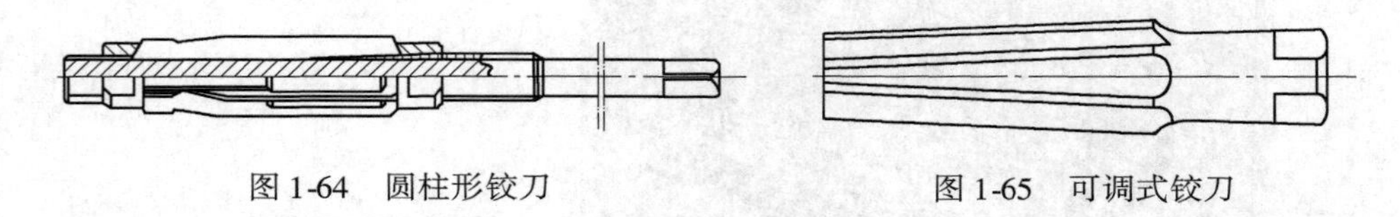

图 1-64 圆柱形铰刀　　图 1-65 可调式铰刀

铰刀的刀齿有直齿和螺旋齿两种。直齿铰刀是常见的，螺旋铰刀（图 1-66）多用于铰销有缺口或带槽的孔，其特点是在铰削时不会被槽边钩住，且销削平稳。

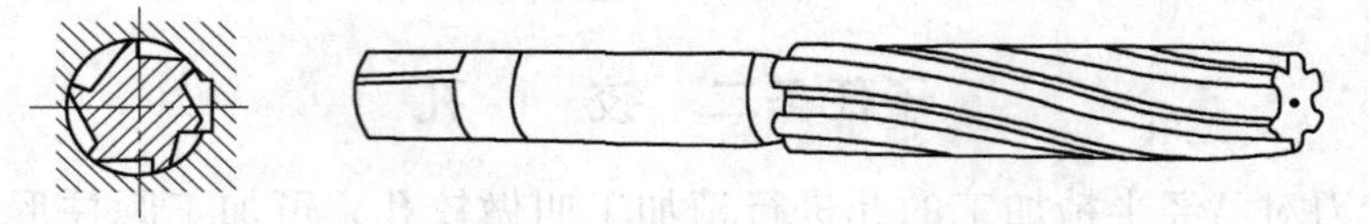

图 1-66 螺旋铰刀

2. 铰孔方法

（1）铰孔余量的选择

1）铰孔余量（直径余量）。铰孔余量是否合适，对铰出孔的表面粗糙度和精度影响很大。如余量太大，不但孔铰表面不光，而且铰刀容易磨损；铰孔余量太小，则不能看到上道工序留下的刀痕，也达不到要求的表面粗糙度。具体数值可参照表 1-8 选取。在一般情况下，对 IT9、IT8 级孔可一次铰出；对 IT7 级的孔，应分粗铰和精铰；对孔径大于 20mm 的孔，可先钻孔，再扩孔，然后进行铰孔。

2）机铰铰削速度 v 的选择。机铰时，为了获得较小的表面粗糙度，必须避免产生积屑瘤，减少切削热及变形，应取较小的切削速度。用调整钢铰刀铰钢件时 v=4～8m/min；铰铸铁件时 v=6～8m/min；铰铜件时 v=8～12m/min。

表1-8　铰孔余量　（单位：mm）

铰刀直径	铰削余量	铰刀直径	铰削余量
≤6	0.05～0.1	>18～30	一次铰：0.2～0.3 二次铰精铰：0.1～0.15
>6～18	一次铰：0.1～0.2 二次铰：0.1～0.15	>30～50	一次铰：0.3～0.4 二次铰精铰：0.15～0.25

注：二次铰时，粗铰余量可取一次铰余量的较小值。

3）机铰进给量 f 的选择。铰钢件及铸铁件可取0.5～1mm/r；铰铜、铝件可取1～1.2mm/r。

（2）铰削操作方法

1）在手铰起铰时，可用右手通过铰孔轴线施加进刀压力，左手转动铰刀。在正常铰削时，两手用力要均匀，要平稳地旋转，不得有侧向压力。同时适当加压，使铰刀均匀地进给，以保证铰刀正确引进和获得较小的表面粗糙度，并避免孔口喇叭形或将孔径扩大。

2）铰刀铰孔或退出铰刀时，铰刀均不能反转，以防止刃口磨钝及切屑嵌入刀具后面与孔壁间，将孔壁划伤。

3）机铰时，应使工件一次装夹进行钻、铰工作，以保证铰刀中心线与钻孔中心线一致。铰完后，要等铰刀退出再停机，以防孔壁拉出痕迹。

4）铰尺寸较小的圆锥孔时，可先按小端直径并留取圆柱孔精铰余量钻出圆柱孔，然后用锥铰刀铰削即可。对尺寸和深度较大的锥孔，为减小铰削余量，铰孔前可先钻出阶梯孔（图1-67），然后再用铰刀铰削。铰削过程中，要经常用锥销来检查铰孔尺寸（图1-68）。

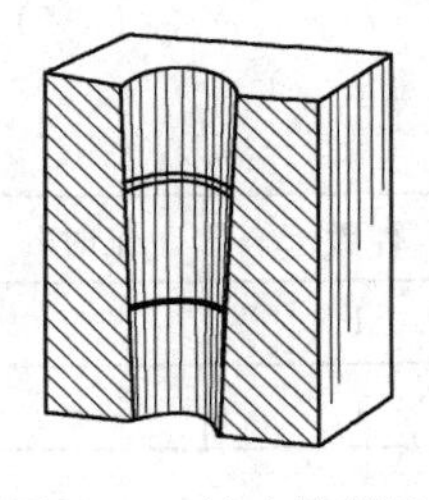

图1-67　钻出阶梯孔

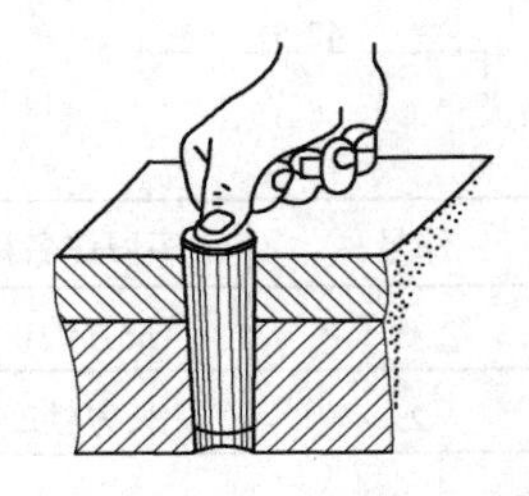

图1-68　用锥销来检查铰孔尺寸

（3）铰削时的切削液　铰削时，必须选用适当的切削液来减小摩擦，并降低刀具和工件的温度，防止产生积屑，以及避免切屑细末黏附在铰刀刀刃上、孔壁及铰刀的刃带之间，从而减小加工表面的表面粗糙度值与孔的扩大量。选用时见表 1-9。

表 1-9　铰削切削液

加工材料	切　削　液
钢	1. 10% ~20% 乳化液 2. 30% 工业植物油加 70% 的深度为 3% ~5% 的乳化液 3. 工业植物油
铸铁	1. 不用 2. 煤油（但会引起孔径缩小） 3. 3% ~5% 乳化液
铝	1. 煤油 2. 5% ~8% 乳化液
铜	5% ~8% 乳化液

三、生产实习图（图 1-69）

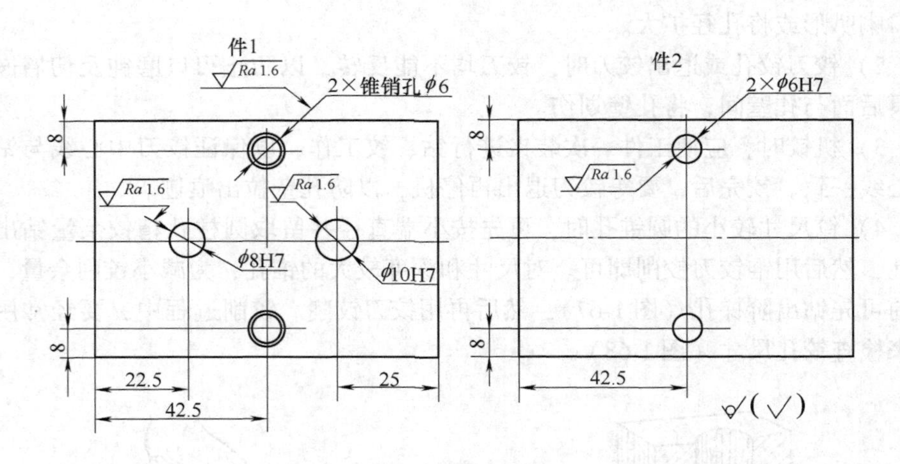

件号	实习件名称	材料	件数	工时/h
1	长方铁1	HT150	1	
2	长方铁2	HT150	1	

图 1-69　铰孔

四、实习步骤

1）在两实习件上，按图样尺寸要求划出各孔位置加工线。

2）钻各孔。考虑应有的铰孔余量，选定各孔铰孔前的钻头规格，刃磨试钻得到正确尺寸后按图钻孔，并对孔口进行 C0.5mm 倒角。

3）铰各圆柱孔，用相应的圆柱销相配检。

4）铰锥销孔，用锥销试配检验，达到正确的相互依赖尺寸要求。

五、注意事项

1）铰刀是精加工工具，要保护好刃口，避免碰撞。刀刃上如有毛刺或切屑黏附，可用油石小心地磨去。

2）铰刀排屑功能差，必须经常退出铰刀、清屑，以免铰刀被卡住。

3）铰定位圆锥销孔时，因锥度小且有自锁性，其进给量不能太大，以免铰刀卡死或折断。

4）熟悉铰孔时常出现的问题及其产生原因（表 1-10），以便在练习时加以注意。

表 1-10　铰孔时可常出现的问题及其产生原因

出现问题	产　生　原　因
加工表面粗糙度大	1. 铰孔余量太大或太小 2. 铰刀的刀刃不锋利、刃口崩裂或有缺口 3. 没使用切削液，或切削液选用不当 4. 铰刀退出时反转；手铰时铰刀旋转不平稳 5. 铰削速度太高产生积屑瘤，或刀刃上粘有铰屑 6. 容屑槽内切屑堵塞
孔呈多角形	1. 铰削量太大，铰刀振动 2. 铰孔前钻孔不圆，铰刀发生弹跳现象
孔径缩小	1. 铰刀磨损 2. 铰铸铁时加煤油 3. 铰刀已钝
孔径扩大	1. 铰刀中心线与钻孔中心线不同轴 2. 铰孔时，两手用力不均匀 3. 铰削钢件时，没加切削液 4. 进给量与铰削余量过大 5. 机铰时，轴的摆动太大 6. 切削速度太高，铰刀热膨胀 7. 操作粗心，铰刀直径大于要求尺寸

任务七　攻、套螺纹

一、教学要求

1）掌握攻螺纹底孔直径和套螺纹圆杆直径的确定方法。

2）掌握攻、套螺纹方法。

3）熟悉丝锥折断和攻、套螺纹中常见问题的产生原因和防止方法。

4）提高钻头的刃磨技能。

二、工艺知识

用丝锥加工工件内螺纹的操作叫攻螺纹，用板牙加工工件外螺纹的操作叫套螺纹。

1. 攻螺纹

（1）丝锥与铰杠

1）丝锥是加工内螺纹的工具。按所加工螺纹种类的不同，有普通管螺纹丝锥，其中 M6 ~ M24 的丝锥为两只一套，小于 M6 和大于 M24 的丝锥为三只一套；55°非密封管螺纹丝锥，为两只一套；55°密封管螺纹丝锥，大小尺寸均为单只。按加工方法分有机用丝锥和手用丝锥。

2）铰杠是用来夹持丝锥的工具，有普通铰杠（图 1-70）和丁字铰杠（图 1-71）两类。丁字铰杠主要用于攻工件凸台旁的螺纹或机体内部的螺纹。各类铰杠又有固定式和活动式两种。固定式铰杠常用于攻 M5 以下的螺纹，活动式铰杠可以调节夹紧孔尺寸。

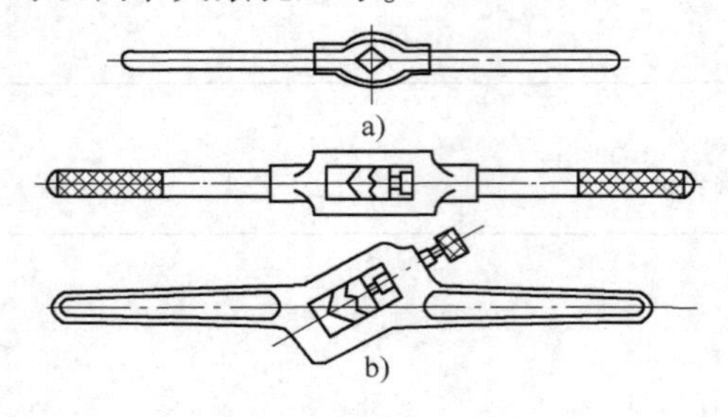

图 1-70　普通铰杠

a）固定铰杠　b）活动铰杠

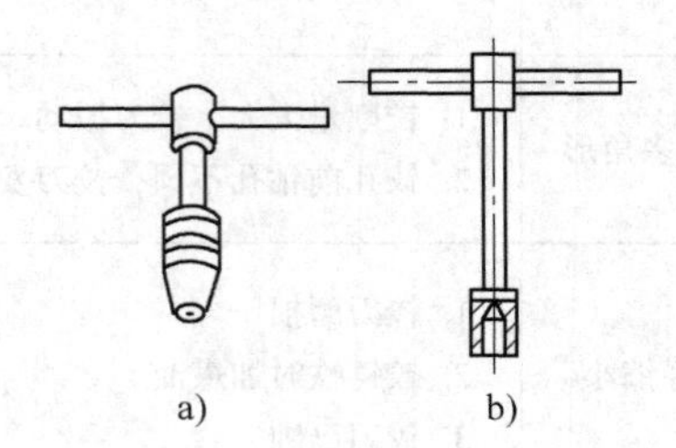

图 1-71　丁字铰杠

a）固定丁字铰杠　b）活动丁字铰杠

铰杠长度应根据丝锥尺寸大小选择，以便控制一定的攻螺纹力矩，可参考表 1-11 选用。

表 1-11　攻螺纹铰杠的长度选择

丝锥直径/mm	≤6	8 ~ 10	12 ~ 14	≥16
铰杠长度/mm	150 ~ 200	>200 ~ 250	250 ~ 300	400 ~ 450

（2）攻螺纹底孔直径的确定　用丝锥攻螺纹时，每个切削刃一方面在切削金属，一方面也在挤压金属，因而会产生金属凸起并向牙尖流动的现象，这一现象对于韧性材料尤为显著。若攻螺纹前钻孔的直径与螺纹小径相同，被丝锥挤出的金属会卡住丝锥甚至将其折断，因此底孔直径应比螺纹小径略大。这样，挤出的金属流向牙尖正好形成完整螺纹，又不易卡住丝锥。但是，若底孔钻得太大，又会使螺纹的牙型高度不够，降低强度。所以底孔直径大小的确定要根据工件的材料性质、螺纹直径的大小来考虑，其方法可查表或用下列经验公式得出。

1）普通螺纹底孔直径的经验计算式：

脆性材料　$$D_{底} = D - 1.05P$$

韧性材料　$$D_{底} = D - P$$

式中　$D_{底}$——底孔直径（mm）；

D——螺纹大径（mm）；

P——螺距（mm）。

［例］　分别在中碳钢和铸铁上攻 M10×1.5 螺纹，求各自的底孔直径。

解：中碳钢属韧性材料，故底孔直径为

$$D_{底} = D - P = (10 - 1.5)\text{mm} = 8.5\text{mm}$$

铸铁属脆性材料，故底孔直径为

$$D_{底} = D - 1.05P = (10 - 1.05 \times 1.5)\text{mm} = 8.4\text{mm}$$

2）寸制螺纹底孔直径的经验计算式

脆性材料　$$D_{底} = 25(D - 1/n)$$

韧性材料　$$D_{底} = 25(D - 1/n) + (0.2 \sim 0.3)$$

式中　$D_{底}$——底孔直径（mm）；

D——螺纹大径（in）；

n——每英寸牙数。

（3）不通孔螺纹的钻孔深度　钻不通孔的螺纹底孔时，由于丝锥的切削部分不能攻出完整的螺纹，所以钻孔深度至少要等于需要的螺纹深度加上丝锥切削部分的长度，这段增加的长度大约等于螺纹大径的0.7倍，即

$$L = l + 0.7D$$

式中　L——钻孔深度（mm）；

l——需要的螺纹深度（mm）；

D——螺纹大径（mm）。

（4）攻螺纹方法

1）划线，打底孔。

2）在螺纹底孔的孔口倒角，通孔螺纹两端都倒角，倒角处直径可略大于螺纹孔大径，这样可使丝锥开始切削时容易切入，并可防止孔口出现挤压出现凸

边。

3）起攻时，可一手用手掌按住铰杠中部，沿丝锥轴线用力加压，另一手配合做顺向旋进（图 1-72a）；或两手握住铰杠两端均匀施加压力，并将丝锥顺向旋进（图 1-72b）应保证丝锥中心线与孔中心线重合，不致歪斜。在丝锥攻入 1 ~2 圈后，应及时从前后、左右两个方向用 90°角尺进行检查（图 1-73），并不断校正至要求。

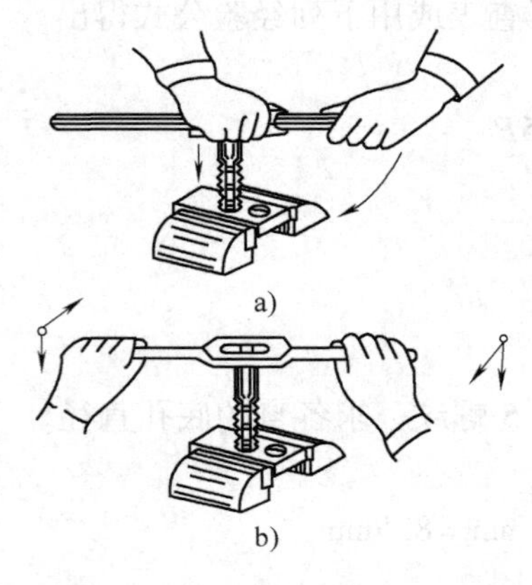

图 1-72　起攻方法

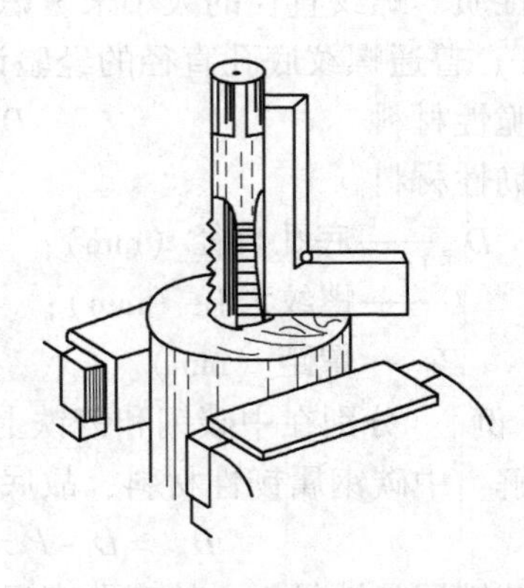

图 1-73　检查攻螺纹垂直度

4）当丝锥的切削部分全部进入工件时，就不需要再施加压力，靠丝锥做自然旋进切削即可。此时，两手旋转且用力要均匀，并要经常倒转 1/4 ~ 1/2 圈，使切屑碎断后容易排除，避免因切屑阻塞而使丝锥卡住。

5）攻螺纹时，必须以头锥、二锥、三锥顺序攻削至标准尺寸。在较硬的材料上攻螺纹时，可轮换各丝锥交替攻下，以减小切削部分负荷，防止丝锥折断。

6）攻不通孔时，可在丝锥上做好深度标记，并要经常退出丝锥，以及清除留在孔内的切屑，否则会因切屑堵塞使丝锥折断或达不到深度要求。当工件不便倒转进行清屑时，可用弯曲的小管子吹出切屑，或用磁性针棒吸出。

7）攻韧性材料的螺纹孔时，要加切削液，以减小切削阻力，以及减小加工螺纹孔的表面粗糙度和延长丝锥寿命。攻钢件时，用润滑油；螺纹质量要求高时，还可用工业植物油；攻铸铁件时可加煤油。

（5）丝锥的修磨　当丝锥的切削部分磨损时，可以修磨其后刃面（图 1-74）。修磨时要注

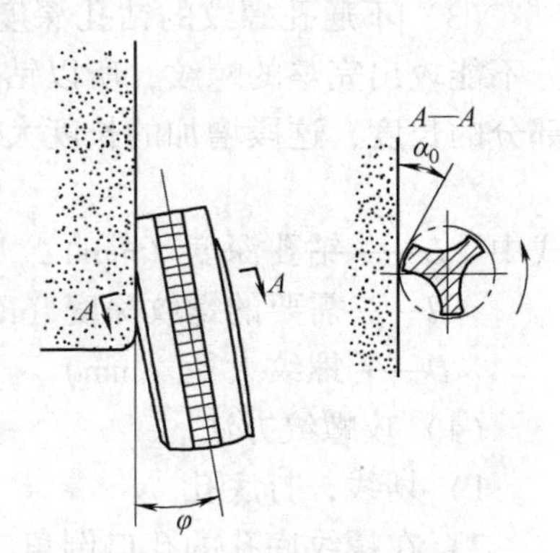

图 1-74　修磨丝锥的后刃面

意保持各刃瓣的半锥角 φ 及切削部分长度的准确性和一致性。转动丝锥时要留心，不要使另一刃瓣的刃齿碰擦而磨坏。

当丝锥的找正部分有显著磨损时，可用棱角修圆的片状砂轮修磨其前刃面（图1-75），并控制好一定的前角 γ_o。

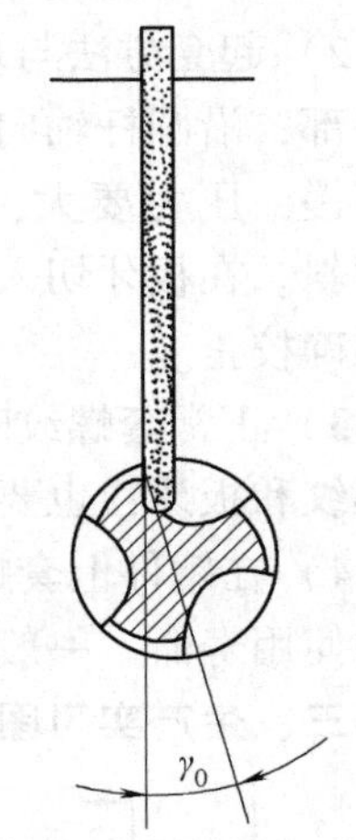

图1-75　修磨丝锥的前刃面

2. 套螺纹

（1）圆板牙与铰杠（板牙架）　板牙是加工外螺纹的工具，常用的圆板牙如图1-76所示。其外圆上有四个锥坑和一条U形槽，图中下面两个锥坑，其轴线与板牙直径方向一致，借助铰杠（图1-77）上的两个相应位置的紧固螺钉顶紧后，用以套螺纹时传递力矩。当板牙磨损，套出的螺纹尺寸变大以致超出公差范围时，可用锯片砂轮沿板牙U形槽将板牙磨割出一条通槽，将铰杠上的另两个紧固螺钉拧紧顶入板牙上面两个偏心的锥坑内，使板牙的螺纹中径变小。调整时，应使用标准样件进行尺寸校对。

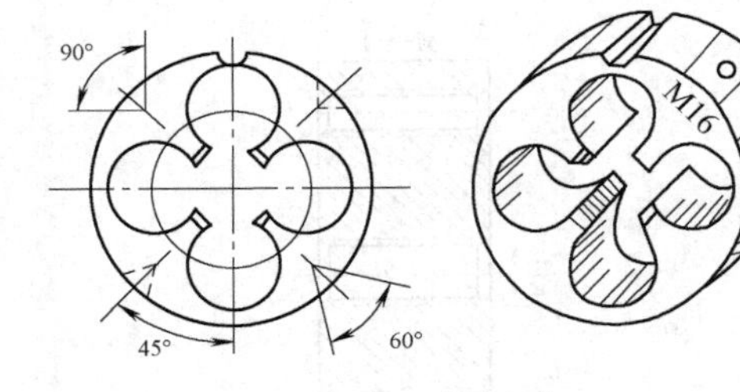

图1-76　圆板牙

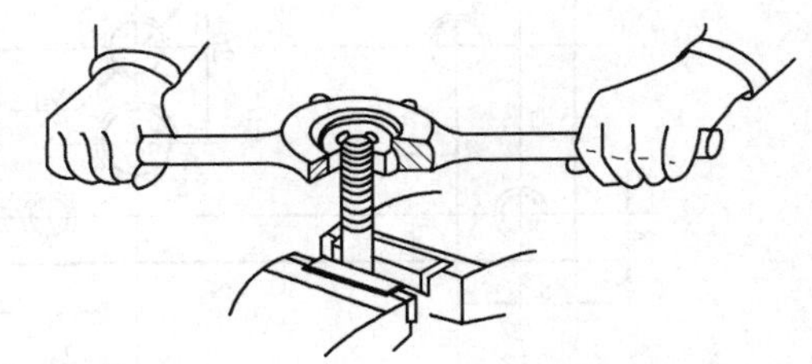

图1-77　圆板牙铰杠

（2）圆杆直径及端部倒角　套螺纹时的圆杆直径及端部倒角与攻螺纹时一样，套螺纹切削过程中也有挤压作用，因此，圆杆直径要小于螺纹大径，可查表或用以下经验计算式确定

$$d_{杆} = d - 0.13P$$

式中　$d_{杆}$——圆杆直径（mm）；

d——螺纹大径（mm）

P——螺距（mm）。

为了使板牙起套时容易切入工件并进行正确的引导，圆杆端部要倒角——倒成锥半角为15°～20°的锥体（图1-78）。其倒角的最小直径，可略小于螺纹小径，避免螺纹端部出现锋口和卷边。

（3）套螺纹方法

1）套螺纹时的切削力矩较大，且工件都为圆杆，一般要用V形块或厚铜衬作为衬垫，才能保证可靠夹紧。

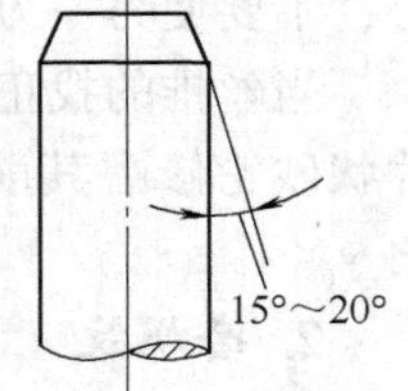

图1-78 套螺纹时圆杆的倒角

2）起套方法与攻螺纹起攻方法一样，一手用手掌按住铰杠中部，沿圆杆轴向施加压力；另一手配合做顺向切进，转动要慢，压力要大，并保证板牙端面与圆杆轴线的垂直度，不歪斜。在板牙切入圆杆2～3牙时，应及时检查其垂直度并做准确校正。

3）正常套螺纹时，不要加压，让板牙自然引进，以免损坏螺纹和板牙；也要经常倒转以断屑。

4）在钢件上套螺纹时要加切削液，以减小加工螺纹的表面粗糙度和延长板牙的使用寿命。一般可用润滑油或较浓的乳化液，要求高时可用工业植物油。

三、生产实习图（图1-79）

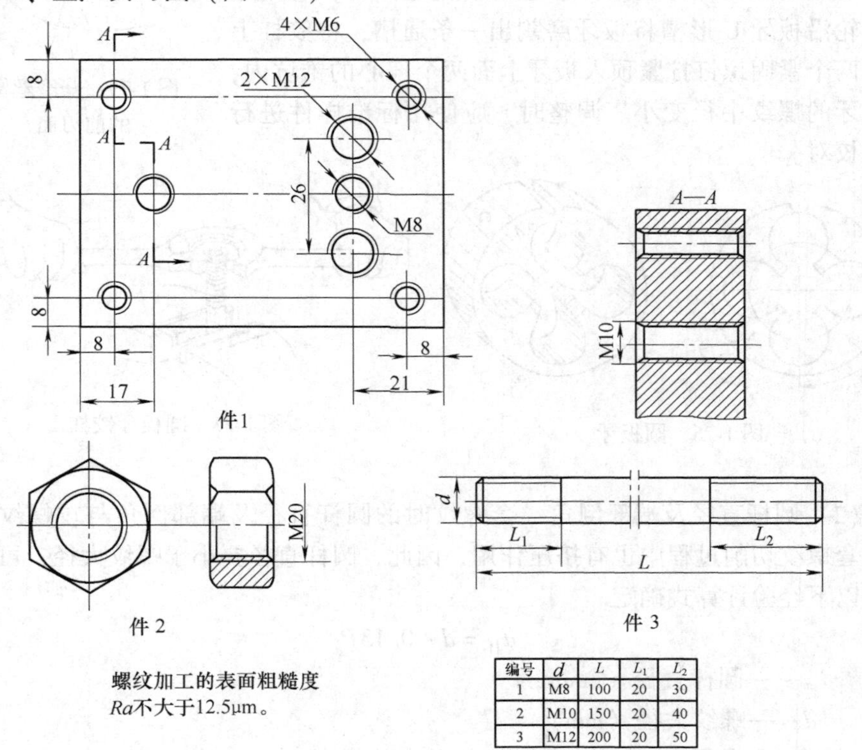

编号	d	L	L_1	L_2
1	M8	100	20	30
2	M10	150	20	40
3	M12	200	20	50

件号	实习件名称	材料	件数	工时/h
1	长方铁	HT150	1	
2	六角头螺母	35	3	
3	双头螺柱	Q235	3	

图1-79 攻、套螺纹

四、实习步骤

1. 攻螺纹

1）按实习图尺寸要求划出各螺纹的加工位置线，钻各螺纹底孔，并对孔口进行倒角。

2）依次攻制 4×M6、4×M8、4×M10、2×M12 及 3×M20 螺纹，并用相应的螺钉进行配检。

2. 套螺纹

1）按图样尺寸下料。

2）按前述套螺母方法套制 M8、M10、M12 三件双头螺柱的螺纹，并用相应的螺母进行配检。

五、注意事项

1）在钻 M20 螺纹底孔时，要用立钻，且必须先熟习机床的使用、调整方法，然后再进行加工，并注意做到安全操作。

2）起攻、起套时，要从两个方向进行垂直度的及时找正，这是保证攻、套螺纹质量的重要一环。在套螺纹时，由于板牙切削部分的锥角 2φ 较大，起套时的导向性较差，容易产生板牙端面与圆杆轴心线的不垂直，切出的螺纹牙型易出现一面深一面浅的情况；并随着螺纹长度的增加，其歪斜现象将明显增加，甚至不能继续切削。

3）起攻、起套的正确性及攻、套螺纹时能控制两手用力均匀，以及掌握好用力限度是攻、套螺纹的基本功之一，且必须用心掌握。

4）熟悉攻、套螺纹中常出现的问题及其产生原因（表 1-12），以便在练习时加以注意。

表 1-12　常出现的问题及其产生原因

出现问题	产　生　原　因
螺纹乱牙	1. 攻螺纹时底孔直径太小，起攻困难，左右摆动，孔口乱牙 2. 换用二、三锥时强行找正，或没旋合好就往下攻 3. 圆杆直径过大，起套困难，左右摆动，杆端乱牙
螺纹滑牙	1. 攻不通孔的较小螺纹时，丝锥已到底却仍继续转 2. 攻强度低或小孔径螺纹时，丝锥已切出螺纹仍继续加压，或攻完时连同铰杠做自由的快速转出 3. 未适当加切削液及一直攻、套且不倒转，切屑堵塞将螺纹啃坏
螺纹歪斜	1. 攻、套时，位置不正；起攻、起套时，未进行垂直度检查 2. 孔口、杆端倒角不良，且两手用力不均，切入时歪斜
螺纹形状不完整	1. 攻螺纹底孔直径太大，或套螺纹圆杆直径太小 2. 圆杆不直 3. 板牙经常摆动

（续）

出现问题	产　生　原　因
丝锥折断	1. 底孔太小 2. 攻入时，丝锥歪斜或歪斜后强行找正 3. 没有经常反转断屑和清屑，或不通孔攻到底，还继续往下攻 4. 使用铰杠不当 5. 丝锥牙齿爆裂或磨损过多而强行往下攻 6. 工件材料过硬或夹有硬点 7. 两手用力不均或用力过猛

任务八　刮　　削

子任务一　刮刀刃磨与热处理

一、教学要求

1）熟悉刮削的特点和应用。

2）了解刮刀的材料、种类、结构和平面刮刀的尺寸及几何角度。

3）能进行平面刮刀的热处理和刃磨。

二、相关工艺知识

1. 刮削的特点

1）刮刀对工件表面采用负前角切削，有推挤压光的作用，使工件表面光洁，组织紧密。

2）刮削一般是利用标准件或互配件对工件进行涂色显点来确定其加工部位，能保证工件有较高的形位精度和精密配合。

2. 刮削的应用

1）用于零件的形位精度和尺寸精度要求较高时。

2）用于互配件配合精度要求较高时。

3）用于装配精度要求较高时。

4）用于零件需要得到美观的表面时。

3. 刮刀的种类

刮刀头一般由T12A碳素工具钢或耐磨性较好的GCr15滚动轴承钢锻造，并经磨制和热处理淬硬而成。刮刀分平面刮刀和曲面刮刀两大类。

（1）平面刮刀　用来刮削平面和外曲面。平面刮刀又分为普通刮刀和活头刮刀两种。

普通刮刀如图1-80a所示，按所刮表面精度不同，可分为粗刮刀、细刮刀和精刮刀三种。刮刀的尺寸见表1-13。活动刮刀如图1-80b所示，刮刀刀头采用碳素工具钢或轴承钢制作，刀身则采用中碳钢，刮刀通过焊接或机械装夹两者而制成。

表1-13　平面刮刀的规格　　（单位：mm）

刮刀	全长 L	宽度 B	厚度 e	活动头长度 l
粗刮刀	450 ~ 600	25 ~ 30	3 ~ 4	100
细刮刀	400 ~ 500	15 ~ 20	2 ~ 3	80
精刮刀	400 ~ 500	10 ~ 12	1.5 ~ 2	70

（2）曲面刮刀　用来刮削内曲面，如滑动轴承等。曲面刮刀主要有三角刮刀和蛇头刮刀两种。

1）三角刮刀可由三角锉刀改制或用工具钢锻制。一般三角刮刀有三个长弧形刀刃和三条长的凹槽（图1-81a、b）。

2）蛇头刮刀由工具钢锻制成形。它利用两圆弧面刮削内曲面，其特点是有四个刃口。为了使平面易于磨平，在刮刀头部两个平面上各磨有一条凹槽（图1-81c）。

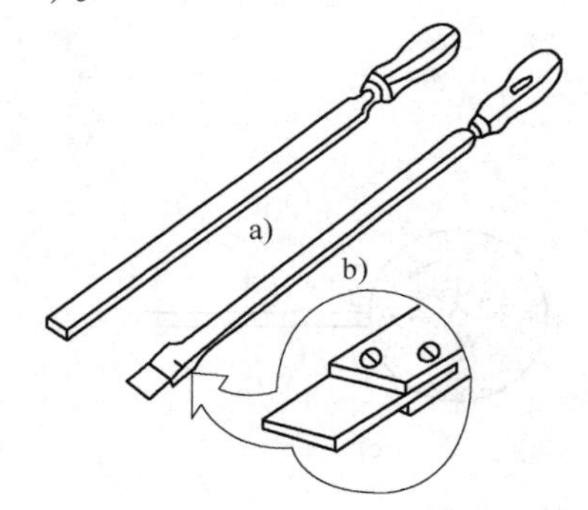

图1-80　平面刮刀

a）普通刮刀　b）活头刮刀

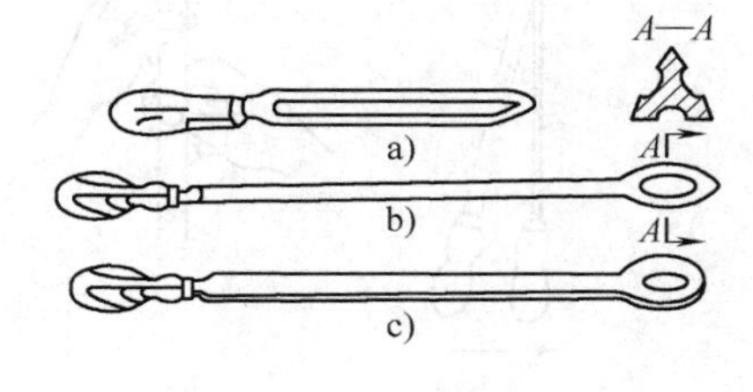

图1-81　曲面刮刀

a）、b）三角刮刀　c）蛇头刮刀

4. 平面刮刀的刃磨和热处理

（1）平面刮刀的几何角度　刮刀的角度按粗、细、精刮的要求而定。三种刮刀顶端角度如图1-82所示：粗刮刀为90°~92.5°，刀刃平直；细刮刀为95°左右，刀刃稍带圆弧；精刮刀为97.5°左右，刀刃带圆弧。刮韧性材料的刮刀，可磨成正前角，但这种刮刀只适用于粗刮。刮刀平面应平整光洁，刃口无缺陷。

（2）粗磨　粗磨时分别将刮刀两平面贴在砂轮侧面上，开始时应先接触砂轮边缘，再慢慢平放在侧面上，不断地前后移动进行刃磨（图1-83a），使两面都达到平整，在刮刀全宽上用肉眼看不出有显著的厚薄差别。然后粗磨顶端面，把刮刀的顶端放在砂轮轮缘上平稳地左右移动刃磨（图 1-83b），要求端面与刀身中心线垂直。磨时应先以一定倾斜度与砂轮接触（图 1-83c），再逐步按图示箭头方向转动至水平。如直接按水平位置靠上砂轮，刮刀会颤抖不易磨削，甚至会出事故。

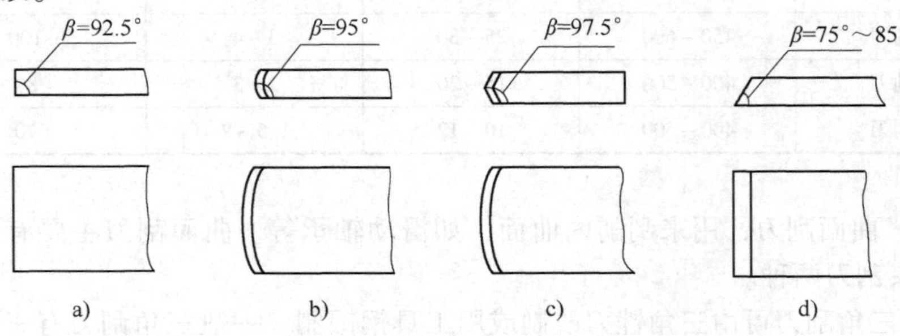

图 1-82　刮刀切削部分的几何形状和角度

a）粗刮刀　b）细刮刀　c）精刮刀　d）韧性材料刮刀

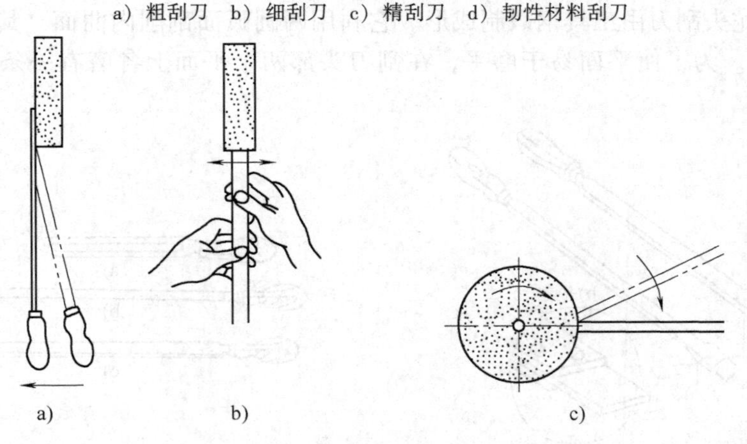

图 1-83　平面刮刀在砂轮上粗磨

a）粗磨刮刀平面　b）粗磨刮刀顶端面　c）顶端面粗磨方法

（3）热处理　将粗磨好的刮刀，放在炉火中缓慢加热到 780～800℃（呈樱红色），加热长度为 25mm 左右，取出后迅速放入冷水（或 10% 的盐水）中冷却，浸入深度约为 8～10mm。刮刀接触水面时做缓缓平移和间断地少许上下移动，这样可不使淬硬部分留下明显界限。当刮刀露出水面部分呈黑色，由水中取出观察其刃部颜色为白色时，迅速把整个刮刀浸入水中冷却，直到刮刀全冷后取出即成。热处理后刮刀切削部分硬度应在 60HRC 以上，用于粗刮。精刮刀及刮花刮刀，淬火时可用油冷却，刀头不会产生裂纹，金属的组织较细，容易刃磨，切削部分硬度接近 60HRC。

（4）细磨　热处理后的刮刀要在细砂轮上细磨，以基本达到刮刀的形状和几何角度要求。刮刀刃磨时必须经常蘸水冷却，避免刀口部分退火。

（5）精磨　刮刀精磨需在油石上进行。操作时在油石上加适量润滑油，先磨两平面（图1-84a）直至平面平整，表面粗糙度 Ra 小于 0.2μm。然后精磨端面（图1-84b），刃磨时左手扶住手柄，右手紧握刀身，使刮刀直立在油石上，略带前倾（前倾角度根据刮刀 β 角的不同而定）地向前推移，拉回时刀身略微提起，以免磨损刃口。如此反复，直到切削部分形状和角度符合要求，且刃口锋利为止。初学时还可将刮刀上部靠在肩上，两手握刀身，向后拉动来磨锐刃口，而向前则将刮刀提起（图1-84c）。此法速度较慢，但容易掌握，在初学时常先采用此方法练习，待熟练后再采用前述磨法。

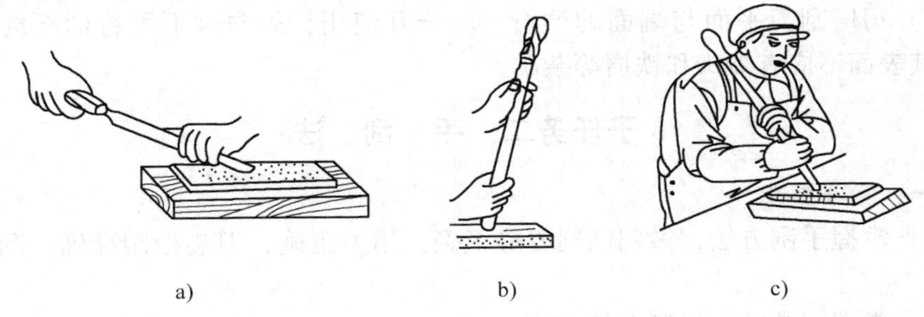

a)　　b)　　c)

图1-84　刮刀在油石上精磨

a）磨平面　b）手持磨顶端面　c）靠肩双手握持磨端面

5. 刃磨时的安全知识和文明生产要求

1）刮刀毛坯锻打后应先磨去棱角及边口毛刺。

2）刃磨刮刀端面时，力的作用方向应通过砂轮轴线，应站在砂轮的侧面或斜侧面。

3）刃磨时施加压力不能太大，刮刀应缓慢接近砂轮，避免刮刀颤抖过大造成事故。

4）热处理工作场地应保持整洁，淬火操作时应小心谨慎，以免灼伤。

三、实习图

平面刮刀刃磨和热处理操作示意如图1-85所示。

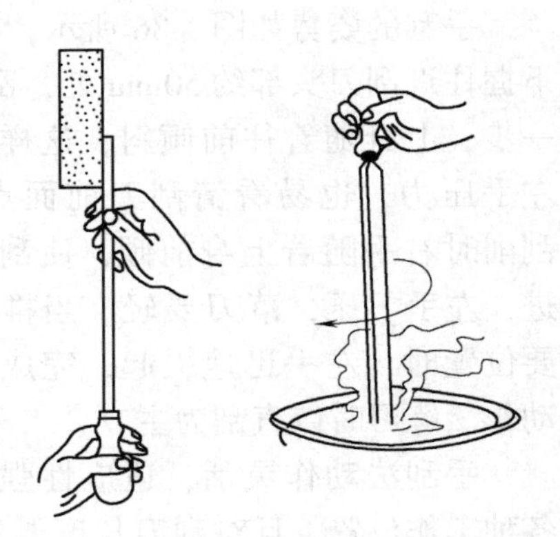

图1-85　平面刮刀的刃磨和热处理

四、实习步骤

1）将锻打后的刮刀在砂轮上磨去锐棱与锋口。

2）在砂轮上粗磨刮刀平面和顶端面。

3）热处理淬火。

4）在砂轮上细磨刮刀平面和顶端面。

5）在油石上精磨平面和顶端面。

6）试刮工件，如刮出的工件表面有丝纹，不光洁，应重新修磨。

五、注意事项

1）在粗磨平面时，必须使刮刀平面稳固地贴在砂轮的侧面上，每次磨削应均匀一致，否则磨出的平面不平，以致多次刃磨使刮刀磨薄。

2）淬火温度是通过刮刀加热时的颜色控制的，因此要掌握好樱红色的特征。加热温度太低，刮刀不能淬硬，加热温度太高，会使金属内部组织的晶粒变得粗大，刮削时易出现丝纹。

3）刃磨刮刀平面与端面的油石，应分开使用，刃磨时不可将油石磨出凹槽，其表面不应有纱头和铁屑等杂质。

子任务二　手　刮　法

一、教学要求

1）掌握手刮方法，做到刮削姿势正确，用力正确，刀迹控制准确，刮点合理。

2）掌握用基准平板研点的方法。

3）能合理选择和应用显示剂。

4）达到无深撕痕和振痕，刀迹长度约6mm、宽度约5mm并整齐一致，接触点均匀，每25mm×25mm面积上有8～12点的细刮要求。

5）熟悉刮削操作的安全知识，进行文明生产。

二、相关工艺知识

1. 手刮法

手刮的姿势如图1-86所示，右手姿势与握锉刀柄的姿势相似，左手四指向下握住近刮刀头部约50mm处，刮刀与被刮削表面成20°～30°。同时，左脚前跨一步，上身随着往前倾斜，这样可以增加左手压力，也易看清刮刀前面点的情况。刮削时右手随着上身前倾，使刮刀向前推进，左手下压，落刀要轻。当推进到所需要位置时，左手迅速提起，完成一个手刮动作。练习时以直刮为主。

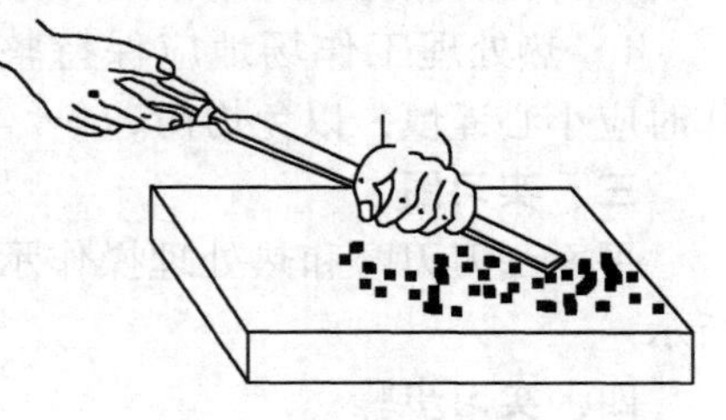

图1-86　手刮法

手刮法动作灵活，适应性强，适用于各种工作位置。且对刮刀长度要求也不太严格，姿势可合理掌握，但手较易疲劳，故不适用于加工余量较大的场合。

2. 显示剂的应用

常用显示剂有红丹粉和蓝油。红丹粉（分褐红色铁丹和桔红色铅丹）用润滑油调和，用于铸铁和钢件。蓝油，由普鲁士蓝粉和蓖麻油加适量润滑油调和而成，用于铜和巴氏合金等软金属。粗刮时可调得稀些，涂层也可略厚些，以增加显点面积；精刮时应调得稠些，且涂层要薄而均匀，从而保证显点小而清晰。刮削临近符合要求时，显示剂涂层要更薄，把工件上刮削后剩余的显示剂涂抹均匀即可。显示剂在使用过程中应注意清洁，避免砂粒、铁屑和其他污物划伤工件表面。

3. 显示研点方法

用标准平板作涂色显点时，平板应放置稳定。工件表面涂色后放在平板上，均匀地施加适当压力，并做直线或回转研点运动。粗刮研点时移动距离可略长些，精刮研点时移动距离应小于30mm，以保证准确显点。当工件长度与平板长度相差不多时，研点时其错开距离不能超过工件本身长度的1/4。

4. 刮削表面的要求

刮削表面应无明显丝纹、振痕及落刀痕迹。刮削刀迹应交叉，粗刮时刀迹宽度应为刮刀宽度的2/3～3/4，长度为15～30mm，接触点为每25mm×25mm面积上均匀达到4～6点。细刮时刀迹宽度约5mm，长度约6mm，接触点为每25mm×25mm面积上均匀达到8～12点。精刮时刀迹宽度和长度均应小于5mm，接触点为每25mm×25mm面积20点以上。

5. 刮削点数的计数方法

对刮削面积较小时，用单位面积（即25mm×25mm面积）上接触点的量来计数，计数时各点连成一体者，则作一点计，并取各单位面积中最少点数计。当刮削面积较大时，应采取平均计数，即在计算面积（规定为100cm^2）内做平均计算。

6. 刮削面缺陷的分析（表1-14）

表1-14　挂削面的缺陷形式及其产生原因

缺陷形式	特　征	产　生　原　因
深凹痕	刀迹太深，局部显点稀少	1. 粗刮时用力不均匀，局部落刀太重 2. 多次刀痕重叠 3. 刀刃圆弧过小
梗痕	刀迹单面产生刮痕	刮削时用力不均匀，使刃口单面切削
撕痕	刮削面上呈粗糙刮痕	1. 刀刃不光洁，不锋利 2. 刀刃有缺口或裂纹
落刀或起刀痕	在刀迹的起始或终了处产生深的刀痕	落刀时，左手压力和速度较大及起刀不及时

（续）

缺陷形式	特　征	产　生　原　因
深痕	刮削面上呈现有规则的波纹	多次同向切削，刀迹没有交叉
划道	刮削面上划有深浅不一的直线	显示剂不清洁，或研点时现有砂粒和铁氧等杂物
切削面精度不高	显点变化情况无规律	1. 研点时压力不均匀，工件外露太多则出现研点子 2. 研具不正确 3. 研点时放置不平稳

三、生产实习图（图 1-87）

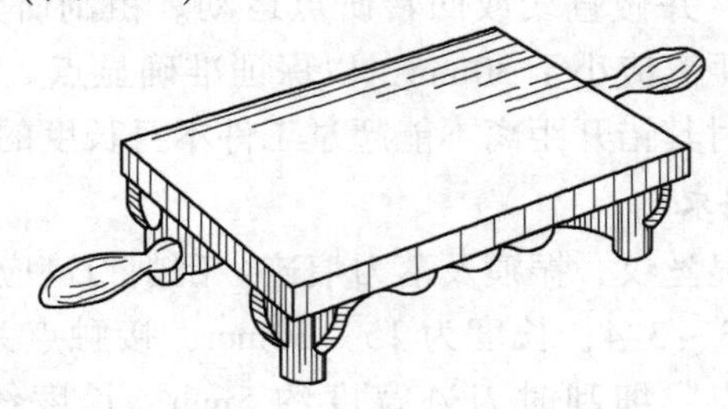

工件名称	材料	材料来源	下道工序	件数	工时/h
小平板	HT200	刨加工备料	111.3	1	32

图 1-87　小平板

四、实习步骤

1）来料检查，倒角去毛刺，不加工面刷漆。

2）粗刮。首先采用连续推刮方法，刀迹宽长连成片，不可重复，纹路交叉地去除机加工痕迹，然后涂色显点刮削，达到每 25mm ×25mm 面积上有 4 ~ 8 点，且显点分布均匀。

3）细刮。达到细刮刀迹长和宽的要求，应无明显丝纹、振痕等，接触点数在每 25mm ×25mm 面积上 8 点以上。刮削时应对硬点刮重些，软点刮轻些，纹路交叉，点子清晰均匀。

五、注意事项

1）操作姿势要正确，落刀和起刀正确合理，防止梗刀。

2）涂色研点时，平板必须放置稳定，施力要均匀，以保证研点显示真实。研点表面间必须保持清洁，防止平板表面划伤拉毛。

3）细刮时每个研点尽量只刮一刀，逐步提高刮点的准确性。

子任务三　挺刮与原始平板的刮削

一、教学要求

1）掌握挺刮法姿势并会用挺刮法刮削平面。

2）掌握原始平板的研刮步骤。

3）掌握粗、细、精刮的方法和要领。

4）能解决平面刮削中产生的一般问题。

5）刮削精度要求，接触显点每 25mm × 25mm 面积 18 点以上，表面粗糙度 $Ra \leqslant 0.8\mu m$，且无明显落刀痕和丝纹。

二、相关工艺知识

1. 挺刮法

挺刮的姿势如图 1-88 所示，将刮刀柄放在小腹右下侧，双手并拢握在刮刀前部距刀刃约 80mm 处（左手在前，右手在后），刮削时刮刀对准研点，左手下压，利用腿部和臀部力量，使刮刀向前推挤，在推动到位的瞬间，同时用双手将刮刀提起，完成一次刮点。挺刮法每刀切削量较大，适合大余量的刮削，工作效率较高，但腰部易疲劳。

2. 原始平板刮削法

1）刮削原始平板采用的方法一般为渐近法，即不用标准平板，而以三块（或三块以上）平板依次循环互研互刮，来达到平板的平面度要求。

2）刮削的步骤按图 1-89 所示顺序进行。

图 1-88　挺刮法

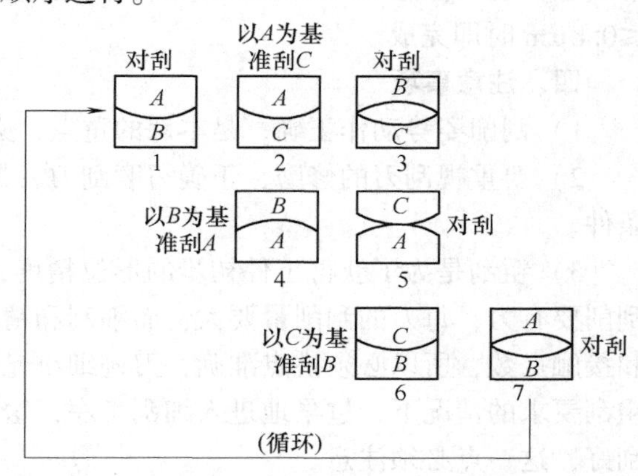

图 1-89　原始平板挂削步骤

3）研点方法是先直研（纵向、横向）以消除纵横起伏误差，通过几次循环刮削，达到各平板显点一致，然后必须采用对角刮研（图 1-90）以消除平面的扭曲误差，直到直研和对角研时三块平板显点一致为止。

4）一般平板通常按接触精度分级，以每 25mm × 25mm 面积内 25 点以上为 0 级平板，25 点为 1 级平板，20 点以上为 2 级平板，16 点以上为 3 级平板。

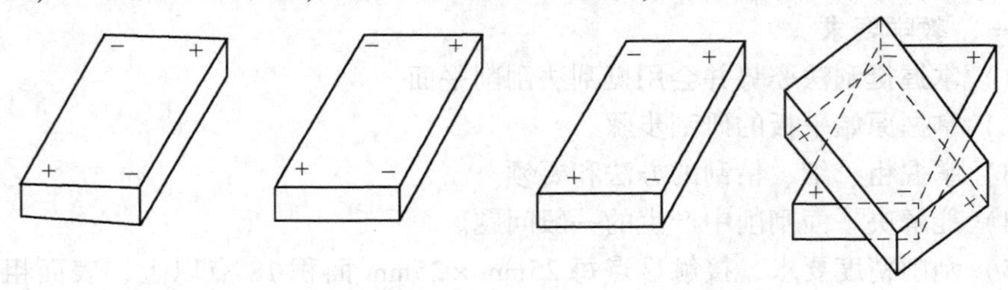

图 1-90　对角研点方法

三、实习步骤

平板由子任务二转来，每两人刮一组原始平板，即包括每两人合用的一块基准平板在内共三块。

1）将三块平板编号，四周用锉刀倒角去毛刺。

2）按原始平板研刮步骤进行第一循环刮削，要求刀迹交叉，无落刀和起刀痕及振痕，板表面研点分布均匀。

3）进行第二循环刮削，直到直研、横研和对角研三块平板显点一致，分布均匀。

4）在确认平板平整后，即进行精刮工序，直至用各种研点方法得到相同的清晰点，且在任意 25mm × 25mm 面积内的点数达到 20 点以上、表面粗糙度 $Ra \leqslant 0.8\mu m$ 时即完成。

四、注意事项

1）刮削姿势动作正确，是本课的重点，必须严格训练。

2）要重视刮刀的修磨，正确刃磨刮刀，是提高刮削速度和保证精度的基本条件。

3）粗刮是为了获得工件初步的形位精度，一般都要刮去较多的金属，所以刮削要有力，每刀的刮削量要大；而细刮和精刮主要是为了提高刮削表面的光整和接触点数，所以必须挑点准确，刀迹细小光整。因此，不要在平板还没有达到粗刮要求的情况下，过早地进入细刮工序，这样既影响刮削速度，也不易将平板刮好，这一点必须注意。

4）在原始平板研刮中，每三块轮刮后应掉换一次研点方法，并在粗刮到细刮的过程中，逐渐缩短研点移动距离，逐步减薄显示剂涂层，使显点真实、清晰。

5）在刮削中要勤于思考、善于分析，随时掌握工件的实际误差情况，并选择适当的部位进行刮削修整，以最少的加工量和刮削时间来达到技术要求。

五、练习记录及成绩评定

总得分____

<table>
<tr><th>项次</th><th colspan="2">项目及技术要求</th><th>实测记录</th><th>单次配分</th><th>得分</th></tr>
<tr><td>1</td><td colspan="2">姿势(站立、两手)正确</td><td></td><td>22</td><td></td></tr>
<tr><td>2</td><td colspan="2">刀迹整齐、美观(3块)</td><td></td><td>6</td><td></td></tr>
<tr><td>3</td><td colspan="2">接触点每25mm×25mm面积18点以上(3块)</td><td></td><td>8</td><td></td></tr>
<tr><td>4</td><td colspan="2">点子清晰、均匀,每25mm×25mm面积点数公差6点(3块)</td><td></td><td>8</td><td></td></tr>
<tr><td>5</td><td colspan="2">无明显落刀痕,无丝纹和振痕(3块)</td><td></td><td>6</td><td></td></tr>
<tr><td>6</td><td colspan="2">文明生产与安全生产</td><td></td><td>违者每次扣2分</td><td></td></tr>
<tr><td rowspan="3">7</td><td rowspan="3">工时定额48h</td><td>开始时间</td><td></td><td rowspan="3">每超额2h扣5分</td><td rowspan="3"></td></tr>
<tr><td>结束时间</td><td></td></tr>
<tr><td>实际工时</td><td></td></tr>
</table>

子任务四　平行面和垂直面的刮削

一、教学要求

1）养成正确的刮削姿势，提高刮削技巧，进一步掌握粗刮、细刮、精刮要点。

2）学会应用千分尺、百分表和标准圆柱测量刮削件的尺寸、平行度及垂直度，为今后加工精密和复杂零件打下基础。

二、相关工艺知识

1. 平行面刮削与测量

（1）平行度的测量方法

1）百分表的装夹方法。百分表在磁性表架子上的装夹方法有两种：用套圈装夹和用耳环装夹（图1-91）。百分表应装夹牢固，如为套圈式装夹时，必须使其测杆灵活上下。

2）用百分表测量平行度的方法。测量时将工件基准平面放在标准平面上，百分表测杆头在加工表面上（图1-92）触及测量表面时，应调整到使其有0.3mm左右的初始读数，沿着工件被测表面的四周及两条对角线方向进行测量，测得最大读数与最小读数之差即为平行度误差。

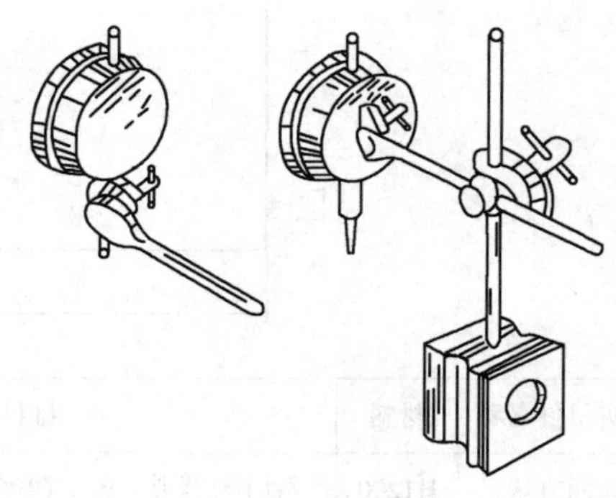

图1-91　百分表的固定法

（2）保证平行度的刮削方法　用标准平板平面做测量基准，应先粗、精刮基准面，达到光洁及接触点数要求，再刮对面平行面。粗刮平行面时应先用百分表、测量该面对基准面的平行度误差，以确定刮削部位及其刮削量，并结合涂色显点刮削，以保证该面的平面度。在初步保证平面度和平行度的条件下，可进入细刮工序。此时主要根据涂色显点来确定刮削部位，同时用百分表进行平行度测量做必要的刮削修整，达到要求后可过渡到精刮工序。此时主要按研点进行挑点精刮，以达到光洁和接触点要求，同时也要间断地进行平行度的测量。

2. 垂直面的刮削与测量

其刮削方法与平行面刮削相似，即粗刮时主要靠垂直度的测量来确定其刮削部位，并结合涂色显点刮削来保证平面度要求，精刮时主要按研点进行挑点刮削，并进行控制垂直度的测量。垂直度的测量方法如图 1-93 所示。4 个垂直侧面的刮削顺序与锉削四方体相同。

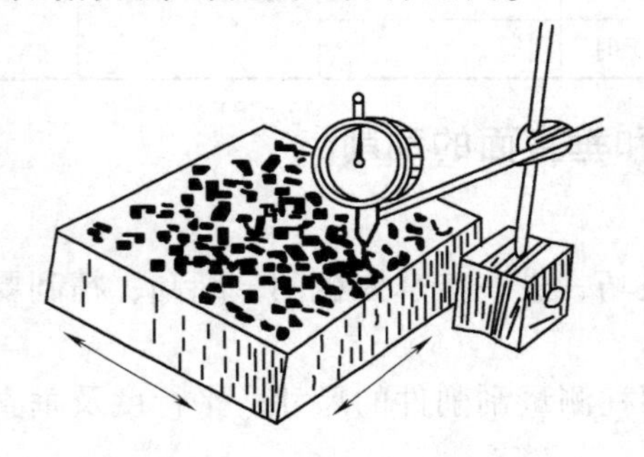

图 1-92　百分表测量平行度

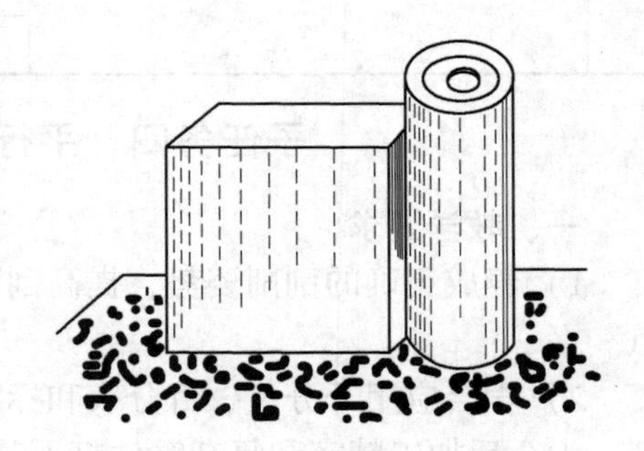

图 1-93　垂直度测量方法

三、生产实习图（图 1-94）

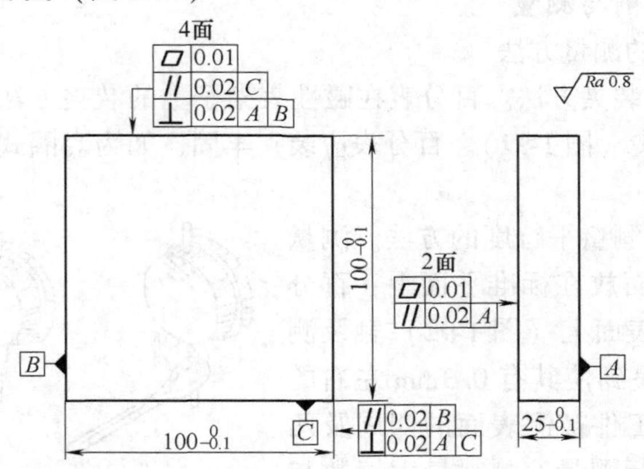

实习件名称	材料	材料来源	下道工序	件数	工时/h
四方块	HT200	备料$(100^{+0.20}_{+0.15})$mm×$(100^{+0.20}_{+0.15})$mm×$(25^{+0.15}_{+0.10})$mm		1	24

图 1-94　四方块

四、实习步骤

1）各棱边倒角 $C1$mm。

2）测量来料尺寸和各面的位置误差，这样可以掌握加工余量，正确进行刮削加工。

3）粗、精刮两大平面，达到图样要求。

4）粗、精刮四个侧面，达到图样要求。

5）全面复验修整。

五、注意事项

1）不要因为接触点不均匀，就在研点时不适当地增加局部压力，使显点不正确。有时为了工件得到正确的显点，可在工件上压一个适当的重物，采取自重力研点，以保证研点的准确性。

2）要掌握好接触显点的分布误差与垂直度、平行度误差的不同情况，防止刮削修整的盲目性和片面性。

3）每刮削一面应兼顾其他各相关面，以保证各项技术指标都达到要求，避免因修整某一面时影响其他面精度。

4）正确掌握粗刮到精刮的过渡，既要保证精度要求又要提高刮削效率。

5）加工时应取中间公差值，以补偿测量误差和留有修整余量。

6）测量时要认真细致，测量基准面和被测表面必须擦拭干净，保证测量的可靠性和准确性。

六、练习记录及成绩评定

总得分____

项次	项目与技术要求		实测记录	单次配分	得分
1	尺寸要求($25_{-0.1}^{0}$mm)			8	
2	尺寸要求($100_{-0.1}^{0}$)mm(2处)			5	
3	平行度公差0.02mm(3组)			4	
4	垂直度公差0.02mm(4组)			4	
5	接触点每25mm×25mm面积20点以上(6面)			5	
6	研点清晰、均匀,25mm×25mm面积点数允差6点(6面)			2	
7	无明显落刀痕,无丝纹和振痕(6面)			2	
8	文明生产与安全生产			违者每次扣5分	
9	工时定额24h	开始时间	日　时　分	每超1h扣5分	
		结束时间	日　时　分		
		实际工时			

子任务五　曲 面 刮 削

一、教学要求

1）掌握曲面刮刀的热处理和刃磨。

2）掌握曲面刮削的姿势和操作要领。

3）能刮削圆柱形和圆锥形轴承，并能达到规定的技术要求。

二、相关工艺知识

1. 曲面刮刀的刃磨和热处理

（1）三角刮刀的刃磨和热处理　先将锻好的毛坯在砂轮上进行刃磨，其方法先是右手握刀柄，使它按刀刃形状进行弧形摆动，同时在砂轮宽度上来回移动，基本成形后，将刮刀调转，顺着砂轮外圆柱面进行修整（图 1-95a）。接着将三角刮刀的三个圆弧面用砂轮角开槽（目的是便于精磨），如图 1-95b 所示。槽要磨在两刃中间，磨时刮刀应稍做上下和左右移动，使刀刃边上只留有 2～3mm 的棱边。

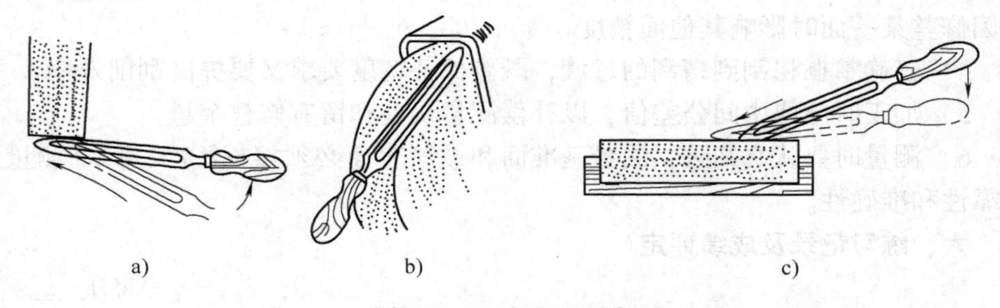

图 1-95　三角刮刀刃磨

a）磨弧面刀刃　b）在三角刮刀上开槽　c）在油石上精磨

三角刮刀的淬火长度应为刀刃全长。方法和要求与平面刮刀相同。淬火后必须在油石上精磨，如图 1-95c 所示：右手握柄，左手轻压刀刃，两刀刃同时放在油石上，精磨时顺着油石长度方向来回移动，并按弧形做上下摆动，把三个弧面全面磨光洁，刀刃磨锋利。

（2）蛇头刮刀的刃磨和热处理　粗精磨两平面与平面刮刀相同，刀头两圆弧面的刃磨方法与三角刮刀磨法类似（图 1-96）。

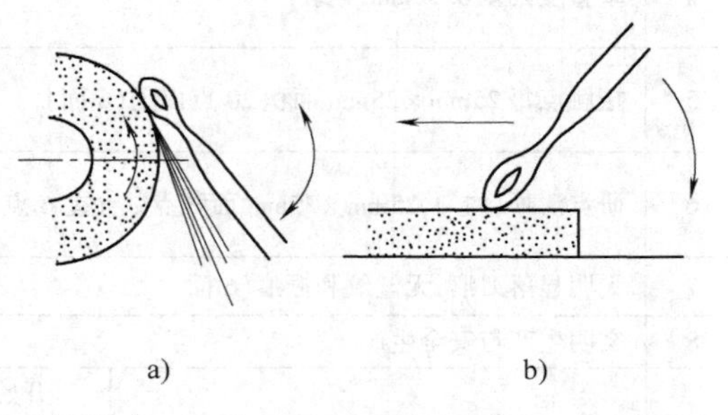

图 1-96　舌头刮刀刃磨

a）两圆弧面的粗磨　b）两圆弧面的精磨

淬火方法要求与上述相同，圆

弧部分应全部淬硬。曲面刮刀若用于刮削有色金属时可在油中冷却，通常称油淬。

2. 内曲面刮削姿势

1）第一种姿势如图 1-97a 所示，右手握刀柄，左手掌心向下四指横握刀身，拇指抵着刀身。刮时左、右手同做圆弧运动，且顺曲面使刮刀做后拉或前推运动，刀迹与曲面轴线约成 45°夹角，且交叉进行。

2）第二种姿势如图 1-97b 所示，刮刀柄搁在右手臂上，双手握住刀身。刮削时动作和刮刀运动轨迹与第一种姿势相同。

3. 外曲面的刮削姿势

如图 1-98 所示，两手捏住平面刮刀的刀身，用右手掌握方向，左手加压或提起。刮削时刮刀面与轴承端面倾斜角约为 30°，也应交叉刮削。

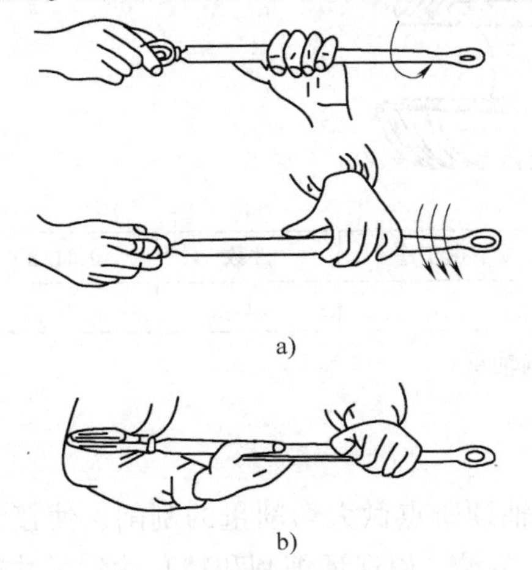

图 1-97　内曲面刮削姿势

a）内曲面刮削姿势一　b）内曲面刮削姿势二

图 1-98　外曲面刮削姿势

4. 曲面刮削的要点

1）刮削有色金属（如铜合金）时，显示剂可选用蓝油，精刮时可用蓝色或黑色油墨代替，使显点色泽分明。

2）研点时应沿曲面来回转动，精刮时转动弧长应小于 25mm，切忌沿轴线方向做直线研点。

3）曲面刮削的切削角度和用力方向如图 1-99 所示。粗刮时前角大些，精刮时前角小些；蛇头刮刀的刮削与平面刮刀刮削一样，是利用负前角进行切削的。

4）内孔刮削精度的检查，也是以 25mm × 25mm 面积内接触点数而定。一般要求是中间点可以少些，而前后端则多些。

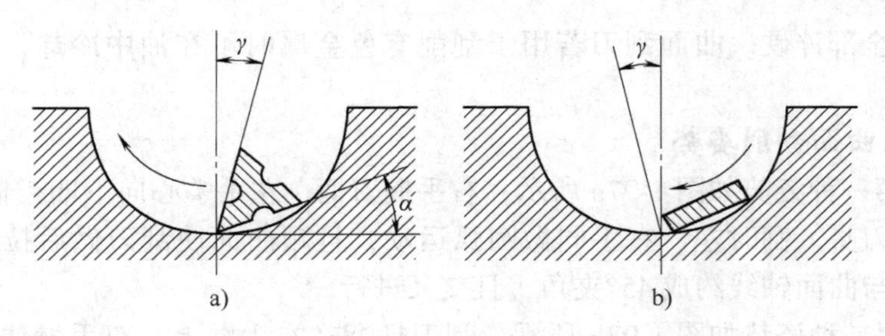

图 1-99　曲面刮削的切削角度

a）三角刮刀的切削角度　b）舌头刮刀的切削角度

三、生产实习图（1-100）

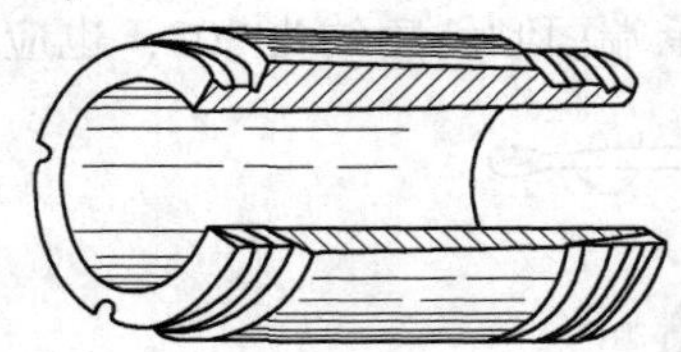

工件名称	材料	材料来源	下道工序	件数	工时/h
铜轴承	ZCuSn10Pb1	备料(车)		1	6

图 1-100　铜轴承

四、实习步骤

1）粗刮，练习姿势和力量。根据配合轴颈研点做大切削量的刮削，使接触点均匀。如加工件有尺寸要求，应控制加工余量，以保证细刮和精刮达到尺寸精度要求。

2）细刮，练习挑点。控制刀迹的长度、宽度及刮点的准确性，要求达到90%。

3）精刮，达到几何和尺寸精度要求与配合接触点每 25mm × 25mm 面积 8 ~ 12 点。点的分布要求在轴承中间少些，点要清晰，表面粗糙度 $Ra \leqslant 1.6\mu m$，无丝纹、振痕和无明显落刀痕。

五、注意事项

1）操作姿势要正确。

2）练习中要不断探索并掌握好刮削动作要领和用力技巧，以达到不产生明显的振痕和起落刀印迹。

3）注意锻炼刮点准确性。

4）使用三角刮刀时应注意安全。

任务九　立体划线

一、教学内容

1）常用划线工具的使用及相关工艺。

2）划线借料、找正方法。

3）立体划线练习。

二、教学要求

1）了解：利用有关工具在划线平板上正确安放，找正毛坯工件。

2）理解：能合理确定中等复杂程度工件找正基准的尺寸基准。

3）掌握：能对有缺陷的毛坯进行合理借料，划线步骤合理、操作正确、线条清晰、尺寸准确、冲眼合理。

三、相关工艺知识

同时在工件的几个不同表面上划出加工界线，叫做立体划线。

1. 立体划线的工具及使用

除一般的平面划线工具和前面已使用过的划针盘和高度尺以外，还有下列几种。

（1）方箱（图1-101）　用于夹持工件并能翻转位置而划出垂直线，一般附有夹持装置和制有V形槽。

（2）V形铁（图1-102）　通常是两个V形铁一起使用，用来安放圆柱形工件，划出中线，找出中心等。

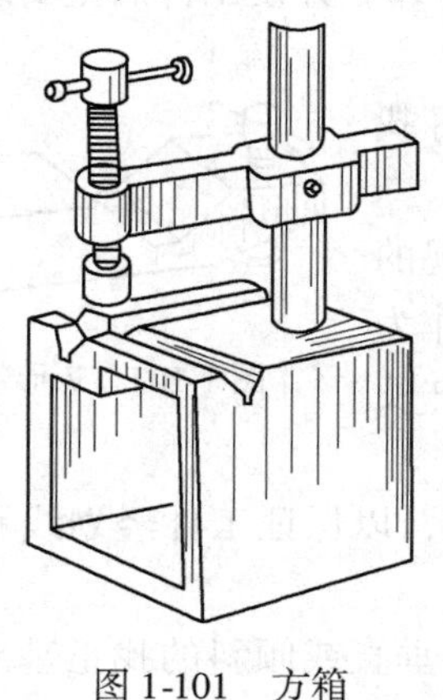

图1-101　方箱

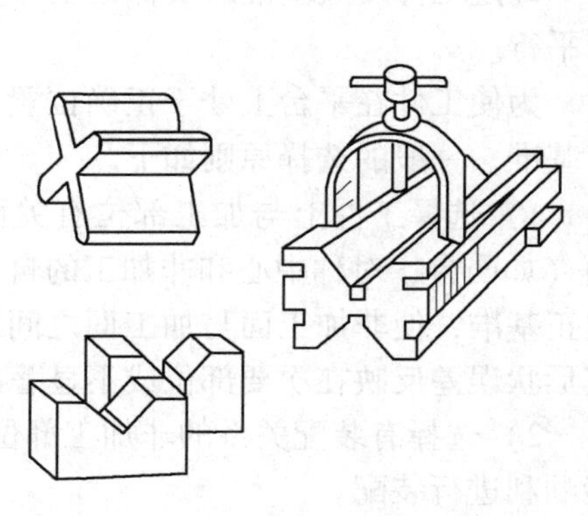

图1-102　V形铁

（3）直角铁（图1-103）　可将工件夹在直角铁的垂直面上进行划线。装夹时可用C形夹头或压板。

（4）调节支撑工具（图 1-104）　锥顶千斤顶，通常是三个一组，用于支持不规则的工件，其支撑高度可作一定调整。图 1-105 为带 V 形铁的千斤顶，用于支撑工件的圆柱面。图 1-106 和图 1-107 分别为斜楔垫块和 V 形垫块，用于支持毛坯工件，使用方便，但只能进行少量的高低调节。

图 1-103　直角铁在划线中应用

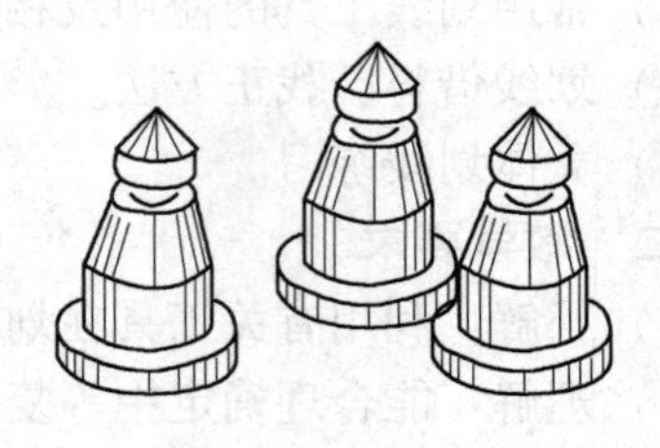

图 1-104　千斤顶

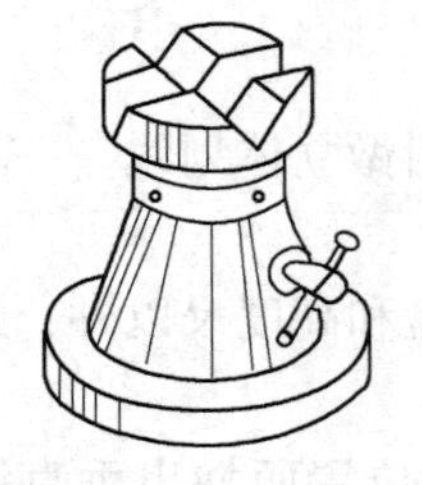

图 1-105　带 V 形铁的千斤顶

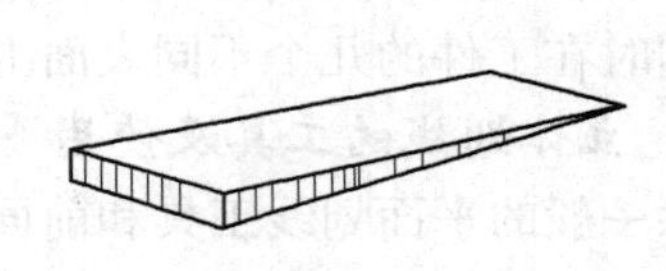

图 1-106　斜楔垫块

2. 划线时工件的放置与找正基准的确定方法

确定工件安放基准时要保证工件安放平稳、可靠，并使工件的主要线条与平台平行。

为使工件在平台上处于正确位置，必须确定好找正基准。一般的选择原则如下。

1）选择工件上与加工部位有关而且比较直观的面（如凸台、对称中心和非加工的自由表面等）作为找正基准，使非加工面与加工面之间厚度均匀，并使其形状误差反映在次要部位或不显著部位。

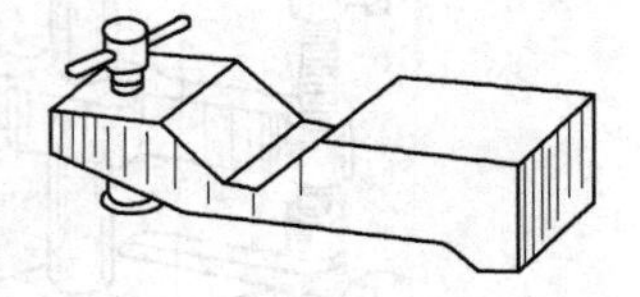

图 1-107　V 形垫块

2）选择有装配关系的非加工部位做找正基准，以保证工件经划线和加工后能顺利进行装配。

3）在多数情况下，还必须有一个与划线平台垂直或倾斜的找正基准，以保证该位置上的非加工面与加工面之间的厚度均匀。

3. 划线步骤的确定

划线前，必须先确定各个划线表面的先后划线顺序及各位置的尺寸基准线。尺寸基准的选择原则如下。

1）应与图样所用基准（设计基准）一致，以便能直接量取划线尺寸，避免因尺寸间的换算而增加划线误差。

2）以精度高且加工余量少的型面作为尺寸基准，以保证主要型面的顺利加工和便于安排其他型面的加工位置。

3）当毛坯在尺寸、形状和位置上存在误差和缺陷时，可将所选的尺寸基准位置进行必要的调整——划线借料，使各加工面都有必要的加工余量，并使其误差和缺陷能在加工后排除。

4. 安全措施

1）工件应在支撑处打好样冲点，使工件稳固地放在支撑上，防止倾倒。对较大工件，应加附加支撑，使其安放稳定可靠。

2）在对较大工件划线，必须使用起重设备吊运时，绳索应安全可靠，吊装的方法应正确。大件放在平台上，用千斤顶顶上时，工件下应垫上木块，以保证安全。

3）调整千斤顶高低时，不可用手直接调节，以防工件掉下砸伤手。

四、生产实习图（图1-108）

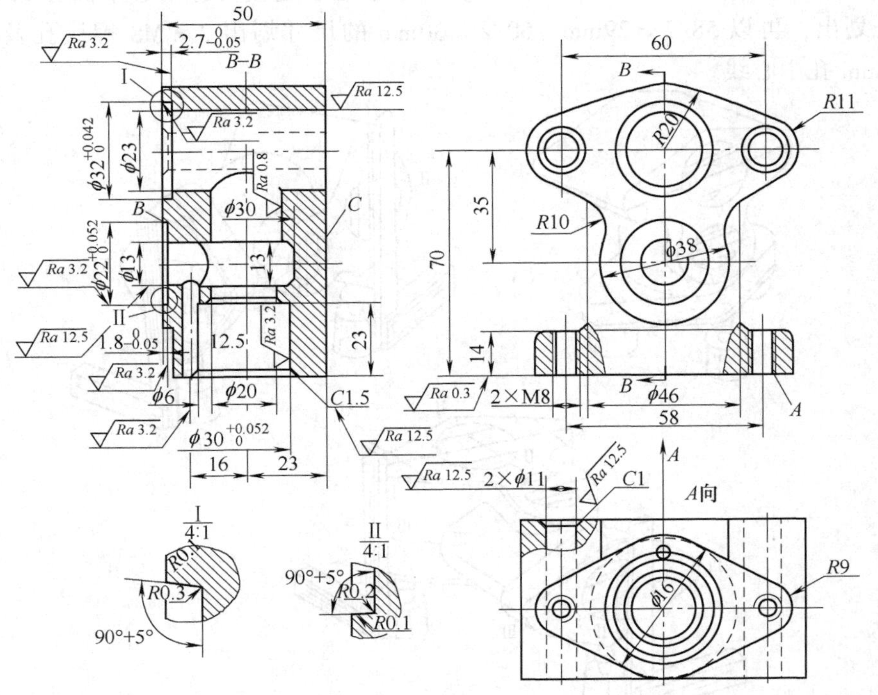

工件名称	材料	材料来源	下道工序	件数	工时/h
阀体	HT200	备料(铸)		1	5

图1-108　阀体

五、实习步骤

1）根据图样分析工件形体结构、加工要求及与划线各尺寸的关系，明确划线内容和要求。

2）清理工件，去除铸件上的浇冒口、披缝及表面粘砂等。

3）工件涂色，并在毛坯孔中装上中心塞块。

4）第一位置划线（图 1-109a），以 *A* 面为工件的安放基准，用三只千斤顶支撑置于平台上。取 2 × *R*11mm 毛坯对称中心及 *C* 面、*B* 面的对称平面做找正基准，并以厚度尺寸 14mm 的非加工面作参考，使前者与平台平面垂直，后者与平台平面平行，当两者误差较大时，应将误差按外观要求进行适当分配。尺寸基准线取 ϕ32mm 孔的中心线 Ⅰ-Ⅰ，试划相距尺寸为 70mm 的底面线及中心距尺寸为 35mm 的 ϕ22mm 孔中心线，以确定是否有足够的加工余量，否则应做适当借料，然后划出 Ⅰ-Ⅰ 平面线、底平面线（基准平面）以及 ϕ22mm 孔中心线。

5）第二位置划线（图 1-109b），按图示位置放置，找正基准取 Ⅰ-Ⅰ 线及 *C* 面、*B* 面的对称平面，并以 2 × *R*9mm 毛坯对称中心线做参考，使其与平台平面垂直，当有误差时，应进行适当分配。尺寸基准取毛坯对称中心平面 Ⅱ-Ⅱ，并首先划出，再以 58/2 = 29mm、60/2 = 30mm 的尺寸划出 2 × M8 螺纹孔及 2 × ϕ11mm 孔中心线。

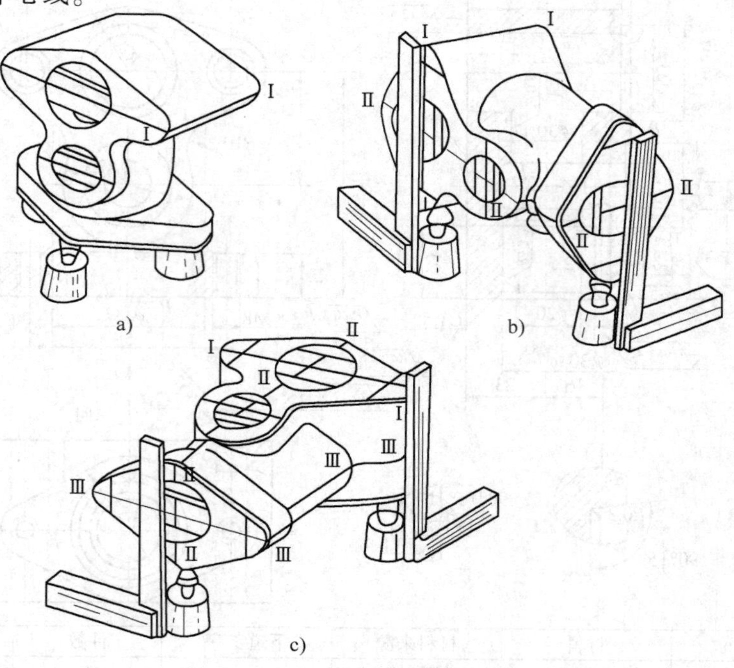

图 1-109　在三个方向上划线

a）第一位置划线　b）第二位置划线　c）第三位置划线

6）第三位置划线（图1-109c），按图示位置放置。找正基准取Ⅰ-Ⅰ线和Ⅱ-Ⅱ线，并使其与平台平面垂直。尺寸基准取2×R9mm毛坯对称中心线Ⅲ-Ⅲ，试划相距尺寸为23mm的C面线及与C面相距尺寸为50mm的B面线，以确定是否有足够的加工余量，否则应做适当借料，然后划出Ⅲ-Ⅲ平面线、C面与B面的平面线。

7）复查校核，划出各孔弧线后再打上检查样冲点

六、注意事项

1）必须全面、仔细地考虑工件在平台上的摆放位置，找正方法及正确确定尺寸基准线的位置，这是保证划线准确的重要环节。

2）用划针盘划线时，划针伸出量应尽可能短，并要牢固夹紧。

3）划线时，划针盘要紧贴平台平面移动，划线压力要一致，使划出的线条准确。

4）线条尽可能细而清楚，要避免划重线。

5）工件安放在支撑上要稳固，防止倾倒。

6）如果划较长的线时，应用划针盘划多个短线进行连接，并应对划线的终点与始点用划针盘校对，以防划针尺寸产生位移而影响划线精度。

七、练习记录及成绩评定

项次	项目与技术要求	实测记录		配　分	扣分
1	三个位置垂直度找正公差0.4mm			每一位置超差扣8分(共24分)	
2	三个位置尺寸基准位置公差0.6mm			每一位置超差扣8分(共24分)	
3	划线尺寸公差0.3mm			每超差一处扣3分(共24分)	
4	线条清晰			每一次不合要求扣3分(共18分)	
5	检查样冲点位置是否正确			每发现一处扣2分(共10分)	
6	文明生产与安全生产			违者每次扣5分	
7	时间定额3h	开始时间		每超额30min扣5分	
		结束时间			
		实际工时			

说明：立体划线课安排三个课日，每人应进行不少于两件练习件的划线练习，所以可将课题十五减速器箱体划线安排在本课题进行。实习件内容也可按本单位生产产品自行选择，做到由易到难，达到基本掌握立体划线操作技能。

任务十　研　　磨

一、教学内容

1）磨料及研具的选用、使用方法和相关工艺。

2）平面研磨练习。

二、教学要求

1）了解：研磨的加工特点，会选用和配制研磨料，会正确选用磨料及研具。

2）掌握：平面研磨的方法，并达到规定精度和表面粗糙度要求。

三、相关工艺知识

用研磨工具和研磨粉及润滑液对工件表面进行精密加工称为研磨。

1. 研磨加工特点

1）研磨过程有机械加工作用（物理作用），也有化学作用。在研磨时，部分磨料嵌入较软的研具表面层，部分磨粒则悬浮于工件与研具之间，构成半固定或浮动的多刃基体。利用工件对研具的相对运动，并在一定压力下，磨料就对工件表面进行微量的切削、挤压以去除微量金属。同时，在精密研磨时，研磨膏中的活性物质（如硬脂酸、油酸等）能使工件的加工表面形成氧化膜，并不断被软质磨料除掉，既加速了研磨过程，又为获得高的光洁表面提供了很好的条件。

2）研磨时工具与研具的相对研磨运动是较复杂的，基本特点是每一磨粒在工件表面上不重复自己的运动轨迹，这样可均匀不断地切除工件表面上的微小凸峰。

3）可获得高精度的尺寸、形位精度及较小的表面粗糙度值。尺寸误差一般可控制在 0.001mm 以内；锥度和圆度可控制在 0.001～0.002mm 以内；表面粗糙度 Ra 很容易达到小于 0.016μm。同时，配合件经过研磨能获得较高的接触精度，其耐磨性和抗蚀性都大为提高。

2. 研磨工具和研磨剂

（1）研磨工具　平面研磨通常都采用标准平板。粗研磨时，平板上可开槽（图 1-110a），以避免过多的研磨剂浮在平板上，易使工件研平；精研时则用精密镜面平板（图 1-110b）。

研具材料要比工件软，使磨料能嵌入研具而不嵌入工件内。常用的研具材料有灰铸铁，它具有润滑性能好、耐磨、研磨效率较高等优点，故应用较广；还有低碳钢（研磨螺纹和小直径工具），纯铜或黄铜（研磨余量大的工件）等。

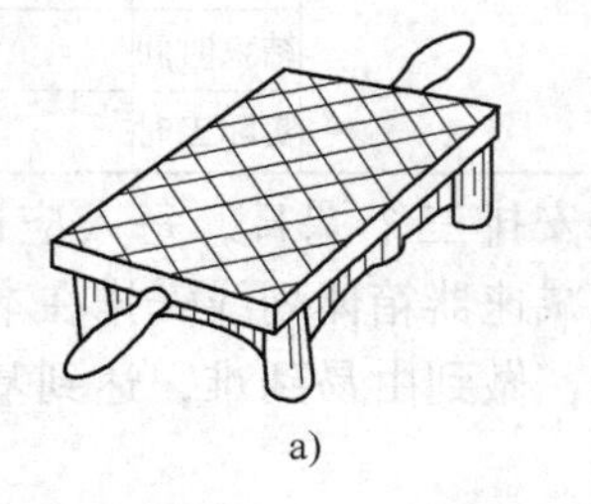

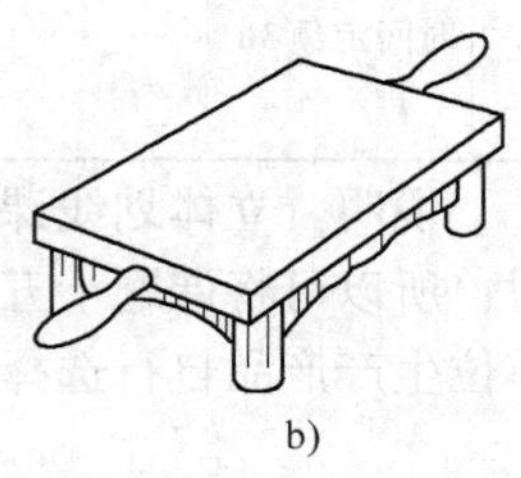

图 1-110　研磨平板
a）粗研用平板　b）精研用平板

（2）研磨剂　研磨剂是由磨料和润滑液混合而成的一种混合剂。

1）磨料。磨料的作用是研削工件表面，其种类很多，应根据工件材料和加工精度来选择。

钢件或铸铁粗研时，可用刚玉或白色刚玉，精研时可用氧化铬。磨料粗细的选用：当粗研磨，表面粗糙度值 $Ra>0.2\mu m$ 时，可用磨粉，粒度在 W100～W280μm 范围内选取；精研磨，表面粗糙度值 Ra 在 0.1～0.2μm 时，用微粉，粒度可用 W20～W40μm；Ra 在 0.05～0.1μm 范围内时可用 W7～W14μm；$Ra<0.05\mu m$ 时可用粒度在 W5 以下的。

2）润滑液。润滑液在研磨过程中起四个作用：①调和磨料，使磨料在研具上很好贴合和均匀分布；②润滑，使研磨时推动轻松及保证工件表面不拉毛；③冷却，减少工件发热变形；④有的润滑液还起着促进工件表面的氧化，以加速研磨过程的作用。

粗研钢件时可用煤油、汽油或润滑油；精研时可用润滑油（或涡轮油、电容器油）与煤油混合的混合液。

3）研磨膏。使用微粉进行研磨，常事先用研磨粉、研磨液和粘结剂配制成研磨膏。使用时，将研磨膏加润滑油稀释后即可进行研磨。研磨膏分粗、中、精三种，可按研磨精度的高低选用。

3. 研平面方法

（1）研磨运动　为了使工件能达到理想的研磨效果，根据工件形体的不同，常采用不同的研磨运动轨迹（图 1-111）。由于角尺是阶梯形的狭长平面，所以只能采用直线研磨运动轨迹，并用导靠块作依靠进行研磨（图 1-112）。

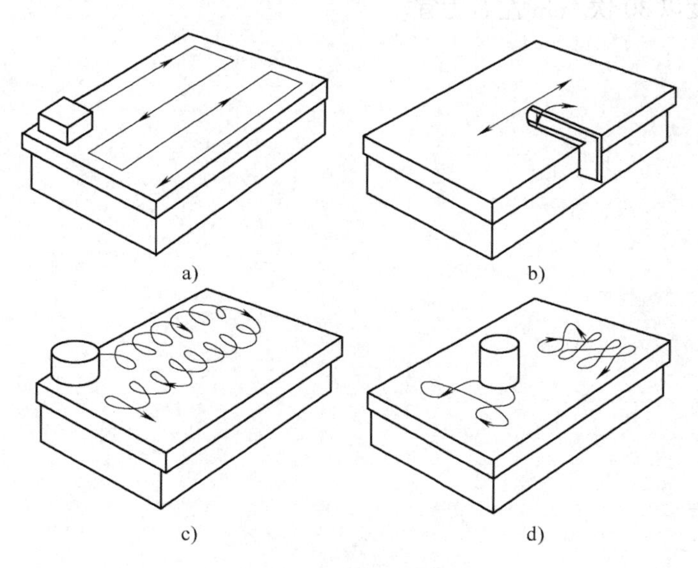

图 1-111　研磨运动轨迹

a）直线　b）直线摆动　c）螺旋形　d）“8”字形和仿“8”字形

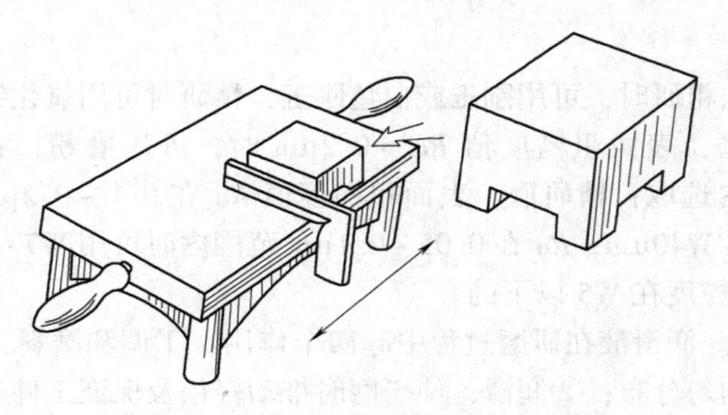

图 1-112　狭平面研磨用的导靠块

（2）研磨时上料的方法

1）压嵌法。方法有二：一是用三块平板在其上加研磨剂，用原始研磨法轮换嵌砂，使砂粒均匀嵌入平板内；二是用淬硬压棒将研磨剂均匀压入平板，以进行研磨工作。

2）涂敷法。研磨前将研磨剂涂敷在工件或研具上。在研磨过程中，有的被压入研具内，有的呈浮动状态。因磨料难以分布均匀，故加工精度不及压嵌法高。

（3）研磨速度和压力　研磨应在低压、低速情况下进行。粗研时，压力以（1～2）×105Pa，速度以 50 次/min 左右为宜；精研时，压力以（1～5）×104Pa，速度以 30 次/min 左右为宜。

模块二　装配、修理、调整基本知识与技术

任务一　高精度轴组的装配、修理与调整

一、教学要求

掌握高精度滚动轴承、液体动压轴承、液体静压轴承组的装配、修理技术及工艺要点。

二、高精度滚动轴承主轴组的装配、修理及调整

1. 主轴轴承的公差与配合

(1) 常用主轴轴承

1) 深沟球轴承（图 2-1）。这种轴承内环有深沟滚道，用在承受径向压力，精度、径向刚度要求不高和不需要预紧的主轴上。

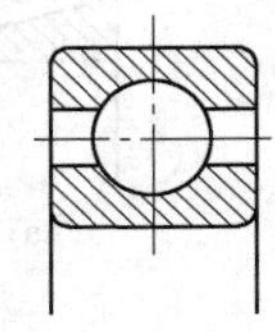

图 2-1　深沟球轴承

2) 角接触球轴承（图 2-2）。这种轴承通常称为向心推力球轴承。用在极限转速较高，同时要承受径向和单向轴向力载荷的主轴上。

角接触球轴承总是与承受反向轴向载荷的轴承匹配安装，角接触球轴承可有多种组配形式。这种轴承的接触角（图 2-2a）有 15°、25°、45°、60°等。角度值小者用于承受径向载荷，反之用来承受轴向载荷。轴承的锁口一般开置在外圈，当需强化滚动体及外圈滚道润滑时，可选用锁口开置于内圈上的轴承，如图 2-2f 所示。锁口开置于内圈上，可使润滑油沿锁口端的斜面进入轴承，在离心力的作用下，流向外圈。

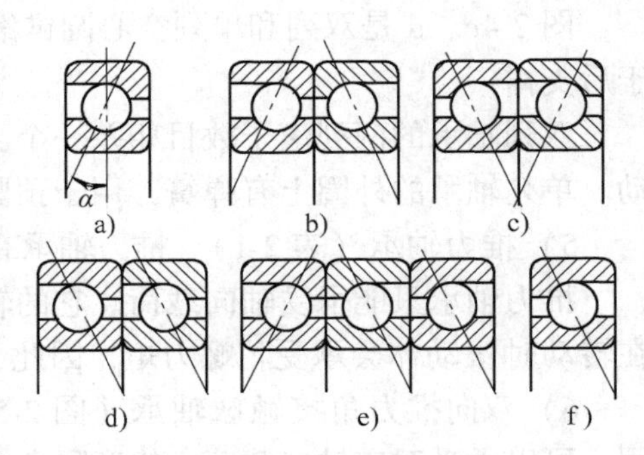

图 2-2　角接触球轴承及组配形式
a) 角接触球轴承的接触角形式　b) 背靠背组配形式　c) 面对面组配形式　d) 串联组配形式
e) 两个串联与第三个背靠背组配形式
f) 轴承锁扣开置示意图

3) 圆锥孔双列圆柱滚子轴承（图 2-3）。这种轴承用在主轴轴颈是锥面（锥度为 1∶12），转速较高，承受较大径向载荷，可以调整间隙或预紧力的主轴上。这种轴承不能承受轴向载荷。图 2-3a 所示轴承外圈可以分离。图 2-3b 所示

轴承内圈可以分离。

4）圆锥滚子轴承（图2-4）。这种轴承有单列和双列两种类型。图2-4a所示为单列圆锥滚子轴承，这种轴承既能承受径向载荷，又能承受一个方向的轴向载荷。单列圆锥滚子轴承可以成对组配安装于主轴的前后支撑上，也可成对组配安装于主轴前支撑，还可与推力轴承组配安装于后支撑。调整内外圈的相对位置可达到消除间隙和预紧的目的。

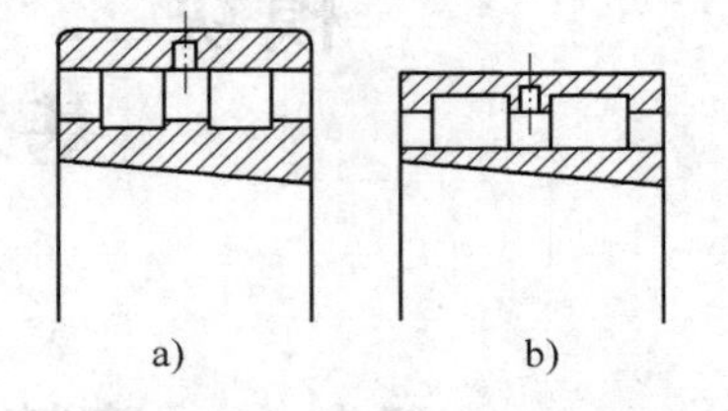

图2-3　圆锥孔双列圆柱滚子轴承
a）特轻系列　b）超轻系列

双列圆锥滚子轴承（图2-4b）既能承受径向载荷，又能承受两个方向轴向载荷。

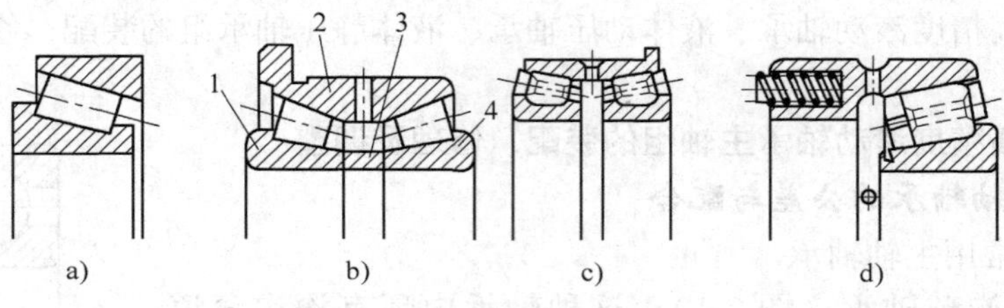

图2-4　圆锥滚子轴承
a）单列圆锥滚子轴承　b）双列圆锥滚子轴承　c）双列空心圆锥滚子轴承　d）单列空心圆锥滚子轴承
1、4—内圈　2—外圈　3—隔套

双列圆锥滚子轴承由外圈2、两个内圈1和4、隔套3组成。修磨隔套3就可调整间隙或实现预紧。

图2-4c、d是双列和单列空心圆锥滚子轴承。双列的用于前支撑，单列的用于后支撑。

双列轴承的两列滚子数目相差一个，使两列的刚度变化频率不同，以抑制振动。单列轴承的外圈上有弹簧，用于预紧。

5）推力轴承（表2-1）。推力轴承有推力球轴承和推力滚子轴承两类。

推力轴承只能承受轴向载荷。它的轴向承载能力和轴向刚度较大。推力轴承在转动时滚动体会承受陀螺力矩，因此，推力轴承必须预紧。

6）双向推力角接触球轴承（图2-5）。它可以和双列圆柱滚子轴承组配使用，可以承受双向轴向载荷。修磨隔套3，就可以调整间隙和预紧。这种轴承的极限转速比推力球轴承要高。

（2）主轴轴承的精度等级　滚动轴承的精度等级（低到高）分为P0、P6、P6X、P5、P4、P2六个级。其中，圆锥滚子轴承和推力轴承都没有2级。机床主轴轴承应选用5、4、2三级。

表 2-1　推力轴承的类型和结构型式

轴承类型	结构型式名称	简　图	结构型式代号	标准编号
推力圆锥滚子轴承	推力圆锥滚子轴承		19000	
推力球轴承	推力球轴承		51000	GB/T 28697—2012
	双向推力球轴承		52000	GB/T 28697—2012
推力圆柱滚子轴承	推力圆柱滚子轴承		80000	GB/T 4663—1994
推力滚针轴承	推力滚针和保持架组件		889000	GB/T 4605—2003
组合轴承	滚针和推力圆柱滚子组合轴承		664000	
	滚针和推力球组合轴承		674000	

（3）主轴轴承的公差与配合　滚动轴承的内圈与轴颈的配合应采用基孔制，外圈与外壳孔的配合应采用基轴制。

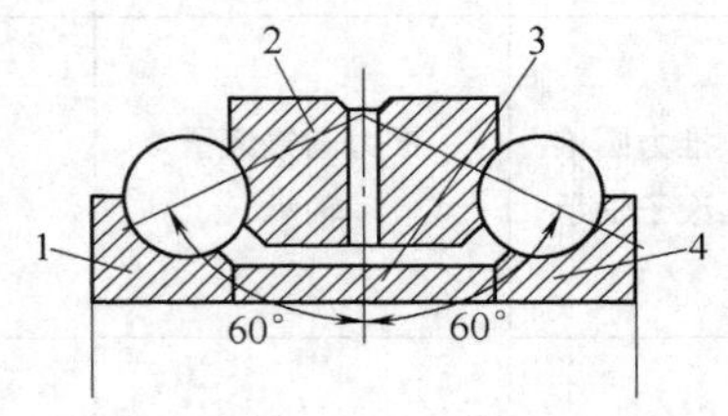

图 2-5　双向推力角接触球轴承
1、4—内圈　2—外圈　3—隔套

轴承内圈与轴一起旋转，为防止内圈与轴颈的配合表面在圆周方向上相对滑动，要求配合面之间有不太大的过盈量。作为基准孔的轴承内孔仍采用基本偏差 H 公差带布置，而轴颈公差带从 GB/T 1801—2009 的公差带中选取。若采用过渡配合，则过盈量偏小；若采用过盈配合，则过盈量又偏大。为此，滚动轴承公差的国家标准（GB 307.1—2005）规定，轴承内圈基准孔公差带位于以公称内径 d 为零线的下方，如图 2-6 所示。这样的基孔公差带与 GB/T 1801—2009 中基孔制过渡配合的轴公差所组成的配合，可以获得有一定过盈量的过渡配合。也就是说，在采用相同配合（相同的轴公差带）的情况下，轴承内孔与轴颈的配合更紧密。

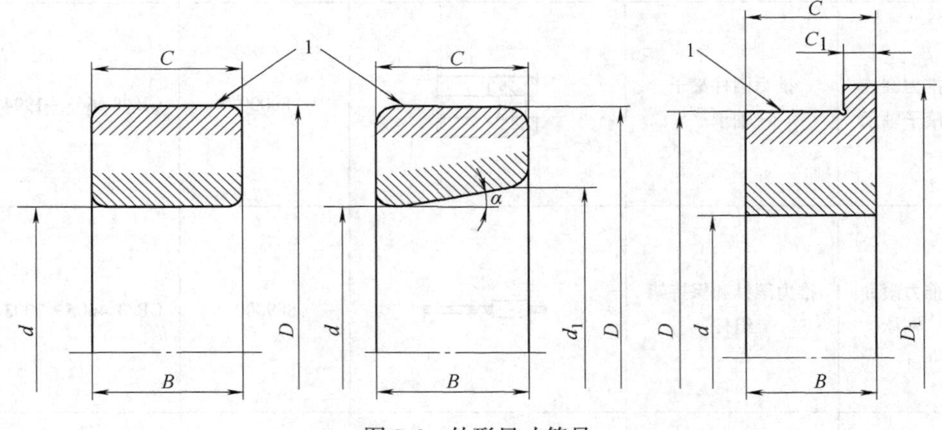

图 2-6　外形尺寸符号
1—轴承外表面　B—内圈宽度　C—外圈宽度　C_1—外圈凸缘宽度　d—内径
d_1—基本圆锥孔在理论大端的直径　D—外径　D_1—外圈凸缘外径
α—内圈内孔锥角（半锥角）

轴承外圈安装在外壳孔中通常是不旋转的，所以外圈与外壳孔的配合可以稍松一些，特别是游动支撑，配合略松可以适应轴的热胀伸长。GB/T 307.1—2005 中规定轴承外圈（外圈基准轴）公差带位于以公称外径 D 为零线的下方（图 2-6），这样的基准轴公差带与 GB/T 1801—2009 中基轴制配合的孔公差所组成的配合，基本上可以保持 GB/T 1801—2009 中规定的配合性质。

滚动轴承配合的选择就是确定轴颈和外壳孔的公差带。GB/T 275—1993

《滚动轴承与轴和外壳的配合》对与轴承配合的轴和壳体分别规定了 17 和 16 种公差带，如图 2-7、2-8 所示。与轴承配合的轴或外壳孔的公差等级与轴承精度有关。与 5、6（6x）级公差轴承配合的轴，其公差等级一般为 IT6，外壳孔一般为 IT7。

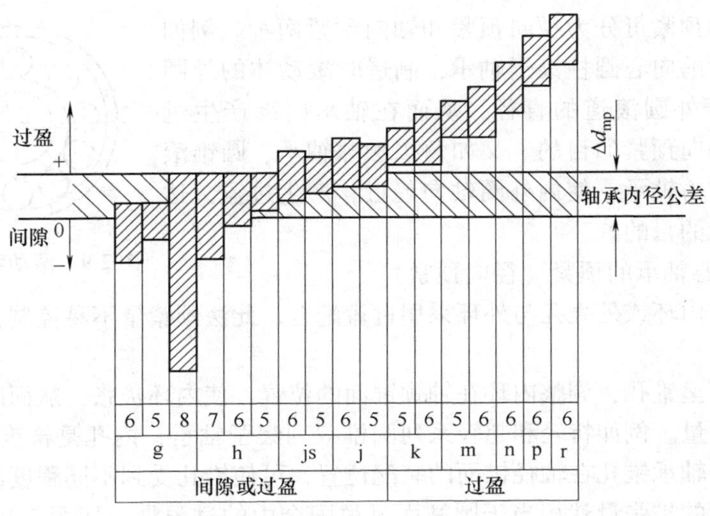

图 2-7　轴承与轴配合的常用公差带关系图

注：Δd_{mp}为轴承内圈单一平面平均内径的偏差。

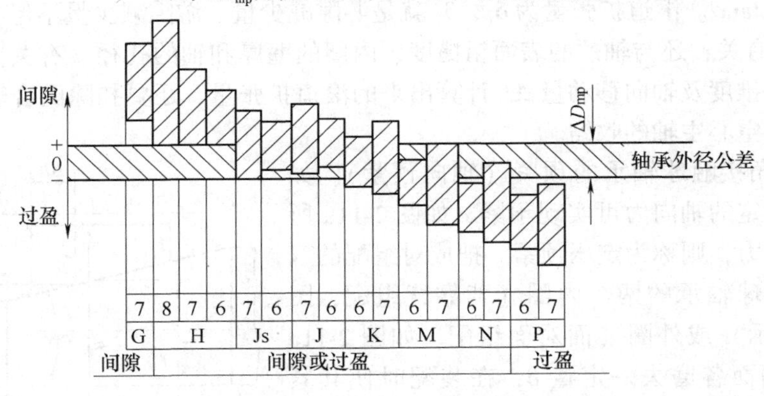

图 2-8　轴承与外壳配合常用公差带关系图

注：ΔD_{mp}为轴承外圈单一平面平均外径的偏差。

2. 主轴轴承的装配与调整

（1）主轴轴承的预紧　滚动轴承内部有游隙存在，如图 2-9 所示。制造时，滚动体外圆直径略大于外圈滚道的直径，装配后内部产生过盈，称为预紧或预负荷。

适当地预紧有利于提高轴承的工作性能，提高主轴部件的旋转精度；也可以提高主轴部件的刚度和轴承的寿命，提高轴承的阻尼并降低噪声。当预紧力过大时，后果和上述所列好处相反。所以应取预紧力的最佳值，也就是适当地预紧才有利于提高轴承的工作性能。

轴承的预紧可分为径向预紧和轴向预紧两种。例如零度接触角的向心圆柱滚子轴承，制造时滚动体的外圆直径略大于外圆滚道的直径，从而在轴承内部产生过盈，达到径向预紧的目的。又如角接触球轴承、圆锥滚子轴承和推力轴承，使内外圈轴向趋近，产生过盈，达到轴向预紧的目的。

图 2-9　滚动轴承的游隙

1）向心轴承的预紧（径向预紧）。

①轴与内环或外壳孔与外环采用过盈配合。此法预紧量不易控制，磨损后不易补偿。

②内环呈锥孔，调整内环在轴颈锥面的位置，使内环扩张，从而改变轴承的游隙或预紧量。例如特轻和超轻系列圆锥双列滚子轴承，内孔是锥度为 1∶12 的锥孔，改变轴承锥孔在轴径锥面的装配位置，可使锥孔受到不同程度的扩张，这个直径方面的扩张量就相当于圆柱面过盈配合中的过盈量。如图 2-10 所示，轴承的内圈 1 在轴 2 上从实线位置移到虚线位置，轴向移动量 ΔL 的内孔扩张量为 δ，$\delta=\Delta L\tan\alpha$。滚道扩张量为 δ_1，δ_1 就是游隙减少量。游隙减少量不但与轴向移动量 ΔL 有关，还与轴颈的表面粗糙度、内圈的壁厚和轴的孔径 d 有关。也就是说，根据锥度及轴向移动量 ΔL 计算出来的滚道扩张量，还要扣除配合表面的塑性变形和空心主轴的收缩。

2）角接触球轴承的预紧（轴向预紧）。如果施加一定的轴向力可实现预紧，如图 2-11a 所示的弹簧力，则称为定压预紧。把成对组配的双联角接触球轴承的两个内圈（背靠背组配，图 2-11b 所示）或外圈（面对面组配，如图 2-11c 所示）端面各磨去一定量 δ，在装配时使其紧靠，称为定位预紧。δ 量越大压紧力就越大，这个轴向压紧力就是预紧力。图 2-11d、e 则通过将隔套磨去厚度 ΔL 来实现预紧，ΔL 与图 2-11b、c 中的 δ 具有相同的意义。δ 值由轴承厂家按轻、中、重预紧程度确定，用户可查阅有关轴承样本及手册直接向厂家订货。

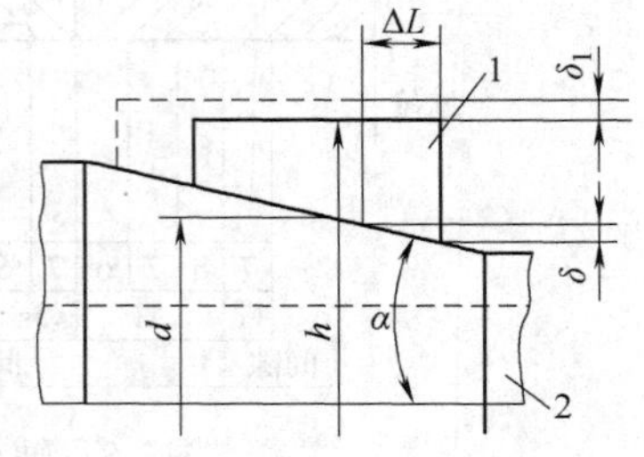

图 2-10　带锥孔内圈在锥轴上的配合
1—轴承内圈　2—轴

3）圆锥滚子轴承的预紧（轴向预紧）。圆锥滚子轴承和角接触球轴承一样，也用轴向预紧，同样可以进行定压或定位预紧。双列圆锥滚子轴承可通过修磨两内圈之间的隔套来调整间隙，这种轴承用作主轴前后轴承是单列圆锥滚子轴承，预紧在双列轴承的前排滚子与后轴承之间实现，这时双列圆锥滚子轴承保持 0 ~ 0.03 mm 的间隙，如坐标镗床主轴轴承。

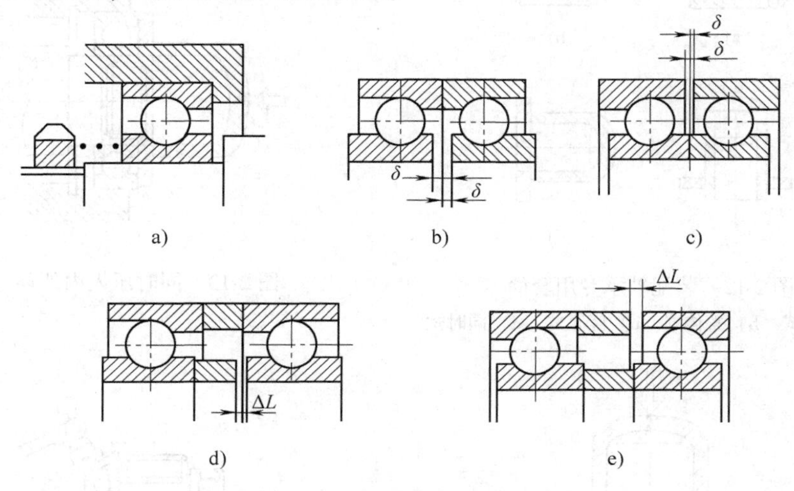

图 2-11　角接触球轴承的预紧

a）角接触球轴承（定压预紧）　b）双联角接触球轴承（背靠背组配）
c）双联角接触球轴承（面对面组配）　d）双联角接触球轴承（背靠背组配，中间装有隔套）　e）双联角接触球轴承（面对面组配，中间装有隔套）

4）深沟球轴承。一般不预紧，只能用作辅助支撑。

5）推力轴承的预紧。最小预紧力为在额定轴向载荷的作用下，不受载一侧的轴承刚刚达到卸荷（零间隙）的力。如是推力球轴承，则最小预紧力应为额定轴向载荷的 1/3；如是推力滚子轴承，则应为 46% 或近似地取 1/2。

（2）主轴轴承的装配　主轴轴承的装配步骤：

1）测量轴承和主轴装配表面尺寸，根据测得的实际尺寸，选择装配方法。

2）修整装配表面，如去毛刺等，消除由机械加工带来的缺陷，以免影响装配质量。

3）为了使轴承内外圈顺利装配到位，将两装配表面涂润滑油。

4）装配前一定要明确装配顺序，以免返工，影响修理时间。

5）根据主轴的装配尺寸，选用合理的装配方法。常用的装配方法有以下几种。

①利用套筒。图 2-12 所示为装配轴承专用套筒，此件可根据装配尺寸自制。装配时，可通过锤子、铜棒、手动压力机施加外力将轴承内外环压入装配部件（应特别注意外力的作用面）。装配外环时外力应作用在外环上，装配内环时外力应作用在内环上。有时可以同时压入内外环，如图 2-13 所示。图 2-14 和图 2-

15 是错误的装配方法。装配时，还应特别注意两装配件是否对中。

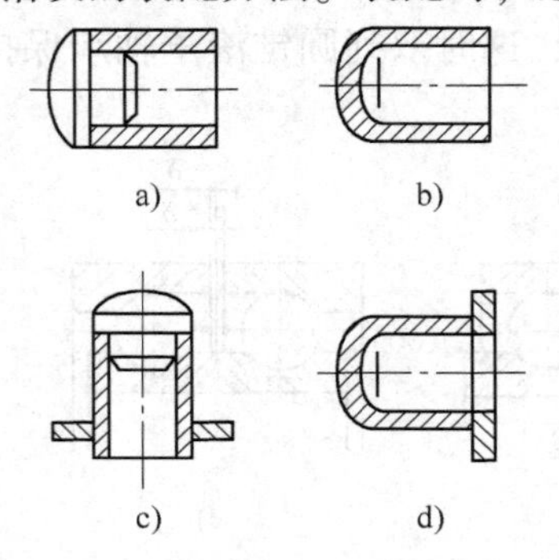

图 2-12　装配轴承专用套筒
a）套筒式　b）整体式　c）竖直式　d）同时式

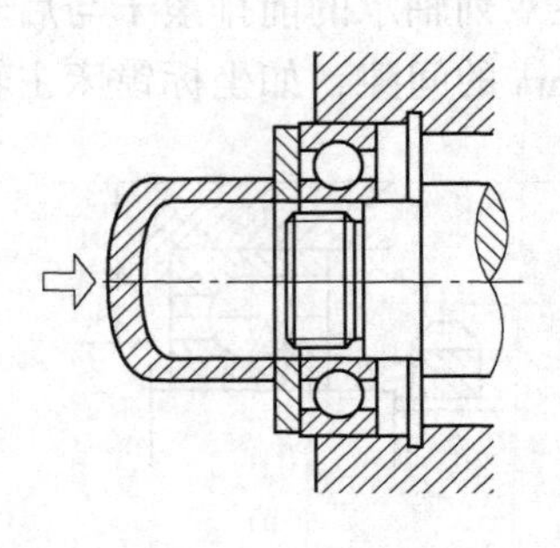

图 2-13　同时压入内外环

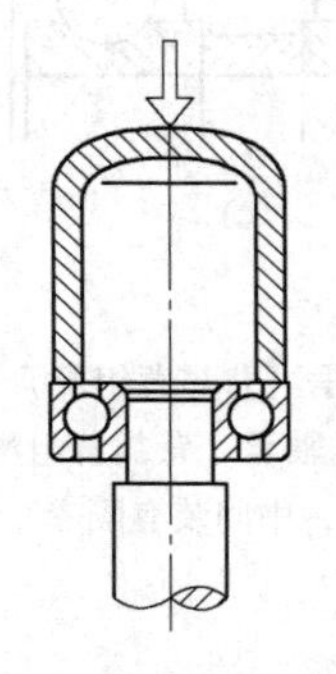

图 2-14　轴承的错误装配

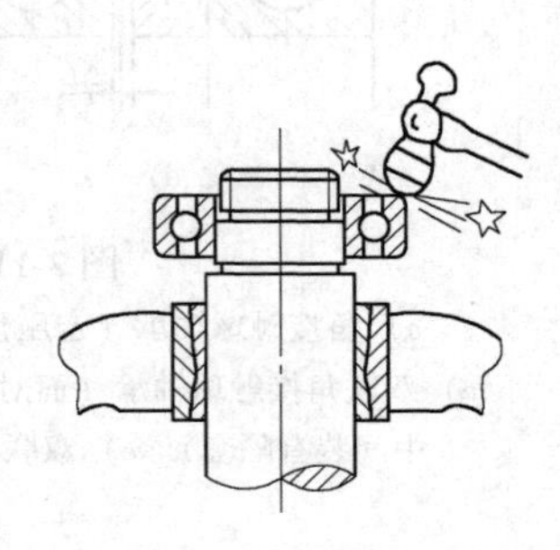

图 2-15　轴承的错误装配

②利用压力装置装配。图 2-16 所示，是利用压力装置装配轴承的典型示例。装配时需注意垫块所垫位置。

图 2-17 所示是利用螺旋式轴承装入器装配轴承。在实际生产中，此装置可用长螺栓附加垫圈替代手柄和螺旋体结构。

③利用加温法装配轴承。利用加热方法使轴承内环内径尺寸胀大，从而使装配工作省力、方便、可靠。图 2-18 所示为两种油浴加热装置。图 2-19 所示为电感应加热法。图 2-20 所示为电灯泡加热法。还有一种方法应用较广泛，即将主轴装入形状相仿的长袋中（留有一定空隙）并在主轴周围塞满干冰，使主轴轴颈冷缩，然后装入轴承，此法和加热装配法一样效果很好。

④利用配合面注入压力油的方法装配轴承。此法应用于装配部件过盈量较大和轴承尺寸较大时的情况。图 2-21 所示，就是用此法装配圆锥孔轴承的示例。装配时，先将轴承推入圆锥面上，使其配合面靠紧，再将圆螺母拧上，然后用手动油泵（图 2-22）或注油器（图 2-23）向配合面间注油，与此同时，拧紧螺母，使轴承内圈胀大。

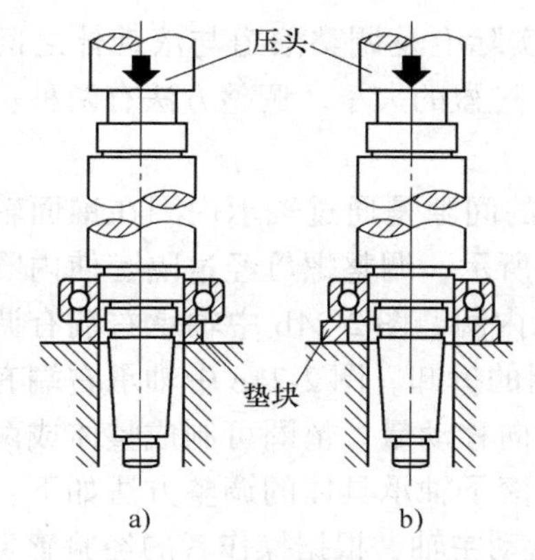

图 2-16　用压床装配轴承

a）正确　b）错误

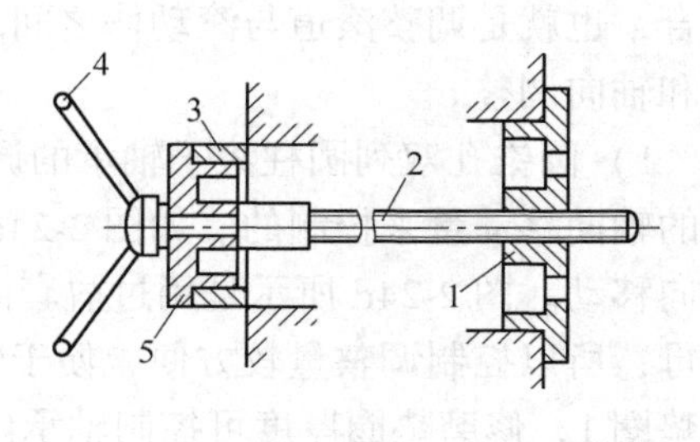

图 2-17　螺旋式轴承装入器

1—固定环　2—螺旋　3—轴承外环

4—手柄　5—推入器

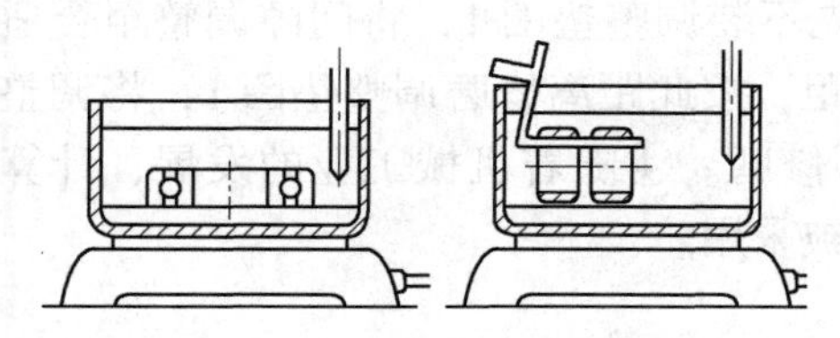

图 2-18　油浴加热装置

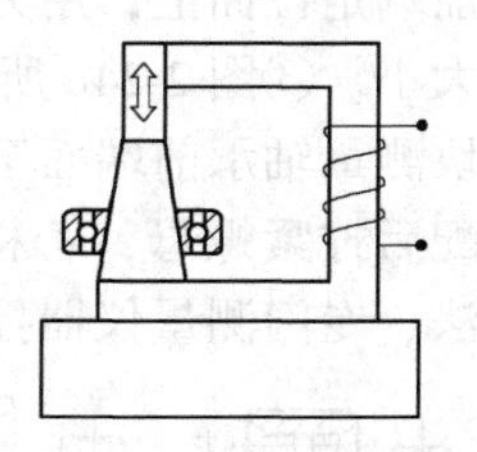

图 2-19　电感应加热装置

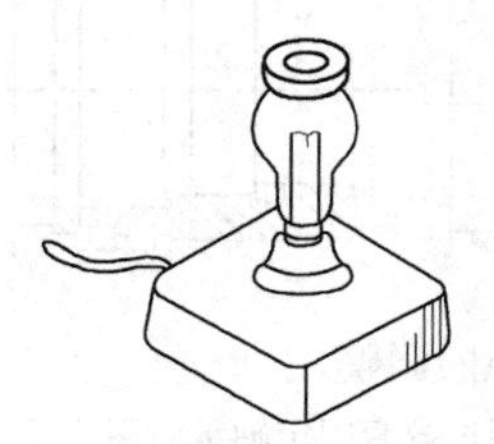

图 2-20　灯泡加热法

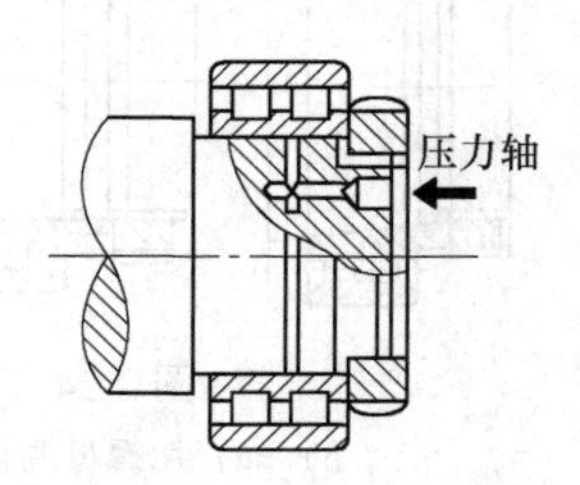

图 2-21　压力油注入法装配圆锥孔轴承

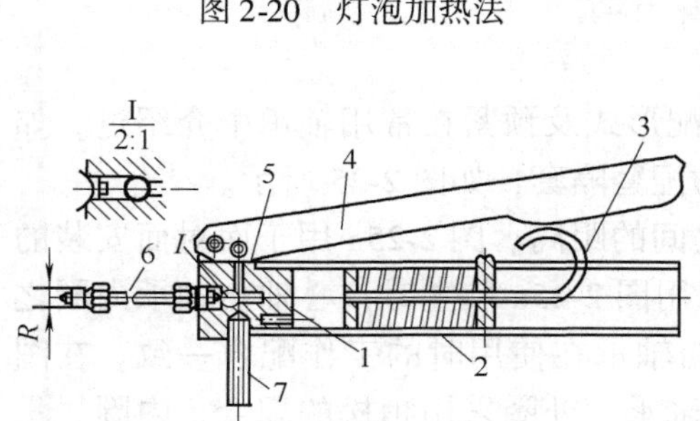

图 2-22　手动油泵

1—泵体　2—蓄油器　3—拉杆　4—操作杆

5—柱塞　6—油管　7—弹簧

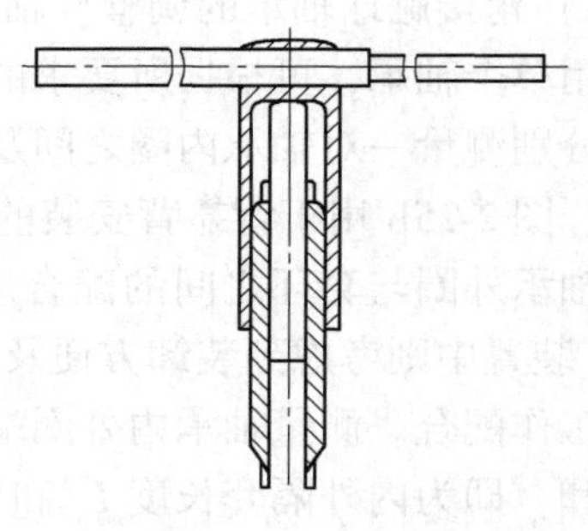

图 2-23　注油器

（3）主轴轴承的调整　主轴轴承的调整实际上是调整滚道与滚动体之间的配合，也就是调整滚道与滚动体之间的间隙及过盈的大小。调整方法有两种：径向和轴向调整。

1）圆锥孔双列圆柱滚子轴承的调整。轴的间隙是通过轴承内圈在锥面轴颈上的轴向移动量来控制的。如图 2-24a、b、c 所示，调整螺母经过隔套使内圈作轴向移动。图 2-24d 所示是用过盈套固定轴承内圈。图 2-24b 中轴承右端有调整螺母，所以控制调整量较方便，便于轴承内圈的拆卸。图 2-24c 中轴承右端有调整垫圈 1，修磨垫圈厚度可控制轴承内圈的轴向移动量。垫圈可制成整体或两个半环（制成半环修磨方便）。圆锥孔双列圆柱滚子轴承具体的调整方法如下：①经验法。将轴承装配到位，调整螺母。用手盘动主轴，根据操作者的经验感觉主轴转动的松紧，以此来判断间隙的大小。②在箱体上固定千分表架，千分表测头触在主轴前端定位面上，用力向上抬起主轴头部，通过千分表表针摆动的读值估计间隙的大小。③图 2-24c 所示的结构，先不装调整垫圈 1，将间隙调整至合适后，用量块测量轴承前端面至主轴肩的间距，按此距离修磨调整垫圈 1，将调整垫圈 1 装配后拧紧螺母，若检验不合适再修磨。④随着机械工业的发展，计算法、线图法、专门测量仪器控制法等也将被采用。

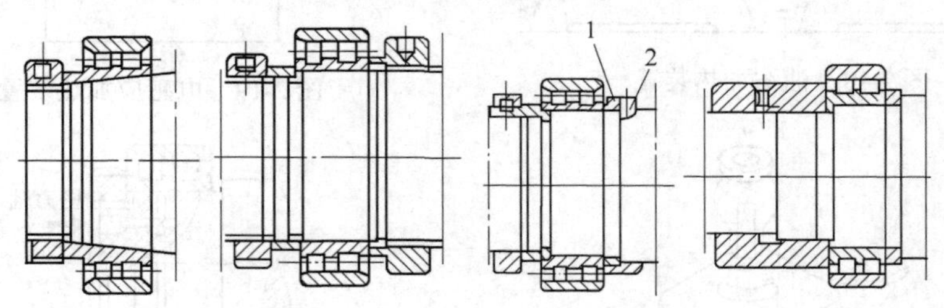

图 2-24　双列圆柱滚子轴承间隙的调整

a）、b）、c）用螺母调整内圈作轴向移动　d）用过盈套固定轴承内圈

1—调整垫圈　2—套

2）角接触球轴承的调整。轴承的组配形式及预紧在常用轴承中介绍过。如果采用单个轴承，可根据所要求的预紧力配磨隔套，如图 2-25 所示。

分别测量一对轴承内圈之间及外圈之间的距离。图 2-25a 用于面对面安装的轴承。图 2-25b 用于背靠背安装的轴承。用图 2-25a 装置时，心轴与轴承内圈之间、轴承外圈与套环之间的配合应尽量与轴承在使用时的工作配合一致。在图 2-25b 装置中则考虑到装卸方便及不损害轴承，外圈采用稍松的配合，内圈尽量采用工作配合。测量轴承内外圈端面至平台表面之间的高差，上下两个轴承高度差之和，即为内外隔套长度 L_1 和 L_2 之差。据此修磨隔套，以确定轴向施加所要求的负荷。

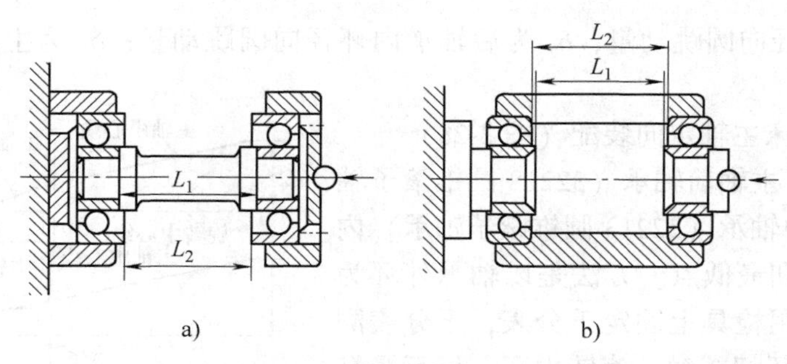

图 2-25　负荷下轴承内、外圈高差的测量

a）轴承面对面安装　b）轴承背靠背安装

3）圆锥滚子轴承的调整。轴承在主轴上的配置方式有两种。图 2-26a 所示为在前后支撑外背靠背地各安装一个轴承。主轴的轴向定位靠 2、3 处。轴承内圈一个顶在主轴轴肩 4 处，另一个在 1 处，靠调整螺母限位。图 2-26b 所示为前支撑用两个轴承背靠背安装，或者装一个双列圆锥滚子轴承。主轴在 3 与 6 处靠轴肩及调整螺母固定，外圈在 4 与 5 处由箱体孔台肩及端盖螺母定位。后支撑在 2 处用弹簧顶住轴承外圈的宽端面，产生预紧力。由于前支撑已是固定型支撑，后支撑可以游动，因此有的主轴后支撑采用深沟球轴承或两个角接触球轴承或两个双列圆柱滚子轴承作为游动支撑。

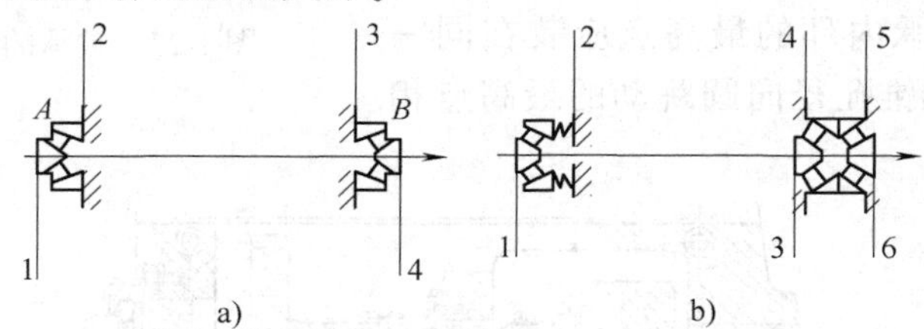

图 2-26　圆锥滚子轴承在主轴上的配合

a）两端固定　b）一端固定，一端游动

3. 轴组部件的定位装配法

主轴回转精度不仅与滚动轴承内环的径向圆跳动有关，还与主轴轴颈的径向圆跳动有关。在装配时，采用定向装配（又称成组装配或误差抵消调整法）使上述两种误差相互抵消一部分，可以提高主轴的回转精度。

机床精度标准中规定了距主轴端面 300mm 处主轴锥孔轴线对主轴回转轴线的径向圆跳动要求。此项精度要求可由两者的同轴度公差表示。图 2-27 为主轴前后径向圆跳动位置不同时的几种情况。

图 2-27 中，δ 为主轴检验处（离前轴承的距离为 L）的径向圆跳动量；δ_1 为

前轴承内环径向圆跳动量；δ_2 为后轴承内环径向圆跳动量；δ_3 为主轴锥孔中心线偏差量。

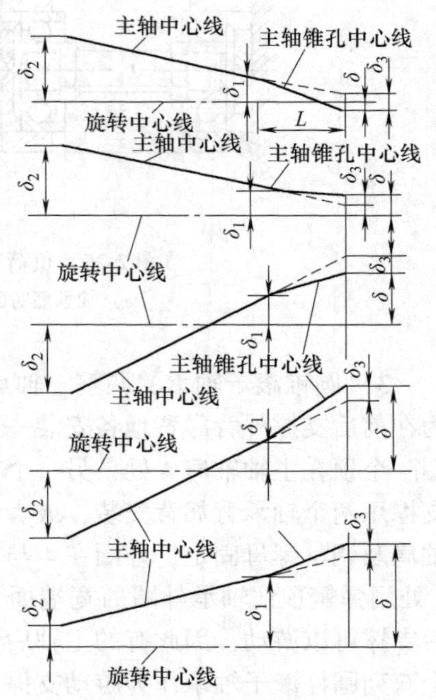

图 2-27　轴承的定向装配

（1）铣床主轴定向装配（图 2-28）

1）测量主轴前轴承（32218 圆锥滚子轴承）、主轴中轴承（32213 圆锥滚子轴承）内环的最高点和最低点。方法是以轴承外环为基准，在专用检具上固定千分表，千分表测头与轴承内环相接触，旋转内环，记下最高点（即内环最厚处）和最低点，做好标记。

2）如图 2-29 所示，在可调整 V 形架上放置主轴，可调 V 形架分别支撑前轴颈和中轴颈，在锥孔内插入锥度为 7∶24 的量棒。转动主轴，在千分表读数的最高点和最低点所对应的位置上做好标记。

3）定向装配，将前轴承内环最高点与主轴轴颈的最低点和中轴承内环最高点与主轴轴颈的最高点对齐后装配。

（2）铣床主轴定向装配的分析

1）前后轴承内环的最高点应装在同一方向上，与主轴锥孔径向圆跳动的最高点相反。

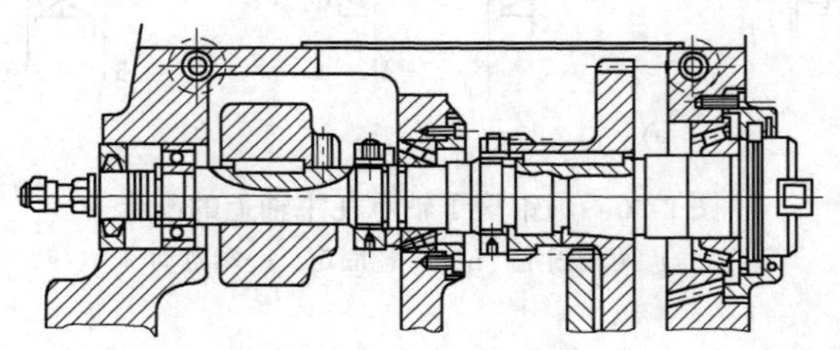
图 2-28　主轴装配图

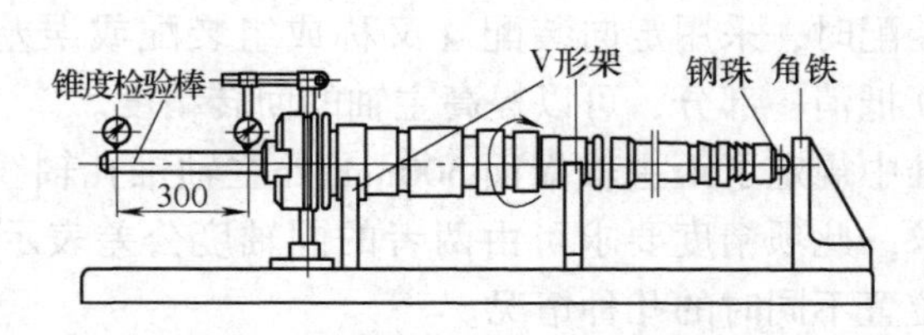

图 2-29　主轴锥孔径向圆跳动的检测

2）当后轴承内环径向圆跳动比前轴承稍大，也就是前轴承的精度比后轴承精度高一级时，应用图2-27（最上图）的装配方法，可使主轴径向圆跳动最小；反之，会产生图2-27（最下图）的情况，主轴径向圆跳动最大。

3）当两轴承精度相同时，将前后轴承内环径向圆跳动的最高点对准主轴前轴颈径向圆跳动的低方向，也会提高前轴承的精度。

4. Y7131型齿轮磨床磨具的装配、修理及调整

（1）Y7131型齿轮磨床磨具结构

图2-30所示为Y7131型齿轮磨床磨具装配图，该磨具采用成对滚动轴承结构。选用D级向心推力球轴承，轴承按背对背方式装配。同侧轴承间设内外隔圈对轴承进行预加载荷。回转精度要求：①装砂轮端的主轴锥面的径向圆跳动公差为0.003mm；②主轴端面圆跳动公差为0.002mm；③装传动带端的主轴锥面的径向圆跳动公差为0.02mm。

（2）磨具的修理、装配及调整

1）轴承的选择。将外购轴承除了按D级精度的要求检查外，还需满足每组轴承内径与外径的一致性，公差为0.002 mm。外径应选择一批产品里外径尺寸最大的，内径应选择一批产品里内径尺寸最小的；选出两只一组，共二组，并编好序号。测量每只轴承内圈和外圈的径向圆跳动最高点，做好记号。

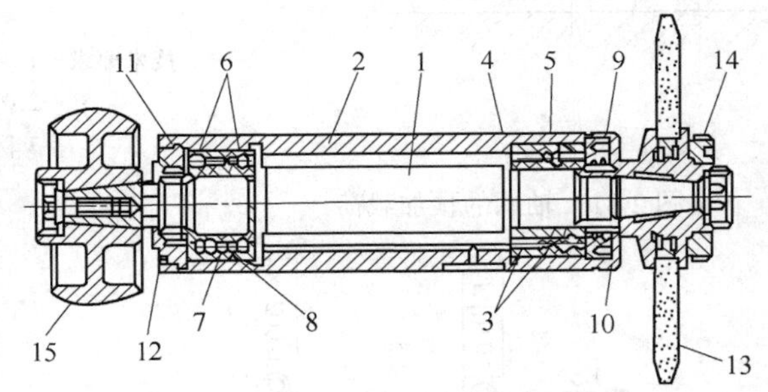

图2-30　Y7131型齿轮磨床磨具装配图

1—主轴　2—套筒　3—前滚动轴承　4、7—外隔圈　5、8—内隔圈　6—后滚动轴承　9—前内环螺母　10—螺纹盖　11—后外圈螺母　12—后内环螺母　13—砂轮　14—砂轮夹板　15—带轮

2）轴承预加载荷的调整。在保证内隔圈及外隔圈端面的平面度公差为0.001mm、内外隔圈两端面平行度公差为0.001mm的情况下，将已选的两对四只轴承，成对地进行预加载荷调整。①方法一：在外隔圈的三个方向分别钻三个ϕ4mm孔。按图2-31所示，将轴承背对背方向安装，中间垫好内外隔圈，下部放一内隔圈，上部压一重150N的配重，用ϕ1.5mm左右的钢丝顺次通过小孔触动内隔圈，检查内外隔圈在两轴承端面间的阻力，凭手的感觉内外圈的阻力应相似。如果内外隔圈的阻力大小不一，应将阻力大的一只隔圈用研磨方法加以修正。②方法二：将成对的轴承连同内外隔圈按其装配的形式装入主轴内，并旋上螺母，将主轴中段夹在台虎钳上。逐步压紧螺母，当螺母全部压紧时，外隔圈应能以12~17N的力推动。这时，说明轴承已获得150N的预加载荷。在一只手用

扳手压紧螺母的同时，另一只手应检查外隔圈的阻力，如已超过 17N，说明外隔圈的厚度已偏厚，要研去一些。相反，如螺母压紧后，推动外隔圈阻力小于 12N，则内隔圈的厚度需修研去一些。

3）按修理工艺将套筒和主轴修复，使其符合技术要求，如图 2-32 和图 2-33 所示。

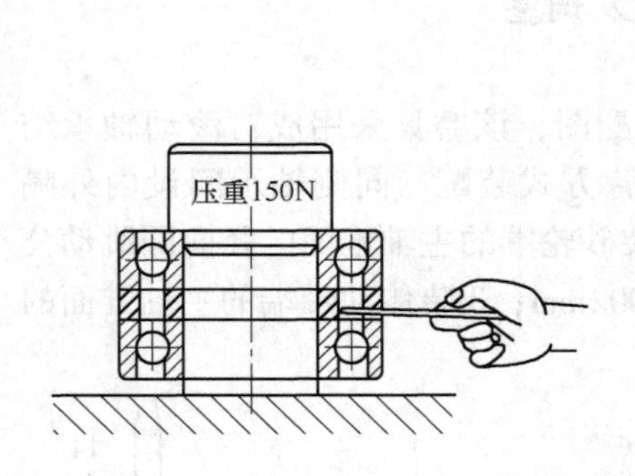

图 2-31　轴承的预加载荷

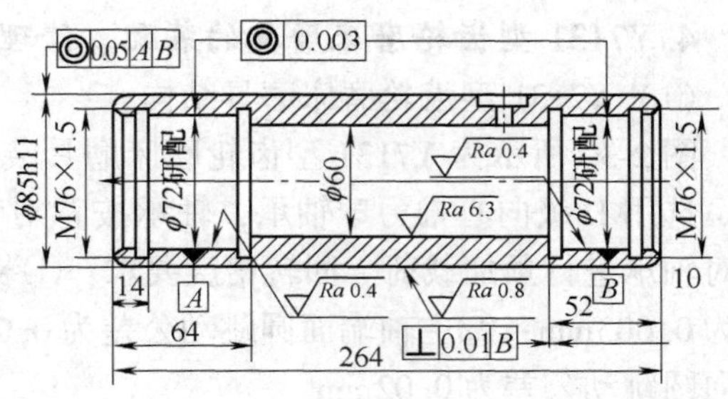

技术要求：1. ϕ72mm的圆度应不大于0.003mm；
2. ϕ72mm与轴承外径间隙0.003～0.004mm；
3. 材料45、T28。

图 2-32　套筒

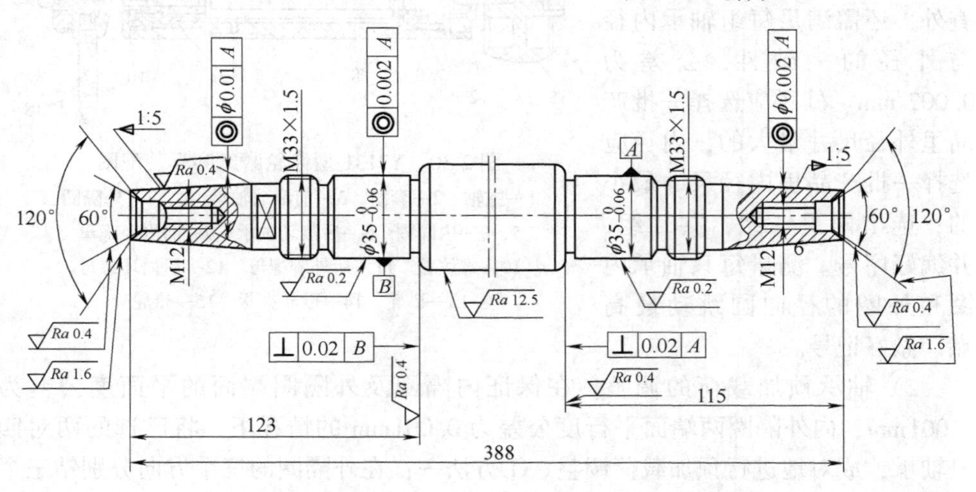

技术要求：1. 左端1:5锥面接触率≥60%～70%，右端1:5锥面接触率＞75%；
2. 材料为60钢、T28，两ϕ35mm外圆淬硬50HRC。

图 2-33　主轴

4）磨具在装配与调整后，装砂轮端的主轴锥面的径向圆跳动需达到 0.003mm。装带轮端的主轴锥面的径向圆跳动为 0.02mm，主轴的轴向窜动为 0.002mm，用定向装配法来提高主轴的回转精度。将所有内环的径向圆跳动最高点都对准主轴装砂轮端的轴颈径向圆跳动的最低点。将所有轴承外环的径向圆跳动最高点也装在套筒孔内对准成一直线。装配后用汽油仔细清洗，在轴承处涂润滑脂推入套筒，然后再装后一组轴承及螺母等零件。装好后分别测量前后锥部的径向圆跳动，研磨螺纹端盖，使径向圆跳动符合精度要求，然后测量主轴的轴向窜动。总装后，在用手转动主轴时，应有均布无阻碍的感觉。本部件修装后应进行空运转试验，要求空运转2h，轴承温升不应超过15℃，且无噪声。

三、高精度液体动压轴承主轴组装配、修理及调整

1. 动压润滑原理

形成油楔的过程如下：

1）单油楔轴承。轴颈运转时相对轴承孔有一个偏移量形成油楔，称为单油楔轴承。形成油楔的过程分为三步：①起步阶段（图2-34a）为轴颈在起步状态下，压向轴承的最下方，轴颈有滚动的趋势，转向为顺时针滚动。②不稳定工作阶段为轴颈沿轴承内壁上爬，同时润滑油被带入油楔（属于一种不稳定的油楔承载），如图2-34b所示，轴颈的转向，产生的油压有将轴颈向逆时针方向推移的趋势。③稳定工作阶段如图2-34c所示，轴颈中心由于有油楔推力的作用，偏移一个距离（一般偏移方向与外载荷方向不一致）形成油楔。当其他条件具备时，能够实现动压润滑的承载油膜，以平衡外载荷。

2）多油楔径向轴承。与单油楔径向轴承比较，多油楔径向轴承由于具有多个相互独立并均匀分布的收敛形油楔，所以，在轴回转时能使轴心不偏移，无论轴是否承载，各油楔均可形成承载油膜，并力图使主轴处于同轴状态（图2-35）。所以，多油楔径向轴承具有很高的回转精度和刚度，广泛用于精密机床的主轴。

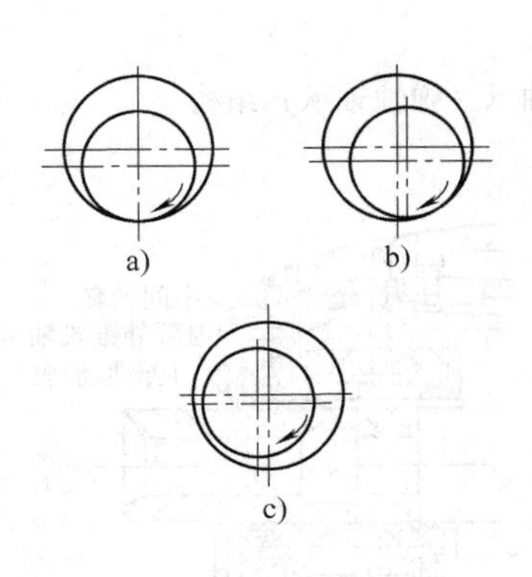

图2-34　油楔形成过程
a）起步阶段　b）不稳定工作阶段
c）稳定工作阶段

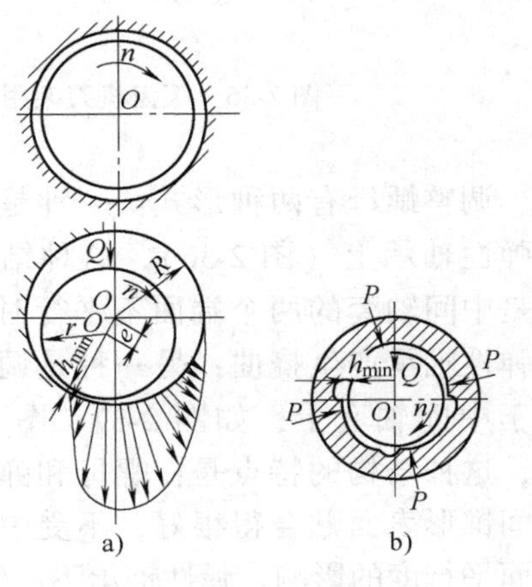

图2-35　动压轴承
a）单油楔轴承　b）多油楔轴承

2. 液体动压轴承结构及分类

（1）内圆外锥式轴承　轴承与轴颈的间隙由轴和移动弹性轴承产生的弹簧变形进行调节。其基本结构有如下特点：弹性轴承在纵向上开有一通槽，当径向弹性变形时，内孔的圆柱面发生改变，为了改善这种状况，在外表面上开有 3～10 条槽，其中一条为通槽，如图 2-36 和图 2-37 所示。

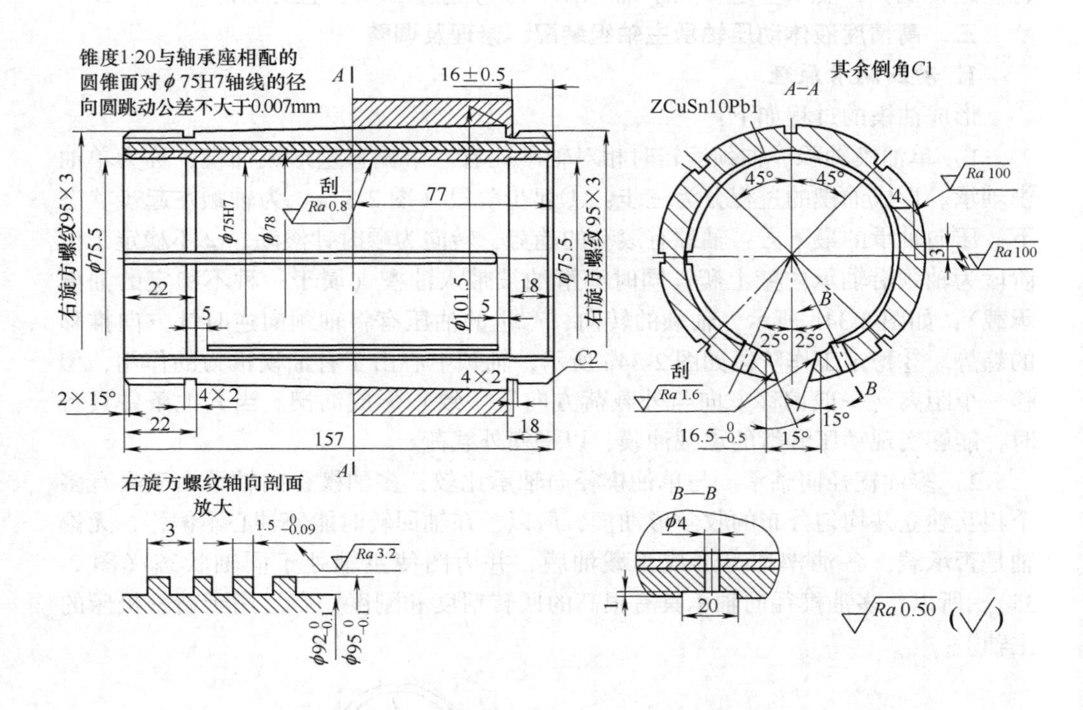

图 2-36　滚齿机刀架用内圈外锥式轴承（弹性轴承）结构

调整螺母有两种形式：一种是直接装在弹性轴承上（图 2-36），这种结构的缺点是中间轴套的两个端面不平行时，容易使弹性轴承产生挠曲；另一种是调整螺母装于中间轴套上，如图 2-37、图 2-38 所示，这种结构的特点是：螺母和弹性轴承之间锥形表面贴合得很好，不受中间轴套端面平行度的影响，弹性轴承不产生挠曲。

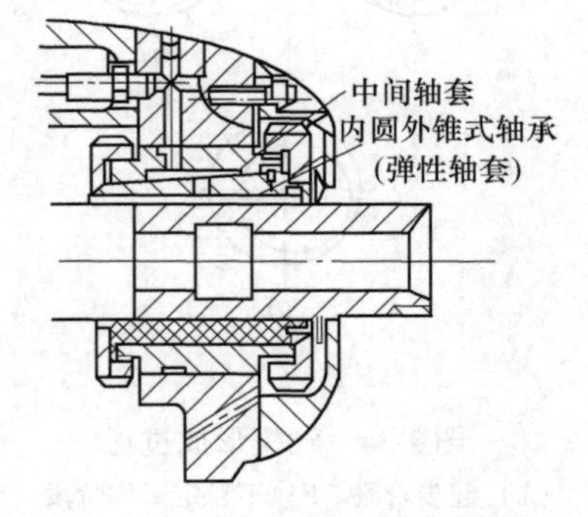

图 2-37　车床主轴用内圆外锥式轴承

图 2-36 中，开通槽的两侧面相互倾斜，用调节楔块使弹性轴承的外锥面和中

间轴套的内锥面紧密结合，以减小弹性轴承内孔的变形。在图 2-38 中，开通槽的两侧面互相平行，采用塞垫片（电木、塑料）的方法，可以减小内孔的变形。

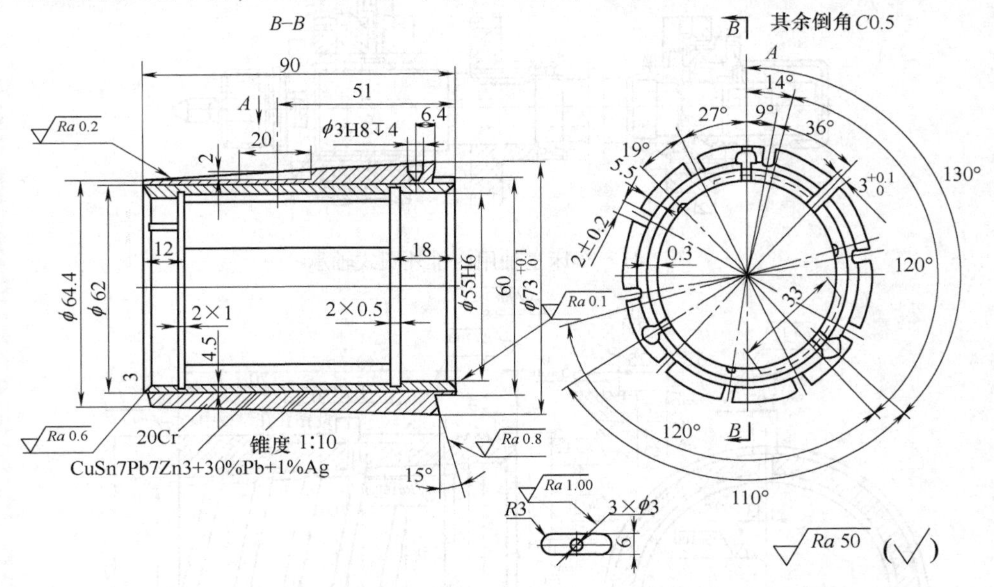

图 2-38 车床主轴用内圆外锥式轴承（弹性轴承）结构

由于内圆外锥式轴承的结构型式，当制造和装配精度较差时，调整后的圆度不好，磨损较快。这种结构型式的弹性轴承应用较广。

（2）内锥外圆式轴承 轴承与轴颈的间隙通过轴向移动主轴（图 2-39）或转动轴承（图 2-40）来调节。通过移动轴承调节间隙，其螺母可装在轴承的一侧（图 2-39，图 2-40），也可装在它的两侧（图 2-41）。内锥外圆式轴承（图 2-42）的特点：结构简单，刚性较好，较易提高制造精度和装配质量，回转精度较高。但当锥形轴颈圆周速度不等时，可造成不均匀磨损；当轴承温升过高时容易引起抱轴。此结构仅适用于中、低速机械设备。

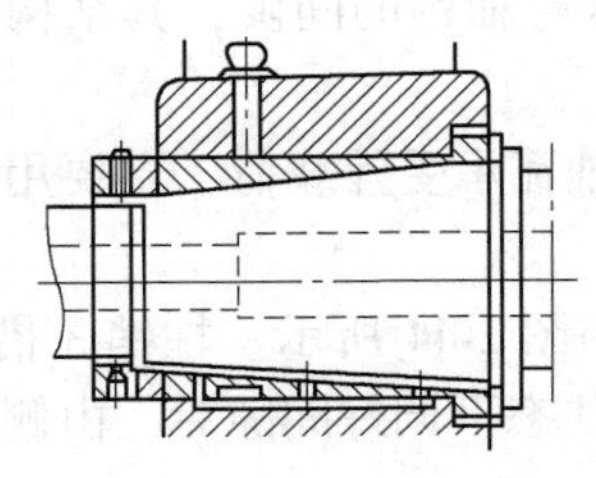

图 2-39 移动主轴来调整内锥外圆式轴承

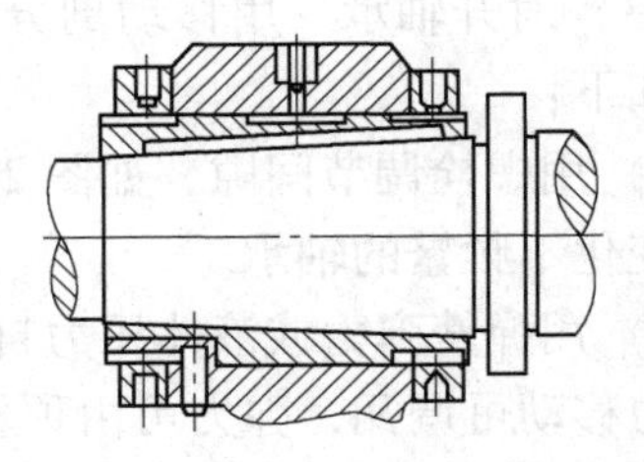

图 2-40 移动内锥外圆式轴承来调整间隙

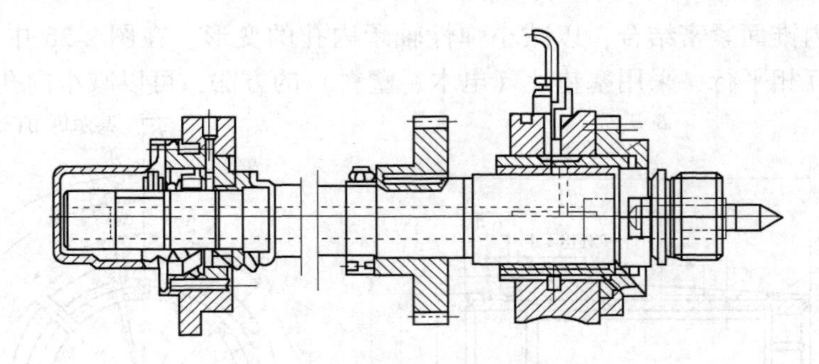

图 2-41　车床主轴用内锥外圆式轴承

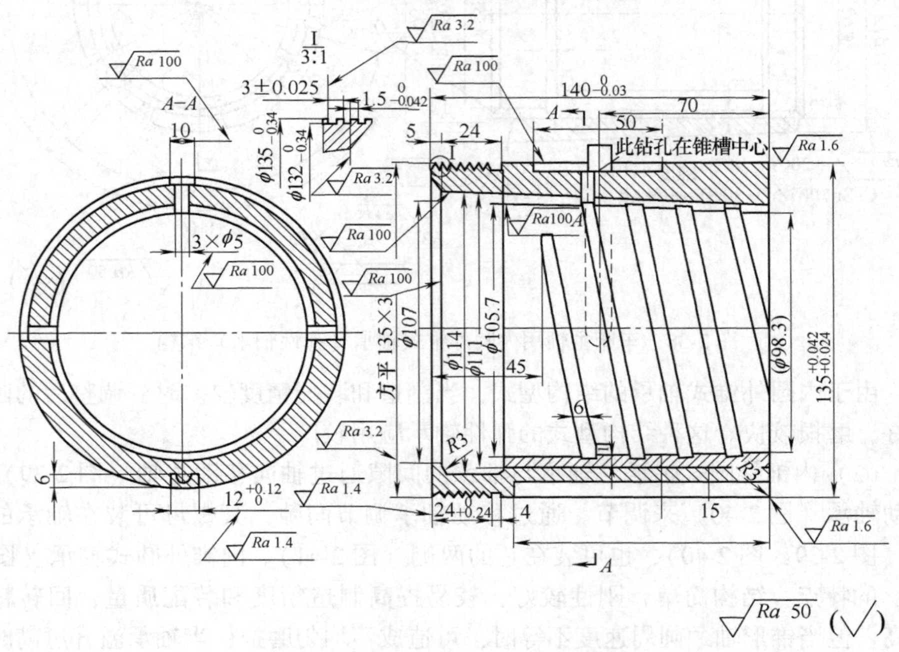

图 2-42　车床主轴用内锥外圆式轴承结构

（3）对开轴承　用移动剖分轴瓦来调节轴承与轴颈的间隙，其结构型式和特点如下：

1）用螺栓调节间隙，如图 2-43 所示。固定轴瓦承受外载荷，主要用于载荷方向变化不频繁的轴承。

2）用弹簧弹力或液体压力自动调节间隙，如图 2-44 所示。柱销 3 借弹簧 2 的弹力移动可调瓦，弹力可由顶丝 1 调节，在热状态下调好间隙后，由侧面另一柱销 4 将柱销 3 锁紧，从而保证适宜的工作间隙。

3）用垫片或刮研剖分面调节间隙，如图 2-45 所示，主要用于重型机械。

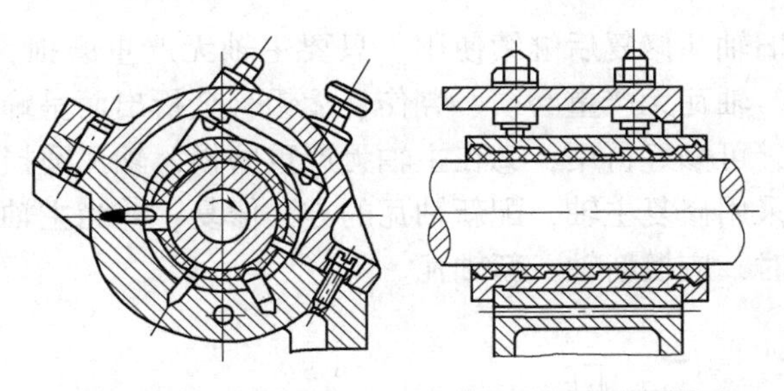

图 2-43　磨床砂轮架对开式轴承（用螺栓调节间隙）

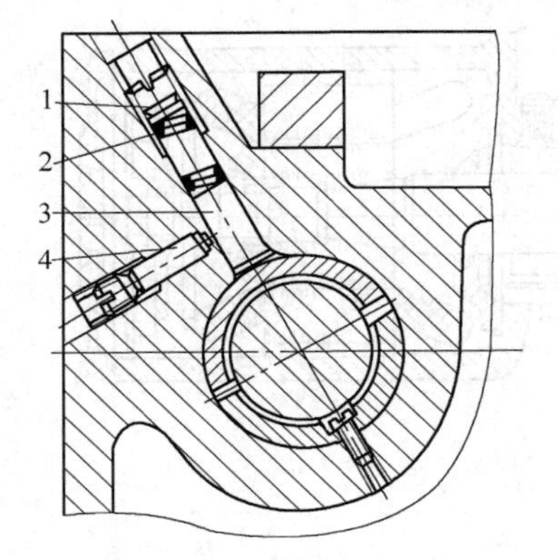

图 2-44　磨床砂轮架对开式轴承（用弹簧调节间隙）
1—顶丝　2—弹簧　3、4—柱销

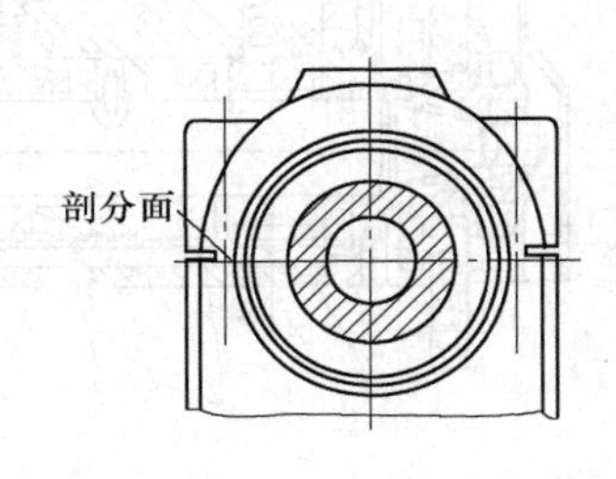

图 2-45　曲轴车床轴承采用对开式轴承结构

3. M7120A 平面磨床磨头主轴组的修理和调整

（1）磨头主轴组的结构及部件　图 2-46 为 M7120A 磨头结构图。磨头由两大部分组成，即磨头壳体和磨头主轴、轴瓦。磨头壳体具有一对燕尾导轨，供磨头在拖板上做横向运动。磨头壳体前部装有一长圆孔，内装两套三块短瓦式轴承（由两个单独封闭油室隔开），以及控制轴向窜动的两套球面推力轴承。主轴尾部装有电动机转子，电动机定子固定在壳体上。主轴各部件的作用如下：油封环 2、8 主要起封油作用，前后各一套，与端盖组成封闭的油腔，提供轴承润滑。平衡环 11，控制轴向窜动及起平衡作用。球面推力轴承 3、圆柱销 4、球面环 5 共同控制轴向窜动。靠球面推力轴承端面产生的油膜来润滑端面，左右各一套。弹簧 6 及圆柱销 9 起自动补偿推力轴承的轴向磨损及定位的作用，同时，还具有缓冲轴向冲击的作用。在磨头装配完毕后调节螺钉 10 用以支撑球面环，以防轴向移动。

（2）磨头主轴组的修理

1）主轴、轴瓦的修复。根据主轴和轴瓦磨损情况的不同，修复方法有以下三种：①旧轴、旧轴瓦修复后继续使用。只要主轴无严重磨损，无裂痕、弯曲、重度烧伤等缺陷，轴瓦无严重磨损、烧伤、无铅合金析出而呈蜂窝状小孔，且有修刮余量情况下，可修好再用；②在主轴无严重磨损，轴瓦磨损严重不能继续使用的情况下，可采用修复主轴，配新轴瓦的方法修复；③当主轴、轴瓦均磨损严重不能继续使用时，应换新轴、新轴瓦。

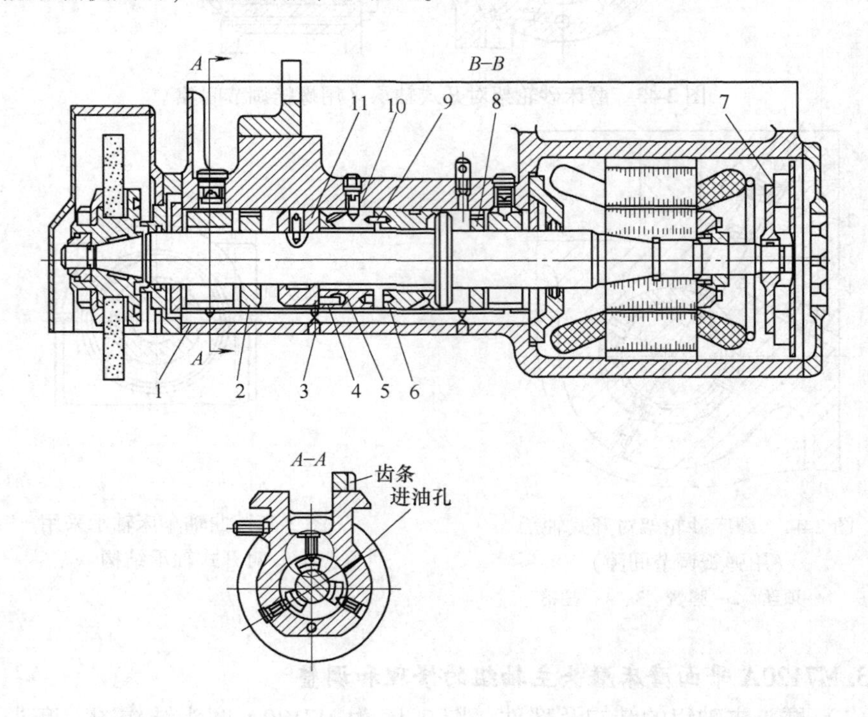

图 2-46　M7120A 磨头结构图

1—体壳　2、8—封油环　3—球面推力轴承　4、9—圆柱销　5—球面环　6—弹簧　7—风扇　10—调节螺钉　11—平衡环

2）主轴、轴瓦的修复或更新事项：①旧轴、旧瓦修复时，修磨量对热处理层是否有严重损耗，特别是渗氮、渗碳的主轴应充分考虑热处理层是否会被修磨掉，以免影响主轴刚度。②旧轴瓦修复前，应将轴瓦、支撑头配对编号，并记下其原来的装配位置，以免装配顺序混乱，刮削时应注意刮削量要尽量少。③换新轴、新轴瓦时，要注意检查轴瓦是否有碰伤、拉毛等现象，发现后应进行修刮，再用氧化铬抛光。装配前，还应复检轴瓦的接触面积。

3）轴瓦的修刮：修刮轴瓦时，应以主轴颈非工作部位为基准进行配刮，先粗刮，把接触点子先刮出来（点子要均匀）；再精刮，此时，轴瓦在油楔大端一侧应刮低一些，以便形成油楔。轴瓦接触点数、表面粗糙度刮至要求后，再与主轴颈在工作部位配研，复检接触点。若配研后，主轴颈表面粗糙度有所降低，可采用氧化铬进行抛光处理。若轴瓦接触点变化大，应检查体孔的同心度，用量棒研磨修复。

（3）磨头的装配

1）准备工作：①对主轴轴颈、轴瓦、封油圈、推力轴承、壳体孔等部件进行清洁和清理工作；②主轴动平衡精度不低于Ⅱ级；③复检主轴、轴瓦的精度。

2）磨头的装配（图 2-46） 技术要求：①主轴的轴向窜动公差≤0.005mm；②主轴的径向圆跳动公差≤0.005mm；③主轴与轴瓦的间隙（冷态），前轴承公差为 0.008 ~0.01mm；后轴承公差为 0.01 ~0.012mm；④低速运转 2h 后再高速运转 2h 的温升≤20℃。

操作要点如下，装推力轴承时，注意不要漏装轴承内部的弹簧，各弹簧的弹性长短要一致，装上左端的紧定螺钉。把主轴放入壳体内的装配位置，用定位螺钉将推力轴承位置固定，装上前后两只封油圈。注意：回油孔位置位于上方，拧入定位螺钉，装配时用专用工具将定位螺钉和封油圈上的螺纹孔对准（图 2-47）。装入前后 6 块轴瓦及球头支撑螺钉，注意装入位置与原来磨合时的位置保持一致，轴瓦上的箭头方向与主轴的实际转向一致。装上前后定心套使主轴基本上位于前后轴承壳体孔的中心位置。用十字扳手（图 2-48）、螺钉旋具、活扳手调整主轴、轴瓦之间的间隙至要求。用铜棒以适当的力在轴承承载方向敲击轴，重新测量间隙，若不符合要求，重新调整。装上前后法兰，用塞尺检验圆周各处(间隙应均匀)，装上其他零件及润滑油管。试运转，先低速 2h，后高速 2h，检查温升，检查主轴精度（图 2-49）。

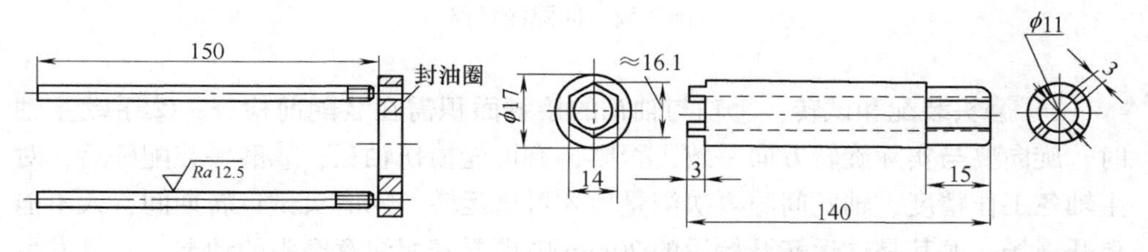

图 2-47 磨头封油圈拆卸工作　　图 2-48 磨头主轴轴瓦间隙调整专用十字扳手

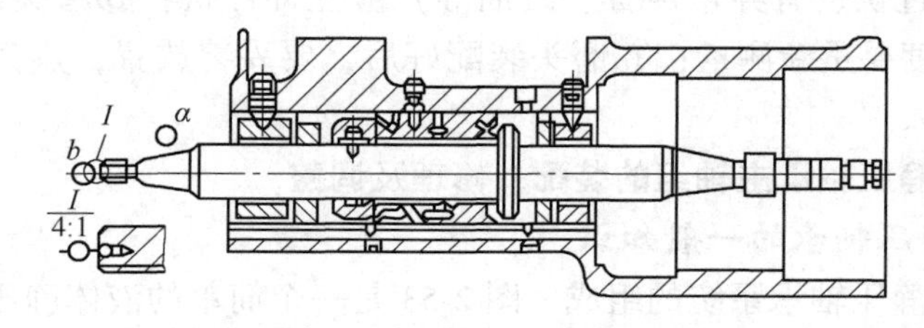

图 2-49 主轴装配精度测量示意图

3）主轴与轴瓦间隙的调整。图2-50为轴瓦支撑结构图，球头螺钉1的主要作用是调整间隙，压紧螺母2起锁紧作用。调整间隙时，借助两定心套的作用，这时主轴已基本上位于壳体孔的中心位置，只要将球头螺钉拧入，使轴瓦轻轻贴紧主轴（用常力转不动主轴为限）即可，对前后支撑下方4块轴瓦的球头螺钉用十字扳手将锁紧螺母拧入后锁紧。此时，前后两个定心套能在主轴上轻松地转动，各位置无阻滞现象，说明主轴与壳体孔同心度在公差范围内（公差≤0.04mm）。卸下前后定心套，用十字扳手、活扳手、螺钉旋具共同调整前后支撑上面两块轴瓦的间隙，把支撑头稍微退出，再将十字槽螺母拧紧，以获得需要的间隙。前轴承的间隙测量要借助专用工具间隙测量套（图2-51）和间隙测量棒（图2-52）。

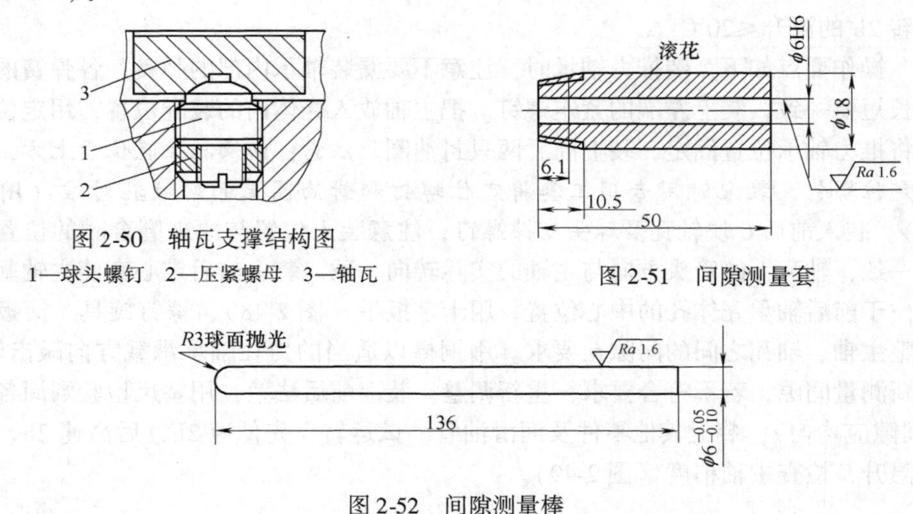

图2-50　轴瓦支撑结构图

1—球头螺钉　2—压紧螺母　3—轴瓦

图2-51　间隙测量套

图2-52　间隙测量棒

4）磨头装配和试转：①轴与轴瓦的接触面积需在装配前检查；②手动主轴时，旋向要与实际旋转方向一致，否则，有可能损伤轴瓦；③磨头装配好后，对主轴各工作精度、轴瓦间隙再次测量后才可试运转；④磨头试运转期间，人不能离开现场，尤其是试运转开始后的20min内更要密切注意磨头的动态，一旦发生异常（如温升过快、有异常声音、漏油等）应立即停机；⑤磨头试运转后，对主轴的各项精度要重新测量；⑥磨头装配好后，要妥善放置，避免振动、受热、受潮及灰尘进入。

四、液体静压轴承主轴组的装配、修理及调整

1. 液体静压轴承的一般知识

（1）液体静压轴承系统的组成　图2-53是一个简单的液体静压轴承系统图，由供油系统提供的压力油 p，通过节流器进入油腔，再经过油腔流入轴承，然后

流回油箱。在压力油的作用下，旋转轴和轴承之间形成油膜。

旋转轴脱离轴承浮起，旋转轴和轴承处于完全液体摩擦状态。由于节流器的阻尼作用，当负荷减少时，油膜厚度增加；当负荷增加时，油膜厚度减小，直至平衡为止。这就是静压轴承的基本工作原理。

由此可知，液体静压轴承系统由供油系统、节流器和轴承三部分组成。

（2）液体静压轴承的分类　常用的分类方法是按供油方式划分的，如图 2-54 所示。

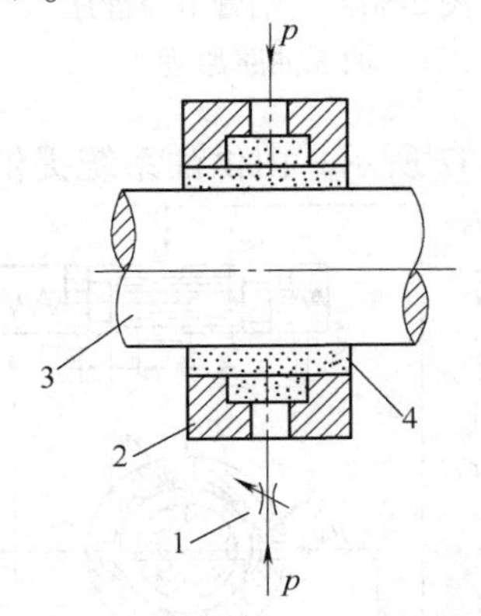

图 2-53　液体静压轴承系统示意图
1—节流器　2—轴承　3—轴　4—油膜

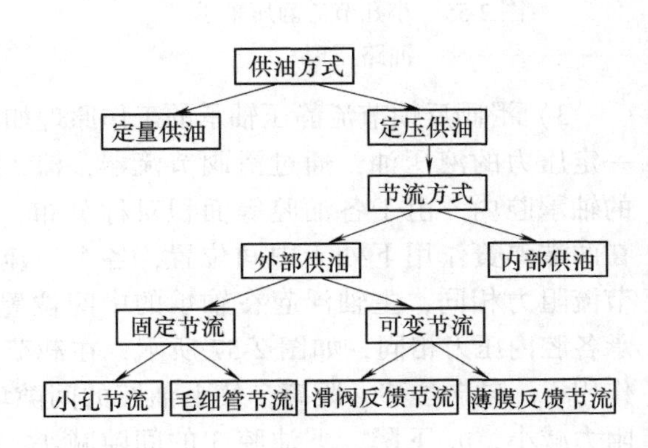

图 2-54　液体静压轴承的类

（3）液体静压轴承系统的特点

1）重载、高速。具有较大的承载能力，换向性能良好，并且由于油膜形成不受相对滑动速度的影响，选择速度可以从 0 至几万转。

2）功率消耗小，机械效率高。

3）因属纯液体摩擦，寿命长、精度保持良好（因轴和轴承不接触）。

4）刚度较高。具有良好的抗振性，轴转动平衡。

5）应用面较广。只要解决供油压力、载荷面积、节流形式方面的问题，就能满足轻、重载、高、低速，小型到大型机床的要求。

6）由于增设了一套供油系统，使得对润滑油的要求较严，本身结构也较复杂。

（4）外部节流的液体静压轴承的工作原理

1）小孔节流静压轴承的工作原理如图 2-55 所示。由供油系统提供具有一定压力的液压油，通过各小孔节流器，流入相应的轴承油腔内，由于各油腔对称，等面积分布，各节流器的节流阻力相同，主轴浮起在轴承的中心位置。

2）毛细管节流静压轴承的工作原理如图 2-56 所示。毛细管节流静压轴承的工作原理与小孔节流静压轴承的工作原理相同。

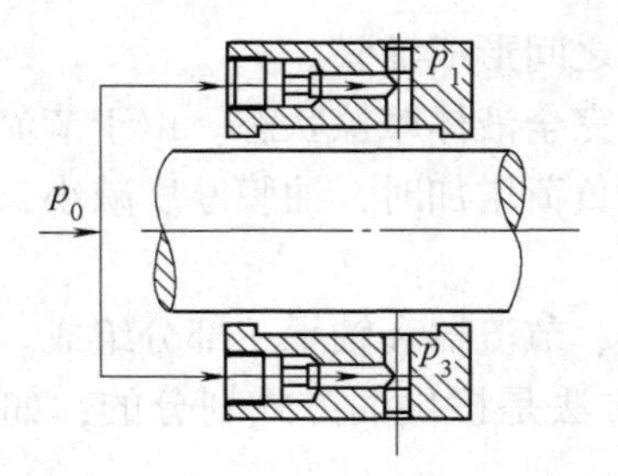

图 2-55　小孔节流静压轴承油路原理

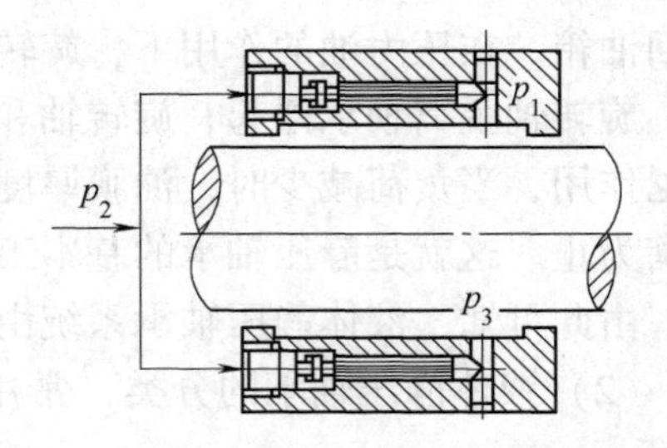

图 2-56　毛细管节流静压轴承油路原理

3）滑阀反馈节流静压轴承的工作原理如图 2-57 所示。由供油系统提供具有一定压力的液压油，通过滑阀节流器，流入相应的轴承腔内。由于各油腔等面积对称分布，滑阀在两端弹簧作用下处于中间位置，各个节流器的节流阻力相同，主轴浮起在轴承的中间位置。轴承各腔内压力相同，如图 2-57 所示，在载荷 F 的作用下，轴向位移 e 距离，使上油腔的间隙增大，阻力减小，p_1 下降，下油腔 3 的间隙减小，阻力增大，使油腔 3 的压力 p_3 升高，上下油腔就形成了压力差，又由于上下油腔分别与滑阀两端连接，滑阀两端面受 p_1、p_3 作用后，使滑阀左移动 x 距离，于是左边的节流长度增长（l_e+x），液压油流入轴承油腔 1 的阻力增大；右边的节流长度缩短（l_e-x），液压油流入轴承油腔 3 的阻力减小，造成上下油腔的压力差进一步增大，固此能够平衡载荷（此时，左右油腔 4 和 2 的间隙相同，滑阀的节流长度比也相同，油腔不形成压差），促使主轴向上浮起，处于新的平衡位置。浮起量的大小取决于节流器参数的选择，在某个载荷作用下（如额定载荷），完全有可能使轴回到原来理想的中心位置，处于平衡状态。当载荷 F 不断增加时，滑阀相应地向左移动，直至右边节流口完全打开，左边节流，完全封闭，滑阀移动到左边的极限位置。如载荷继续增加，滑阀就不起控制作用了。轴在载荷作用下产生位置移动 e，有三种情况：①位移 e 方向与载荷方向相同，载荷与 e 的比值为正值，称轴承为正刚度。②轴在中心位置处于平衡状态，载荷与 e 的比为无限大，称轴承刚度为无限大。③载荷 F 与 e 的比是负值，称轴承为负刚度。

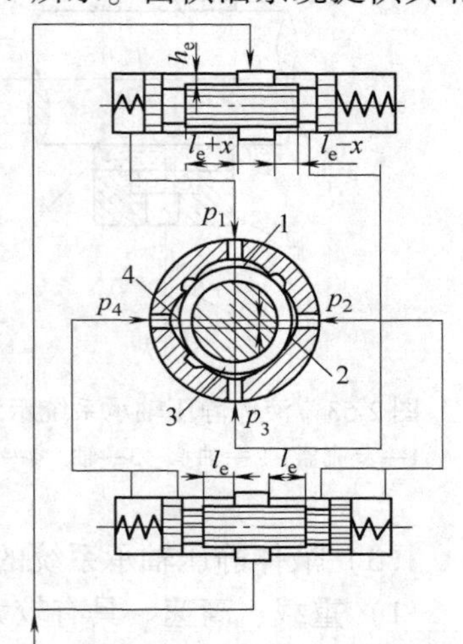

图 2-57　滑阀反馈节流静压轴承

滑阀反馈节流，起节流作用的是滑阀的节流长度 l_e，起反馈控制作用的是滑阀的移动。

4）双向薄膜反馈节流静压轴承的工作原理，如图2-58所示。当轴受径向载荷作用后，左右油腔间隙及压力相同，薄膜保持平直状态，但上下油腔1、3的间隙有变化。上油腔间隙增大，阻力减小，压力降低；下油腔间隙减小，阻力增大，压力升高。上下油腔形成了压力差，此时影响薄膜位置，当$p_3>p_1$时，薄膜受到一个向上力的作用，迫使薄膜向上凸起，使进油的薄膜间隙改变，上油腔节流间隙减小，进油力增大，而下油腔节流间隙增大，进油阻力减小。因此，上下油腔压力差进一步增加，从而使轴向上浮起，处于新的平衡位置。如果轴承和节流器参数选择合理，在某个载荷（如额定载荷）作用下，完全有可能使轴回到原来理想的中心位置即平衡状态。载荷F不断增加，薄膜相应向上弯曲变形，当薄膜的变形达到极限时，将节流器上边的进油口封住。此时，如果载荷继续增大，薄膜就失去了控制作用。使薄膜节流器起节流作用的是薄膜圆台之间的间隙（r_{c2}、r_{c1}）和圆台形面。轴在载荷作用下的位移同滑阀节流一样有三种状态。

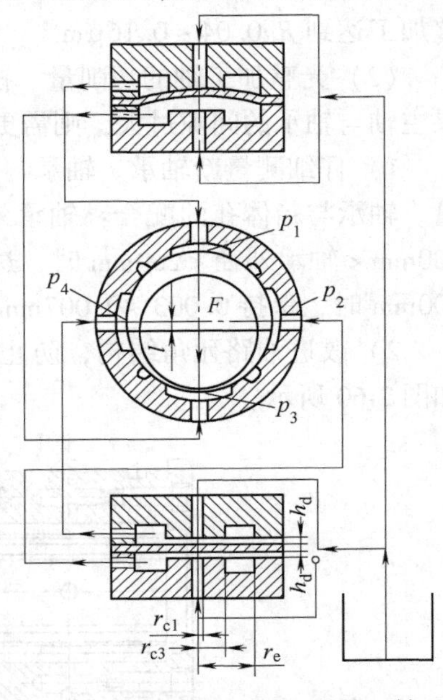

图2-58　双向薄膜反馈节流静压轴承

2. 液体静压轴承的修理、装配与调整

图2-59所示为小孔节流式砂轮架，其修理、装配与调整的工艺如下。

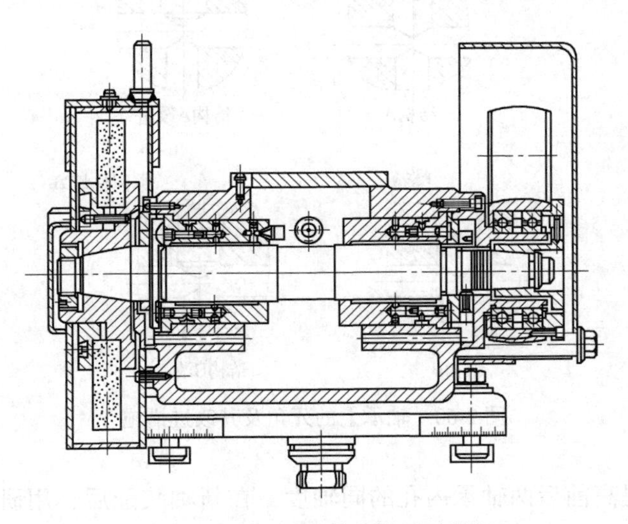

图2-59　小孔节流静压轴承砂轮架

（1）主轴的修复　由于工作中轴承与轴不接触，主轴几乎没有磨损，但由于机械杂质的冲击使得主轴表面粗糙度下降。修复时，可以通过精磨或研磨等光整加工达到 $Ra0.04 \sim 0.16\mu m$。

（2）光整加工轴的切削量　控制在 0.02～0.03mm 以内，轴承不必更换。如果主轴与轴承的间隙过大，则需更换轴承。新轴承装配时需注意以下几点。

1）仔细测量新轴承。轴承与主轴的配合，应留有 0.02～0.03mm 的研磨余量。轴承与箱体孔的配合：轴承外径 < 100mm 时，一般过盈 0.003～0.007mm；100mm < 轴承外径 < 200mm 时，过盈间隙在 0.003～0.005mm 之间；轴承直径 > 200mm 时，保持 0.003～0.007mm 的间隙。在冷缩后将轴承装入箱体内。

2）改进油路死角结构，防止死角里的空气无法排出，引起油腔压力波动，如图 2-60 所示。

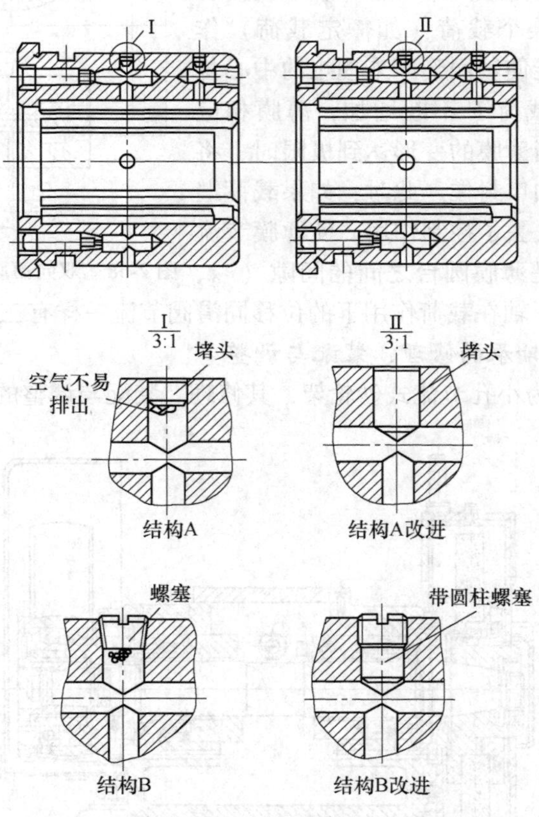

图 2-60　轴承上的死角及其改进措施

3）为了提高前后两轴承内孔的同轴度，在新轴装配后，用研磨棒一起研至配合间隙要求。

4）将油箱内壁清理干净，最好油箱内表面进行镀锌处理以防杂物脱落，影响轴承正常运转。

5）清除零件的毛刺，防止刮伤装配表面。油路系统彻底清理干净，防止擦布纤维粘在配合表面。

6）双薄膜节流器应采用图 2-61 的方法直立安装，没有死角，便于空气排出。

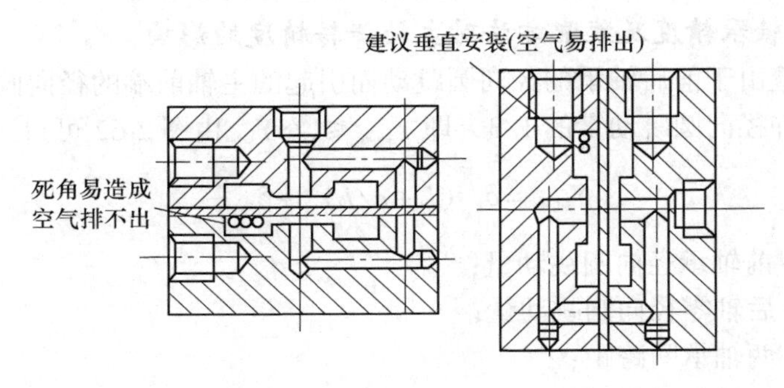

图 2-61　双薄膜节流器的安装方法

（3）试车与调整　静压轴承油路全部接通后，再起动液压泵，不起动主轴的情况下检查下列几项：①油路是否漏油；②检查油路系统压力是否在波动范围内［±(20～50)kPa)］，检查油管是否跳动，检查回油管附近有无气泡，以上三种现象存在，说明油路里有空气存在，要设法排除。③检查节流比 β，$\beta = p_s/p_r$，式中，p_s 为油泵供油压力（Pa），p_r 为油腔压力（Pa）。小孔节流器静压轴承最佳节流比 $\beta = 1.73$，一般调整至 $\beta = 1.5 \sim 3$ 范围内；毛细管节流器静压轴承最佳节流比 $\beta = 2$，一般调整至 $\beta = 1.5 \sim 3$ 范围内。

1）主轴试运转前，先用手转动主轴，应轻松灵活。

2）测量主轴起浮量。开机前用千分表触及主轴；开机后，主轴起浮量应是主轴与轴承间隙的一半。

3）测量静刚度。开机前，用双手以 600N 左右的力向上抬起主轴，千分表的变动量应在 0.006mm 以内，即主轴与轴承的总刚度在 100N/μm 以上。

在上述各项达到要求后，再开动主轴电动机，进行切削试验。

五、影响主轴旋转精度的误差分析及排除

机床主轴是实现被加工件（或刀具）旋转运动和承受切削力的重要执行部件，其工作性能表现在旋转精度、刚度、抗振性和耐热稳定性四个方面，其中旋转精度是最基本的性能。它将影响被加工件的几何形状误差、尺寸误差和表面粗糙度。

主轴旋转精度是指主轴检查部位的径向圆跳动和轴向（或端面）窜动的大

小。

1. 主轴精度

主轴精度是指主轴本身的几何形状及尺寸精度。通过测量主轴前后支撑轴颈及其他有关的回转轴颈、轴肩的径向圆跳动和端面圆跳动来检验主轴精度状态。根据机床精度的要求，将其控制在一定的数值范围之内。对于主轴上安装轴承的前后支撑轴颈的径向圆跳动，一般为加工零件公差的1/3左右。

2. 主轴轴承精度及装配方法对主轴旋转精度的影响

一般希望由于前后轴承的径向圆跳动而引起的主轴前端的径向圆跳动不超过主轴总的允许径向圆跳动量的1/3，即 $Y_{轴承} \leqslant 1/3Y$。由图2-62可得

$$Y_{轴承}=\delta_1\ (L+a/L)\ +\delta_2\frac{a}{L}$$

式中 δ_1——前轴承径向圆跳动量；

δ_2——后轴零径向圆跳动量；

L——两轴承间跨距；

a——主轴悬伸长度。

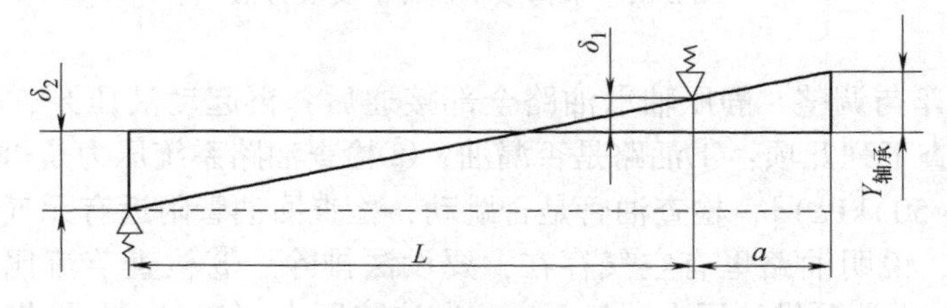

图2-62 主轴轴承对旋转精度的影响

由此可见，δ_1 对 $Y_{轴承}$ 的影响较 δ_2 为大。前轴承径向圆跳动 δ_1 对主轴旋转精度的影响是放大的，而后轴承径向圆跳动量 δ_2 的影响是缩小的。所以，一般在选用主轴的滚动轴承时，常使前轴承的精度比后轴承的精度高一级。

3. 主轴部件的刚度对旋转精度的影响

主轴部件的刚度反映了主轴部件抵抗切削力的能力。主轴受传动力的作用而产生变形。主轴的受力变形包括主轴各组成环节的接触变形和主轴弯曲变形。它将影响加工件的尺寸精度，造成工件几何形状误差。影响主轴刚度的因素有轴承刚度、主轴直径大小、主轴悬伸量两轴承之间的跨距、主轴结构、主轴加工工艺及主轴装配工艺等。修理时需注意以下几点：

1）在修理装配时，重视对主轴轴承做适当的预加载荷，使主轴轴承在工作时消除游隙，产生弹性变形，增加主轴刚度。

2）主轴、空心主轴及其他主轴形式的加工精度应符合技术要求，修理装配

时分别对上述轴进行测量。丧失精度的应修复至要求或更换新件。特别是主轴因变形呈弯曲状，直线度下降，都将使配合间隙增大而使刚度下降。

3）主轴轴承与主轴、壳体、轴孔间应有合适的配合，主轴和衬套配合间隙应该适当，松动后会使刚度明显下降。

4. 修复主轴精度

以下以T68型镗床修复主轴精度为例，介绍有关修复方法。图2-63为T68镗床主轴零件图。

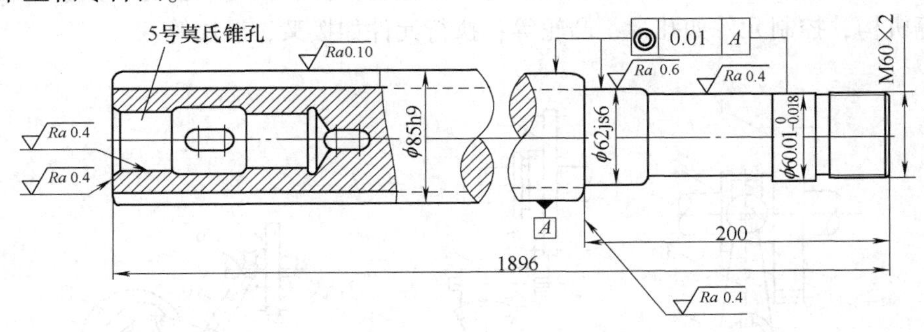

图2-63　T68镗床主轴

1）当T68镗床主轴经测量后主轴无变形，磨损不严重，圆度小于0.03mm时，在车床上用研磨套加250～600号金刚砂磨至要求，然后用抛光轮抛光，恢复精度。

2）当T68镗床主轴磨损较大，经测量圆度在0.03～0.15mm以内时，主轴先经粗磨、镀硬铬后，在外圆磨床上精磨，并研磨抛光至要求。还可磨去变形和磨损层，并重新进行渗氮处理，经粗、精磨及研磨抛光至要求。

3）当T68镗床主轴磨损严重时，应更换新件。

任务二　机床操纵机构的修理与调整

一、教学要求

1）熟悉机床复杂操纵机构的结构、工作原理及其装配、修理和调整的工艺要点。

2）能对孔盘式和凸轮式集中操纵机构进行全面调整，达到技术要求。

二、操纵机构的作用及要求

机床的操纵机构是用来实现机床各工作部位的起动、停止、制动、变速、变向和控制各种辅助运动的。它对机床的使用性能、生产效率等有直接的影响。

操纵力的大小应符合国家关于金属切削机床操纵力方面的规定。在行程范围内应大小均匀，操纵件灵活轻便。

在接通状态下，转速较高的手轮应能脱开，停止转动；对于变速变向的操纵机构，其定位装置必须牢固可靠，以免机床在工作过程中自动松开而发生事故；对相互干涉的运动必须互锁；操纵必须准确和快捷。

三、操纵机构的组成及分类

常用的操纵机构（图2-64）由操纵件、传动装置、控制元件与执行元件四部分组成。操纵件如手轮、按钮等；传动装置有杠杆、凸轮、齿轮齿条、丝杠螺母等机构；控制元件如孔盘、凸轮等；执行元件如拨叉、滑块等。

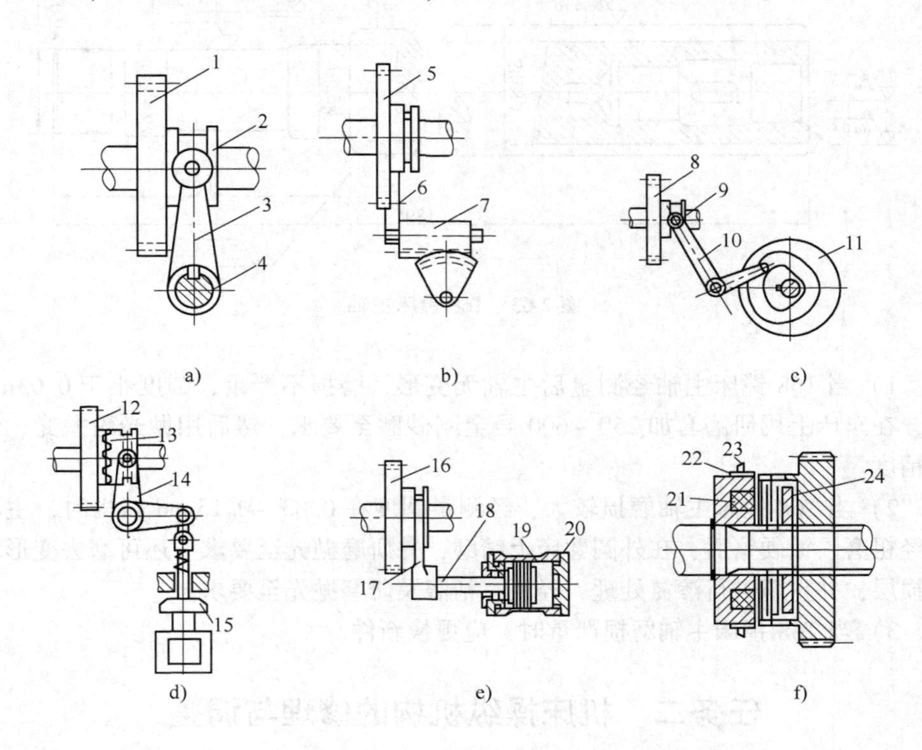

图2-64　常用的操纵机构形式

1、5、8、12、16—滑移齿轮　2、9—滑块　3—摆杆　4—轴　6、17—拨叉　7—齿条轴套　10、14—杠杆　11—凸轮　13—离合器　15—电磁铁　17—拨叉　18—活塞杆　19—齿轮　20—液压缸　21—线圈　22—集电环　23—电刷　24—衔铁

操纵机构的类型很多，根据一个操纵件所能控制的被操纵件（滑移齿轮、离合器等）的多少分为两类：单独操纵机构，一个操纵件只控制一个被操纵件的称为单独操纵机构；集中操纵机构，一个操纵件控制两个以上被操纵件的称为集中操纵机构。

四、操纵机构的修理与调整

1. 单独操纵机构

图2-65所示为摆动式单独操纵机构，手柄1经轴2拨动摆杆3及滑块4，控制滑移齿轮5。

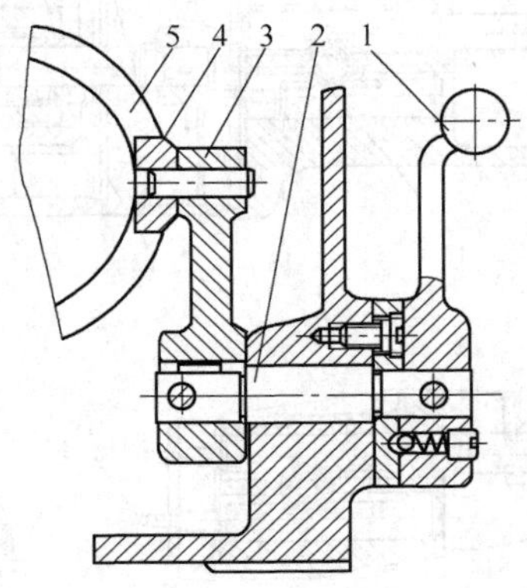

图2-65　摆动式操纵机构

1—手柄　2—轴　3—摆杆　4—滑块　5—滑移齿轮

图2-66所示为移动式单独操纵机构，手柄1经轴2、齿扇3、齿条4，使拨叉6在导向杆5上移动来控制滑移齿轮实现变速。

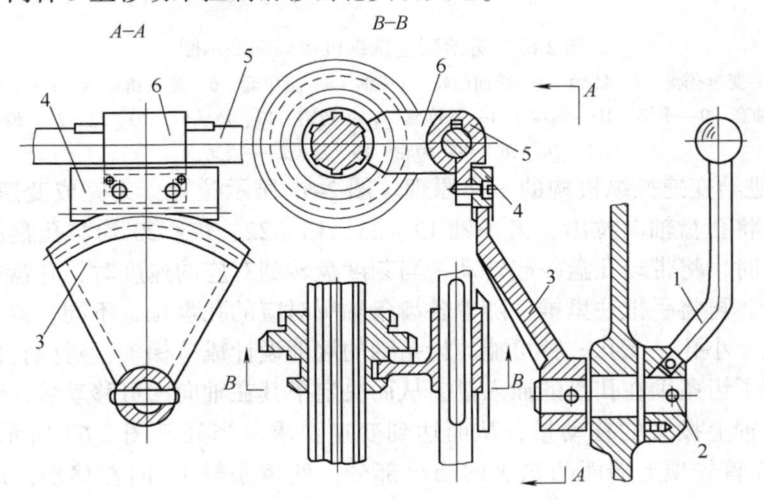

图2-66　移动式拨叉操纵机构

1—手柄　2—轴　3—齿扇　4—齿条　5—导向杆　6—拨叉

2. 集中变速操纵机构

（1）XA6132型铣床进给变速操纵机构

1）进给变速操纵机构的结构。该机构采用的孔盘集中越级变速机构，结构如图2-67所示。

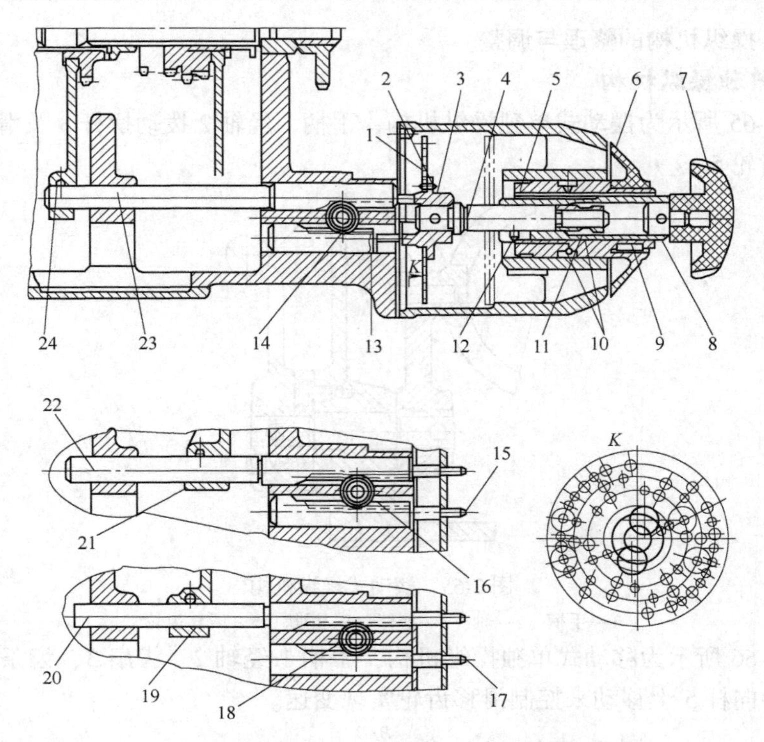

图 2-67　进给变速操纵机构局部展示图

1—变速孔盘　2—圆销　3—端面凸轮　4—轴　5—定位套　6—速度指示盘　7—手把
8—轴套　9—平键　10—钢球　11—外锥套　12—转销　13、15、17、20、22、23—齿条轴
14、16、18—齿轮　19、21、24—拨叉

2）进给变速操纵机构的工作原理。图 2-67 所示位置，为完成变速的状态。变速时，将孔盘轴向拉出，齿条轴 13、23、15、22、17、20 均与孔盘脱开，转动手把 7 时，将带动孔盘一起转动，当刻度盘转到对应的速度时，孔盘也转到对应的位置，再将手把往里推，随着各齿条轴所对应的孔盘位置不同，会出现孔盘上有大孔、小孔、无孔三种可能，齿条轴的端部设计成阶梯轴，对应孔的大小或有无决定了齿条轴在孔盘的插入量，从而决定了其在轴向的可移动量，最终决定每对齿条轴上拨叉的移动量，从而达到变速要求。当处于图 2-67 所示位置时，齿条轴 13 首先顶上端面凸轮 3 的凸出部分，使齿条轴 13 向左移动，通过齿轮 14，带动齿条轴 23 向右移动，最后顶住端面凸轮 3 的凹入部分。在两齿条轴有相对运动时，将带动拨叉滑移，当两齿条轴同时运动结束顶住孔盘时，滑移齿轮正好变速到位。

孔盘的轴向定位是依靠每对齿轮轴本身的自锁性能（每对齿条轴只能做相对运动而不能同时在一个方向做轴向运动）及外锥套 11、钢球 10 来实现的。当孔盘向左推时，每对齿条轴没有相对运动，达到左向定位。当齿条轴对孔盘有顶撞时，钢球将沿外锥套 11 锥面嵌入，达到右向定位。孔盘的周向定位是借助于定位套 5 圆周方向上的一组弹簧和钢球来达到的，钢球进入定位套圆周上的某个凹坑时，达到圆周上的定位，以供选择速度之用。

3）进给变速操纵机构的修理。该机构中的齿条轴及齿轮是易损件，磨损后如不更换或修复，会发生操纵失灵，变速不到位等现象。定位套 5 也是易损件，磨损严重时，对孔盘相对齿上的垂直度及移动的平稳性有影响，应及时修复或更换新件，以保证不发生齿条轴与孔盘间的错位。

4）进给变速操纵机构的装配与调整。该机构的装配只需按常规要求进行。孔盘变速的调整详见操作实习相关内容。

（2）单手柄选择式变速操纵机构　T68 型卧式镗床单手柄选择式变速机构的工作原理如下。

T68 型镗床采用了操纵比较方便的单手柄选择式变速操纵机构（图 2-68 和图 2-69），其结构比较复杂。

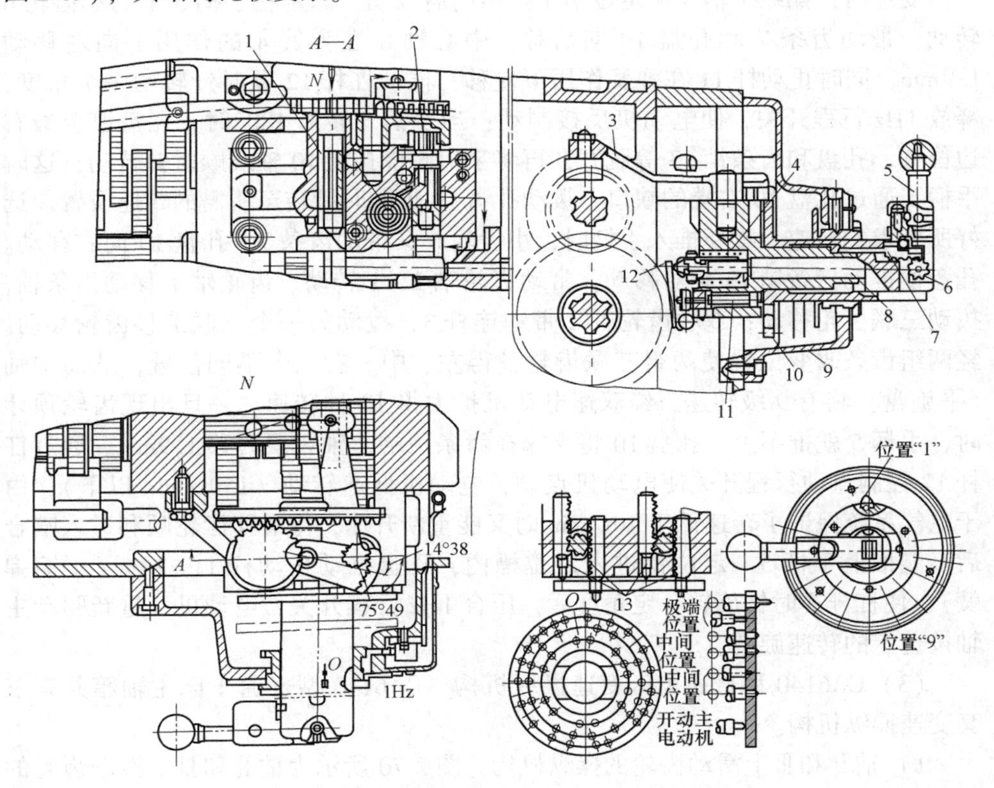

图 2-68　T68 型镗床单手柄选择式变速操纵机构的装配图

1—轴齿轮　2—齿轮轴　3—连杆　4—弹簧　5—手柄　6—小齿轮　7—齿条
8—中心轴　9—支架　10—孔盘　11—止动杆　12—杠杆　13—齿条销

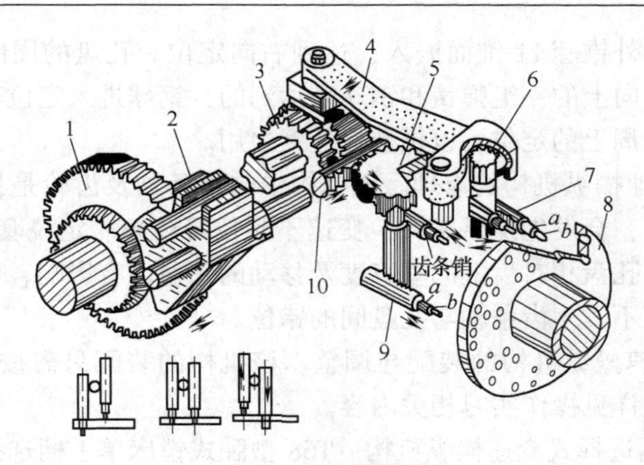

图 2-69　变速操纵机构

1—三联滑移齿轮　2—拔叉　3—三联齿轮　4—连杆　5—轴齿轮　6—双联轴齿轮
7—齿条销　8—孔盘　9—齿条销　10—齿条轴

变速时，操纵手柄 5 从定位槽中拉出向后扳动，固定在手柄 5 上的小齿轮 6 转动，带动齿条 7 和孔盘 10 向后移，中心轴 8 在弹簧 4 的作用下向左移动 1. 9mm，同时止动杆 11 在弹簧作用下左移，推动杠杆 12 顺时针转动一个角度，释放 1Hz 行程开关，使电动机反接制动；当手柄 5 转过 180°时，孔盘退至最右边位置，孔盘和齿条销 13 等脱开，再将手柄 5 绕孔盘 10 轴线顺时针转动，这时手柄 5 通过孔盘 10 右端的缺口，拨动孔盘 10 也顺时针转至所需的转速位置。选好所要求的转速，重新推入手柄时，小齿轮 6 又带动齿条 7、孔盘 10 向右移动。孔盘便推动齿条销 13 相对移动，带动齿轮轴 2、1 转动。齿轮轴 1 移动齿条轴，拨动三联齿轮移动；双联齿轮轴 2 带动连杆 3，拨动另一个三联滑移齿轮移动。经两组齿条改变位置使两组三联齿轮各得左、中、右三个不同位置，从而主轴（平旋盘）将有 9 级转速，经双速电动机扩大得 18 种转速。一旦出现齿轮顶牙时，手柄 5 就推不上，孔盘 10 将支撑在齿条顶端，轴 8 便右移 1. 9mm。通过杠杆 12 控制点动行程开关使电动机点动，电动机低速转动（150r/min 以下），由于电气系统保证了转速低于 40r/min 时又能重新升速，待滑移齿轮顺利进入啮合后又能推上手柄 5。定位销进入定位槽内，孔盘推动止动杆 11 左移（压缩弹簧），使杠杆逆时针旋转一定角度后，压合 1Hz 行程开关，电动机又重新驱动主轴按选定的转速旋转。

（3）CA6140 型普通车床变速操纵机构　CA6140 型普通车床主轴箱共有三套变速操纵机构。

1）轴Ⅱ和Ⅲ上滑动齿轮的操纵机构。图 2-70 所示为轴Ⅱ和Ⅲ上滑动齿轮的操纵机构。手柄通过链传动使轴 1 转动，在轴 1 上固定有盘形凸轮 2 和曲柄 4。凸轮 2 上有一条封闭的曲线槽，它是由两段不同半径的圆弧和（过渡）直线组成的。凸轮有 6 个不同的变速位置（图中用 1 ~ 6 标出的位置）。凸轮曲线槽通过杠杆3操纵轴Ⅱ上的双联滑移齿轮A。当杠杆的滚子中心处于凸轮曲线的大半径处时，齿轮A在左端位置；处于小半径处时，则移到右端位置。曲柄4上圆销的滚子装在拨叉5的长槽中。当曲柄4随着轴1转动时拨动拨叉，使拨叉处于左、中、右三种不同的位置，因此就可以操纵轴Ⅲ上的滑移齿轮B，使齿轮B处于三种不同的轴向位置。

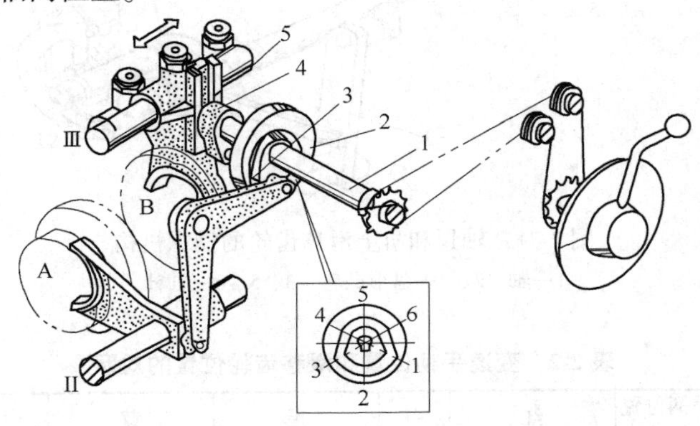

图2-70　轴Ⅱ及Ⅲ上滑动齿轮的操纵机构
1—轴　2—凸轮　3—杠杆　4—曲柄　5—拨叉
A—Ⅱ轴上的双联滑移齿轮　B—Ⅲ轴上的滑移齿轮

如图2-70所示，杠杆3的滚子在凸轮曲线的第2变速位置时，齿轮A处于左端位置；齿轮B处于中间位置，若将轴1逆时针方向转过60°，滚子到达第3变速位置时，杠杆3的滚子仍处于凸轮曲线的大半径处，所以齿轮A的位置未变动；但曲柄4这时也转过了60°，所以曲柄4的滚子使拨叉5带动齿轮B处于右端位置。顺次地转动凸轮至各个变速位置，就可以使齿轮A和B的轴向位置实现6种不同的组合。

2）轴Ⅳ和Ⅵ上滑移齿轮的操纵机构。图2-71所示为轴Ⅳ及Ⅵ上滑移齿轮的操纵机构。扳动变速手柄，通过扇形齿轮传动可使轴1转动。在轴1的前后端各固定着盘形凸轮2和4，图2-71中凸轮上标有6个变速位置1~6，分别与变速手柄上用红、白、黑、黄、白、蓝色表示的六种变速位置相对应。

凸轮2的曲线槽有三种不同的工作半径r_1、r_2、r_3，凸轮2通过杠杆3操纵轴Ⅵ上的滑移齿轮Z_{50}，使滑移齿轮Z_{50}有左、中、右三种位置。

凸轮4的曲线槽有三种半径R_1、R_2及R_3，当杠杆5的滚子中心处于凸轮曲线中的R_1位置时，轴Ⅳ上左测的滑移齿轮处于右端位置；当杠杆5的滚子中心处于R_2位置时，此齿轮移到左端位置。当杠杆6的滚子中心处于R_2位置时，轴Ⅳ上右侧的滑动齿轮处于右端位置；而当滚子处于R_3位置时，则处于左端位置。

表2-2是变速手柄位置和滑移齿轮位置的对照。

3）轴Ⅸ及Ⅹ上滑移齿轮的操纵机构。

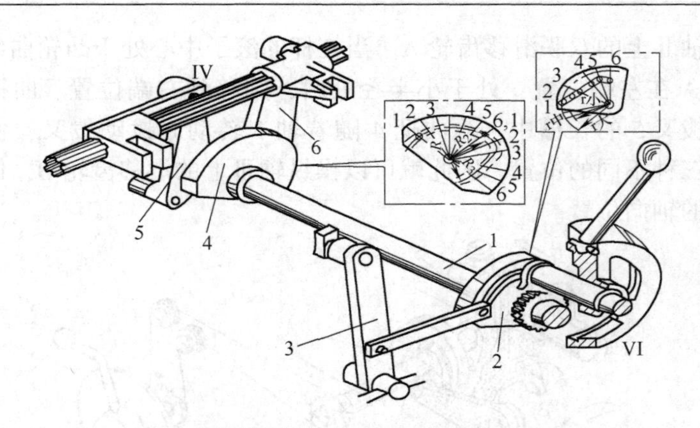

图 2-71　轴Ⅳ和Ⅵ上滑移齿轮的操纵机构
1—轴　2、4—盘形凸轮　3、5、6—杠杆

表 2-2　变速手柄位置和滑移齿轮位置的对照

滑移齿轮 \ 手柄位置 / 主轴转速/(r/min)	红 1	白 2	黑 3	黄 4	白 5	蓝 6
	高速 (450～1400)	空档	低速、第Ⅱ段 (160～500)	低速第Ⅰ段 (40～125)	空档	低速、第1段 (10～31.5)
轴Ⅵ上的滑移齿轮	左	中	右	右	中	右
轴Ⅳ上的左滑移齿轮	右	右	右	右	(中)	左
轴Ⅳ上的右滑移齿轮	右	右	右	左	左	左

图 2-72 所示为轴Ⅸ及Ⅹ上滑移齿轮的操纵机构简图。在操纵手柄 1 上固定有盘形凸轮 2，转动凸轮 2 就可操纵齿轮 Z_{33} 及 Z_{58}，共可得 4 种不同的传动路线（车削左、右螺纹，车正常螺距或扩大螺距）。

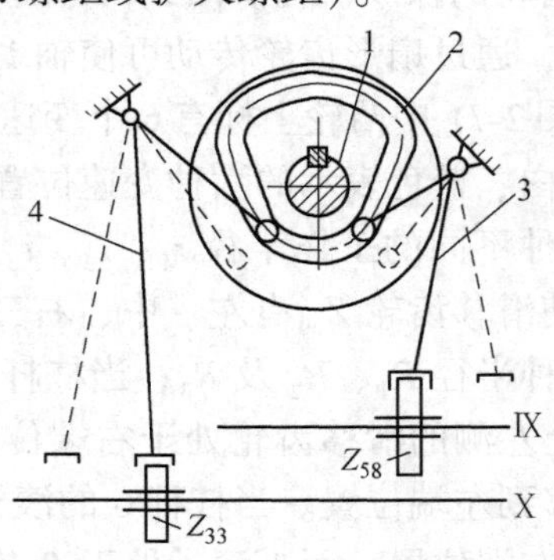

图 2-72　轴Ⅸ及Ⅹ上滑移齿轮的操纵机构
1—操纵手柄　2—盘形凸轮　3、4—杠杆

任务三 液压系统的修理与调试

一、教学要求

1）掌握液压元件的装接要求和安装方法。

2）熟悉液压系统的一般调试步骤和方法，能对一般系统进行安装、调试。

3）了解液压系统的常见故障和排除方法。

二、液压泵、液动机、液压阀及辅助装置的修理

修理步骤如下：

1）仔细阅读液压元件装配图及零件图，搞清楚液压元件的结构、原理、作用、性能、连接方式、控制形式及装拆顺序。

2）根据液压元件装配图所表示的零件与零件之间的相互位置，搞清楚装拆顺序，严格按操作规程规定的顺序拆下各元件，清洗后待检查。

3）根据装配图和零件图的技术要求，对每个零件进行测量。如超差，具体分析是否修复与更换。如需要更换必须遵守以下易损液压元件的更换原则。

通用件类：①液压元件的主要铸件，如阀体、泵体有裂纹缺陷应更换；②液压元件中的橡胶密封件已丧失弹性、老化变质应更换；③液压元件中的弹簧如有异常变形、弯曲、折断或达不到原设计要求的应更换。

液压泵与液压马达类：①各类液压泵与液压马达流量未达到公称流量90%时应更换；②各类液压泵与液压马达的工作表面粗糙度低于原设计一级时可以继续使用，低于二级时应修复或更换；③各类液压泵及液压马达传动轴拆散、变形、磨损或轴承已磨损，影响元件工作性能时均应更换；④齿轮泵体与齿侧面间隙（轴侧间隙）超过30%，叶片泵叶片与转子的槽配合间隙超过原设计要求5%时应更换；⑤齿轮泵体内表面、柱塞泵及叶片泵配油盘有较重损伤时应更换；⑥叶片泵定子圈、转子、叶片等有裂碎时应更换；⑦配油盘、齿轮侧面与侧板有较轻度划伤时应修理；⑧叶片泵转子端面、定子圈、叶片有较轻磨损或与配油盘接触工作表面上有胶合物时应修理。

液压缸、活塞及活塞杆：①液压缸体有裂纹或拉伤，活塞或活塞杆表面有明显锈蚀、起皮或铬层脱落时应更换；②缸体内表面、活塞及活塞杆表面粗糙度低于原设计一级时可继续使用，低于二级时应修复或更换；③缸径的圆柱度误差超过原设计要求的5%时应更换；④活塞杆变形大于规定值的2%时应校直，仍不能达到原设计技术要求时应更换；⑤活塞（不带密封环的活塞）与液压缸的径向间隙超过原设计要求的5%时应更换；⑥带有节流单向阀、节流环或缓冲液压缸，当影响缓冲效果时应修理或更换。

液压阀类：①液压元件如有卡死或不能自动复位时应更换；②液压阀类元件

的内泄漏量为相关标准规定量的 2 倍时应更换；③压力阀的压力振摆超过规定值时应更换（如压力调速范围在 1.6MPa 以下时，其压力振摆不得大于 ±5kPa）。

其他元件类：①液压元件上的操作或调整件（调整螺钉、手轮、紧固螺母等）均应齐全；②变速手柄、手把、手轮等零件与轴的连接不应松动，否则要修复；③变速拨叉、扳把在机床开动时，不允许有轻微的摆动，否则要修复。

4）按设计要求修复液压元件中的磨损零件（具体修复办法见相关内容）。

5）按液压元件的技术要求装配液压元件，装配要求如下：①液压零件在修复加工中必须符合质量要求，加工表面不得有裂纹，在运输保管过程中不得有变形、擦伤、锈蚀等缺陷。②用钢球密封的阀座必须研磨，使接触线封闭良好（可用汽油试漏）。③弹簧不应弯曲，两端要磨平，保证垂直度要求。控制压力用的弹簧应按图样规定，需经压力变形试验。④所有零件装配时应清除毛刺，并用清洁的煤油清洗干净。⑤塑料、橡胶、尼龙填料、纯铜等密封件均要符合图样要求，装配时检查这些零件能否达到密封要求。如需搭接，应切成 45°割面，相邻接口应错开 90°以上。⑥阀杆、阀芯、活塞、轴颈等零件的配合或摩擦面不得有损伤。⑦结合面密封材料要用耐油纸或液压垫（即密封胶），液压垫不许外露，不许堵住油孔。⑧密封厚度要适量，使活塞杆或阀杆能用手来回拉动而无泄漏现象（每分钟渗漏不超过 3 滴）。⑨液压零件的配合间隙要符合图样要求，装配后用手转动或移动时，在全行程上须保证运动灵活，感觉轻重均匀，无阻滞现象。⑩阀体、液压缸的端盖装配时，螺钉应均匀拧紧，防止端盖偏斜，以保证阀杆、活塞杆的灵活运动。⑪所有拆下来的纯铜垫圈一般不允许再次使用，如外观良好，可经退火后再次使用。⑫装配时零件间的接缝应平整，不准有明显错边。⑬油管不得有压扁，表面不得有裂纹、明显的压坑和敲击的斑痕，油管内腔必须仔细清洗，新换油管必须进行酸洗。⑭油管的敷设应排列整齐，管路需尽量缩短。金属管均应用夹子固定，防止工作中产生振动而使接头松动。高压油管安装时，不得与机床零件有相对摩擦，对小直径（ϕ12mm 以下）的高压油管允许紧固在床身上。⑮吸油管应装有滤网（高压油管不许装滤网）。其滤网末端距油箱底部应等于管径尺寸的 2～2.5 倍，管端做成 45°的斜面。⑯排油管的端头要插入油面以下，防止油液产生油沫和进入空气。⑰液压泵及各种液压元件的进油口、回油口的连接必须正确可靠，所有液压系统的管接头必须严格密封。⑱更换的新油（不准使用再生油）应经过滤后再加入油箱中，油质要符合机床说明书和润滑图表的规定。

6）液压元件装配结束后，要在液压试验台上进行性能测试。也可以利用修理液压机本身做性能测试。测试要求如下。

压力试验：①测试压力时，压力计连接管内径为 4mm，长度小于 300mm，在距被测试元件进油口约 10d（d 为工作管道内径），出油口约 30d 处与工作管道相接（不得装在拐角处）。测压计不应带阻尼器，若装有压力表开关而产生阻尼或压力表连接管长度大于300mm时，应经过试验换算要求条件下的压力值。②液压缸试验压力：当公称压力大于1.6MPa时，试验压力为公称压力的1.5倍，保压时间10min，不得有渗漏及零件损坏现象。

流量试验：①流量试验时，公称流量超过200L/min的液压阀，试验流量应不低于200L/min。②试验液压阀的泄漏量时，液压阀应动作一次，在达到试验压力30s时开始测量泄漏量。

工作温度：液压系统工作时，油箱内的油温一般不得超过50℃，当环境温度≥38℃，连续工作4h时，油箱内的温度不得超过60℃。

其他要求：①液压传动部分在所有规定的速度下（正向和反向）工作时，不应有明显的振动、噪声、冲击、停滞及爬行。②在立式机床上靠液压传动的主轴箱、滑块等部件，停机后，不允许有自由下滑现象。

三、组合机床液压系统的装接、修理和调试

1. YT4543型动力滑台液压系统的装接、修理和调试

YT4543型动力滑台液压系统的工作原理　动力滑台是组合机床上用以实现进给运动的一种通用部件。图2-73为YT4543型液压动力滑台的液压系统原理图。该系统采用限压式变量泵供油，用电液换向阀换向；用行程阀实现快进和工进的变换；用电磁阀实现两个工作间的变换。它还可以实现多种自动循环，具体如下。

1）快进。按下启动按钮，电磁铁1Y通电，使液动换向阀4在控制油路的压力作用下以其左位接入系统，变量泵1输出的油经单向阀11、换向阀4、行程阀9进入液压缸左腔，液压缸右腔的油则经换向阀4、单向阀12、行程阀9也进入液压缸左腔，实现差动连接。由于快进时组合机床不进行切削加工，滑台负载小，液压系统的工作压力较低，故顺序阀3关闭，变量泵在低压控制下输出最大流量，使滑台快速前进。

2）一工进。当滑台快速前进到预定位置时，液压挡块压下行程阀9，切断直通油路，这时油需经调速阀6、二位二通电磁阀8才能进入液压缸左腔。由于液压泵供油压力升高，顺序阀3打开，液压缸右腔的油经换向阀4、顺序阀3和背压阀2流回油箱，这样就使滑台转换成第一种工作进给运动，其速度大小由调速阀6的开口量决定。这时变量泵因系统压力升高而自动减小其输出流量，正好适应第一种工作进给的需要。

3）二工进。在一次工作进给结束时，电气挡块压下行程开关，发出信号使电磁铁3Y通电；电磁阀8左位接入系统，液压泵输出的压力油需经调速阀6和7进入液压缸左腔，液压缸右腔的回油路线与一次工作进给时相同，这时滑台实现第二种工作进给，其速度由调速阀7的开口大小决定。

4）死挡块停留。当滑台以第二种工进速度碰上死挡块时，滑台不再前进，停留在死挡块处。

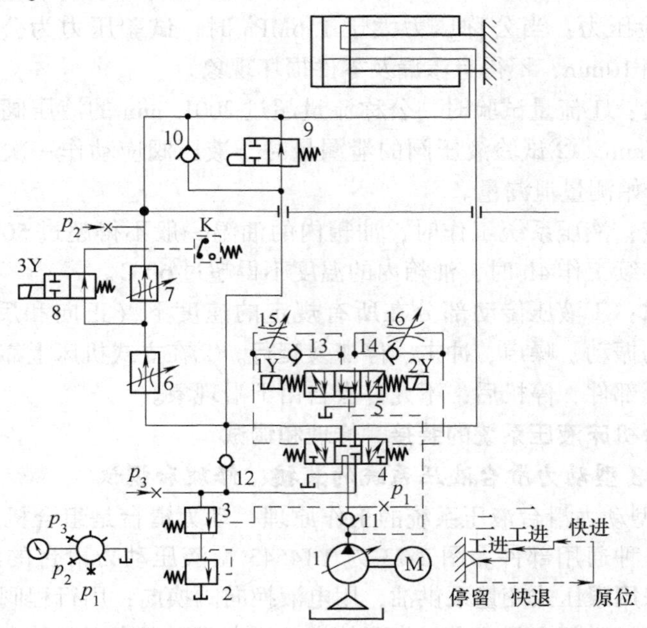

图 2-73　YT4543 型液压动力滑台的液压系统原理图

1—变量泵　2—背压阀　3—顺序阀　4—液动换向阀　5—电磁换向阀　6、7—调速阀　8—二位二通电磁阀　9—行程阀　10、11、12、13、14—单向阀　15、16—节流阀

5）快速退回。滑台碰上死挡块时，液压泵还在继续供油，因此系统压力进一步升高。当液压缸左腔压力升高到某定值时，压力继电器 K 发出信号，通过时间继电器使电磁铁 1Y 断电、2Y 通电，电磁阀 5 和液动阀 4 换向，它们的右位接入系统，压力油经单向阀 11、换向阀 4 进入液压缸右腔，而左腔的油则经单向阀 10、换向阀 4 排回油箱，液压缸快速后退。由于快退时滑台负载小，系统压力较低，变量泵的流量又自动增大，满足了滑台快退的需要。

6）原位停止。当滑台快速退回到原位时，电挡块压下终点行程开关，发出信号，使电磁铁 1Y、2Y、3Y 断电，换向阀 4 处于中位，液压缸两腔油路封闭，滑台停止运动。这时液压泵输出油途经单向阀 11、换向阀 4 排回油箱，在低压下卸荷（维持一个很低的压力是为了下次启动时能操纵液动换向阀 4）。

2. 液压回转工作台液压系统的装接、修理和调试

液压回转工作台的工作原理如下：

1）原位停止。各电磁铁均不通电，各阀所处状态如图 2-74 所示，泵 1 输出压力油经换向阀 6 进入回转台夹紧液压缸的无杆腔，通过杠杆将转盘夹紧。此时离合器结合，锁紧销锁紧。

2）转盘抬起。电磁铁1Y瞬时通电，换向阀6的左位接入系统。油泵来油经阀6进入转台夹紧液压缸的有杆腔，通过杠杆将转盘抬起，同时压力油也进入锁紧液压缸将锁紧销拔出。

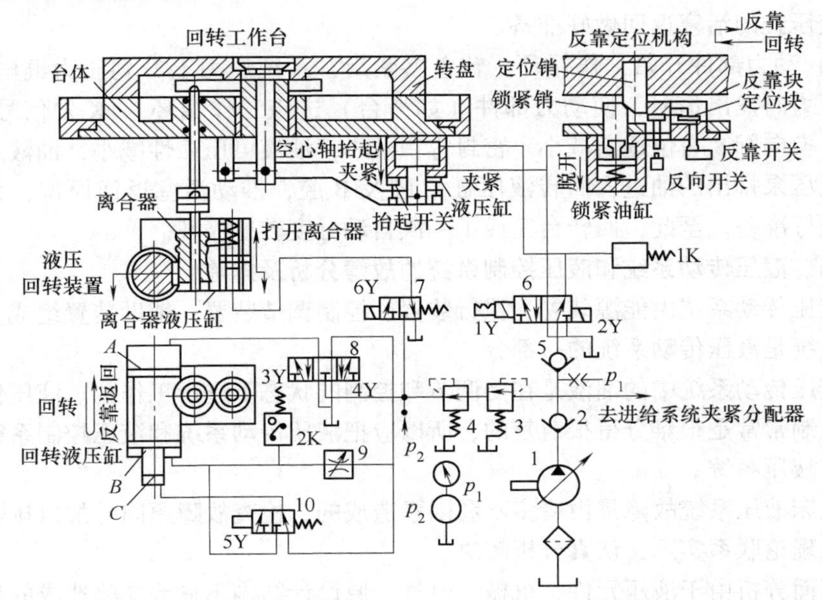

图2-74　液压回转工作台结构示意及液压系统原理图

1—泵　2、5—分配器　3—顺序阀　4—减压阀　6、7、8、10—换向阀　9—节流阀

3）转盘转位。转盘抬起时，压下抬起开关发出信号，3Y通电，阀8左位接入系统。液压泵来油经顺序阀3、减压阀4、换向阀8进入回转液压缸A腔，推动齿条活塞移动，通过齿条、齿轮、离合器、传动轴的大小齿轮使转盘转位。回转液压缸B腔和C腔回油，先经换向阀10再经阀8左位流回油箱，当活塞移动一段距离后，活塞头部的小圆柱体插入C腔，这时B腔回油只能通过节流阀9、阀8流回油箱，所以转盘转动是先快后慢，以减少冲击。

4）转盘反靠定位。转盘转过一定角度以后，压下并越过反靠块，使反向开关发出信号，于是电磁铁3Y断电，4Y、5Y通电，阀8的右位接入系统，液压泵排出的油经阀3、4、8和节流阀9进入缸B及C腔，使转盘慢速反向转动，直至定位销靠在反靠块上，反靠块又靠在定位块上为止。

5）转盘下落夹紧。转盘反靠定位终了时，通过杠杆压下反靠开关，同时系统压力升高使压力继电器2K发出信号，使2Y瞬时通电，阀6右位接入系统，液压泵排油经阀6进入夹紧缸无杆腔，转盘落下夹紧。此时，锁紧液压缸进油腔与油箱接通，锁紧销在弹簧力的作用下将转盘锁紧。

当压力油进入夹紧液压缸无杆腔推动活塞开始下移时，放开了抬起开关，发出信号，使4Y和5Y断电，6Y通电，阀8处于中位，阀10右位接入系统，阀7左位接入系统，液压泵来油经阀3、4、7进入离合器液压缸，将离合器打开，为回转液压缸的活塞返回做好准备。

6）动力部件开始工作循环。转盘夹紧后，系统压力上升到压力继电器1K预调压力时发出信号，使动力部件（如滑台）进入工作循环。1K发信号使4Y通电，换向阀8右位逐渐减小。密封容积减小，油液可压缩性减小，油液进入系统。液压泵排出的油进入回转液压缸C腔及B腔，推动活塞返回原位，为下次转位做好准备。至此，回转台完成了一次自动分度转位循环。

四、液压传动系统和液压控制系统的故障分析及排除

液压传动系统由能源装置、执行装置、控制调节装置、辅助装置组成。液压控制系统是液压传动系统的一部分。

液压传动系统中的油液是在受调节和控制的状态下进行工作的。液压传动和液压控制常常是很难分得很清楚的，所以应把液压传动系统和液压控制系统统称为机床液压系统。

机床液压系统故障是由诸多不利因素造成的，检查故障原因并加以排除，需要我们理论联系实际，认真分析解决。

下面分析由于液压元件、机械、电气、原设计结构不良等缺陷造成的机床液压系统故障的原因和排除方法。

1. 由于液压泵、液压马达的缺陷造成的液压系统故障及其排除方法

（1）由齿轮泵缺陷造成的液压系统故障及其排除方法

1）产生噪声。①由齿轮泵的困油现象造成。在某一周期时间内，有两对齿轮同时啮合，齿间的油液被围困在两对轮齿所形成的封闭空腔之间，如图2-75所示。封闭容积由于齿轮的转动逐渐减小，而压力逐渐增大，并向压力较低的部位释放，故造成油液发热。密封容积增大会造成局部真空，使油液中溶解的气体分离出来，造成油液汽化，加剧流量不稳定。不论是密封容积减小或增大都会产生剧烈噪声，这就是齿轮泵的困油现象。**排除方法**是在两侧盖板上开出卸荷槽（图2-75中的虚线部位），使封闭容积缩小时通过左边的卸荷槽与压油腔相通（图2-75a），容积增大时通过右边卸荷槽与吸油腔相通（图2-75c）。拆卸齿轮泵时应仔细检查卸荷槽尺寸是否和原设计相符，如有误差应按图样修正。②其他原因：a. 齿轮泵一对齿轮齿形精度不良，齿面粗糙度不符合要求，周节误差较大，长、短轴平行度超差，齿侧间隙过小，两齿啮合位置不对。b. 密封性较差有漏气现象。c. 油液中混入空气，液压泵进油区油压较低，溶解在油液中的空气析出形成空穴现象。d. 泵内某些零件损坏或装配精度丧失引起机械振动，旋转件

如滚针、滚动轴承等不平衡。**排除方法**见［操作实习 3-1］的内容。

2）出现爬行。①齿轮泵内部零件磨损严重，间隙过大，引起输油量和压力不足或波动严重而产生爬行。②进油管混入空气。**排除方法**见［操作实习 3-1］的内容。

3）液压系统压力不高或没有压力。齿轮泵轴向间隙和径向间隙过大，泵体高、低压油互通，泵各连接处不严密，空气混入使得液压系统压力不高或没有压力。**排除方法**见［操作实习 3-1］的内容。

4）运动部件速度达不到或不运动。泵损坏，或者严重磨损，使得轴向和径向间隙过大，导致泵的供油量不足和压力提不高，从而使运动部件速度低。**排除方法**见［操作实习 3-1］的内容。

（2）叶片泵、柱塞泵、螺杆泵、液压马达的缺陷、原因及其排除方法

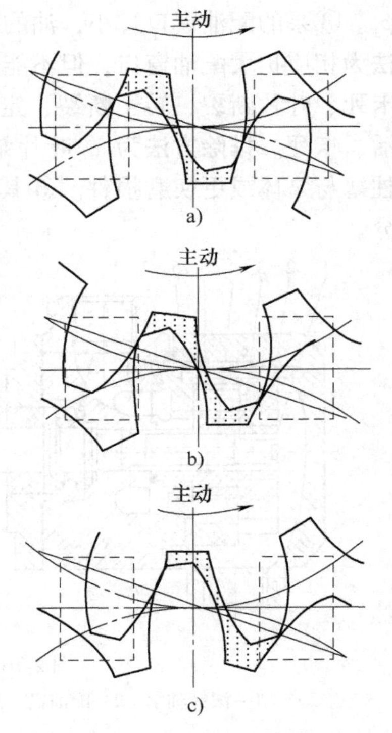

图 2-75　齿轮泵的困油现象
a）左卸荷槽与压油腔相通　b）过渡位置　c）右卸荷槽与吸油腔相通

1）产生噪声。①液压泵流量脉动的存在。从理论上讲齿轮泵、叶片泵、柱塞泵都存在着流量脉动。所谓流量脉动，就是液压泵输出的流量不均匀，有周期性变化，从而造成了压力脉动并产生噪声。从理论上讲螺杆泵是不应有流量脉动存在的，但由于泵内泄漏，工作腔接通压油口时压力骤变，引起油液压缩，所以在不同程度上仍有微量脉动，产生噪声。**排除方法**：修复造成轴向、径向间隙过大的零件，避免高压腔周期地向低压腔泄漏。②液压泵、液压马达困油现象的存在。a. 叶片泵的困油现象：以定量叶片泵为例分析困油现象发生的原因，两叶片、定子、转子和两侧配油盘所包围的容积，在通过定子长、短半径的封油口时，理论上讲是不会有困油现象发生的，但由于加工定子的圆弧曲线、中心角形位达不到精度要求，所以仍出现较轻的困油现象，产生噪声。**排除方法**如图 2-76 所示，图中的 a 是为解决油腔压力骤变，使流量脉动和噪声下降而增开的一个三角形截面的三角槽。三角槽的位置在配油盘压油窗口，在叶片从封油区进入压油区的一边。b. 柱塞泵或液压马达的困油现象如图 2-77 所示，工作油腔从低压区运动到高压区时，液压缸工作腔在高压范围内还在进油，但已与进油区断开，因此真空度增大。而在低压范围内转动压油时，腔内压力低于进油区油压（压力比大气压还低），又与压油腔相通时，油压变化剧烈，从高压到低压窗口

则产生反流现象。**排除方法**为在配油盘开三角槽或调整配油窗口角度，使 $\varphi_2 > \varphi_1$。③泵的配油窗口过小，油的流速较高，产生紊流及涡流并引起噪声。**排除方法**为相应扩大配油窗口，但不能过大。④叶片泵的叶片在转子槽中运动不灵活、卡死、叶片断裂、转子断裂、定子内表面曲线磨损；柱塞泵中的柱塞运动不灵活、卡死。**排除方法**为 a. 叶片泵的修复见［操作实习 3-2］中的内容。b. 修复柱塞与泵体或更换磨损件。⑤其他引起噪声的原因见齿轮泵产生噪声的有关部分。

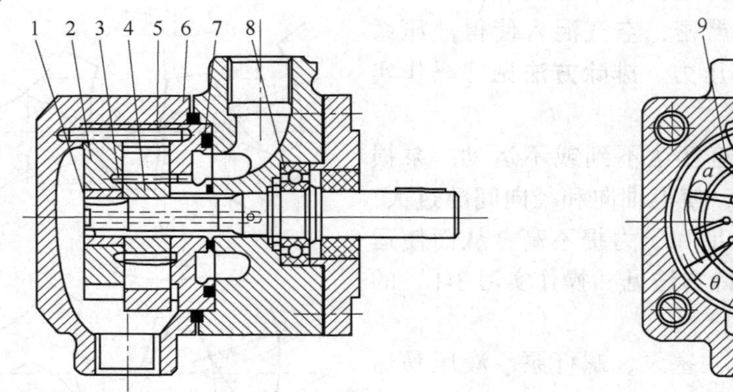

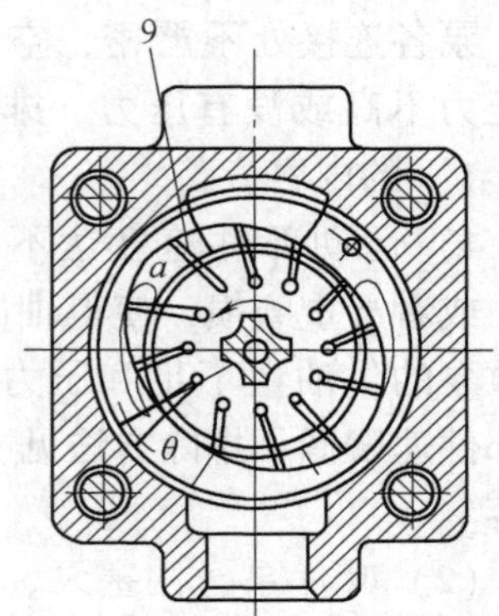

图 2-76　定量叶片泵的困油现象

1—滚针轴承　2—配油盘　3—轴　4—转子　5—定子　6—泵体　7—配油盘　8—轴承　9—叶片

2）产生爬行。由于泵内零件磨损、间隙过大，引起输油量和压力不足或波动严重而产生爬行。**排除方法**：修复或更换磨损件。

3）液压系统压力提不高或建立不起压力。①轴向和径向间隙过大。②高、低压油互通。③进、出油口接反。④密封不严。⑤叶片在叶片槽中卡死，叶片与转子装反，叶片与定子内环曲线表面接触不好，配油盘与壳体接触不好。⑥柱塞卡死等。**排除方法**为叶片泵见操作［操作实习 3-2］的内容；柱塞泵修复是更换柱塞与泵体，当存在严重缺陷时报废泵体。

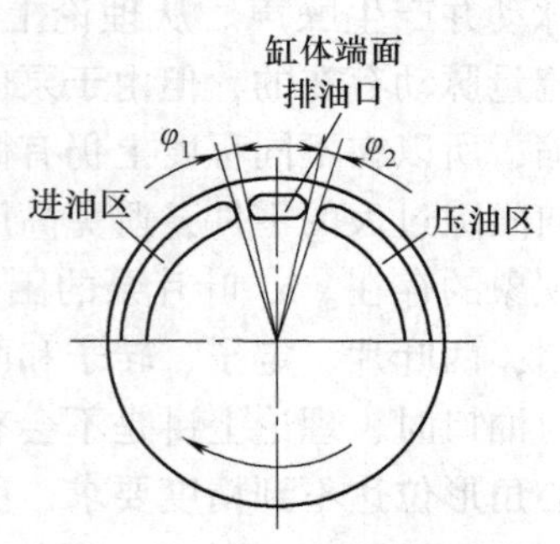

图 2-77　轴向柱塞泵配油盘

4）运动部件速度达不到或不运动。泵损坏或有显著磨损，轴向和径向间隙太大时均使泵输油量不足。**排除方法**为修复或更换磨损件。

2. 由于液压缸的缺陷或液压系统的故障及其排除方法

（1）产生爬行和噪声

1）空气混入液压系统。**排除方法**为排除液压系统中混入的空气，增设排气装置。

2）橡胶密封件密封性差、液压缸两端活塞杆处密封不良造成外泄漏。**排除方法**为调整密封装置或更换密封圈。

3）液压缸中心线与导轨不平行，活塞杆弯曲，缸的内孔严重磨损，制造精度低，两端密封圈过紧。**排除方法**为提高液压缸与导轨安装精度。

（2）油温过高　安装精度不良，液压缸上、侧母线与两导轨不平行。**排除方法**为液压缸安装时应以两导轨为基准测量液压缸和侧母线的安装精度。

（3）产生液压冲击

1）外圆磨床砂轮架前引或后退时的冲击，主要是由于快速进退液压阀中的钢球与阀座封油不良，端盖处的纸垫冲破，活塞与缸体孔配合间隙过大等因素引起。**排除方法**为调换钢球，研磨阀座，更换纸垫，旋紧锁紧螺母，重调活塞间隙（0.02～0.03mm）。

2）内圆磨床工作台换向缓冲装置失灵。如图2-78所示，缓冲装置设置在工作液压缸的一端，当工作台移动到端点时，其活塞上的一端进入端盖孔里，使端盖内的油液经过节流槽回油池，工作台逐渐制动。但当活塞外圆与端盖内孔严重磨损而配合间隙过大后，三角缓冲槽不起作用而产生液压冲击。**排除方法**为根据端盖内孔尺寸的间隙重做活塞。

3）组合机床液压缸缓冲装置失灵。如图2-79所示，当活塞移动到行程终点时，与端盖内孔密合（其配合间隙较小），使活塞端的油液经端盖小孔回去。并在小孔的通道上设置可调节的节流螺钉，调整节流螺钉可控制活塞制动的速度。当节流螺钉松动或节流调节不当，或是活塞外圆与端盖内孔磨损严重，间隙过大时，产生液压冲击。**排除方法**为重做活塞，根据端盖内孔尺寸配合间隙调整节流螺钉。

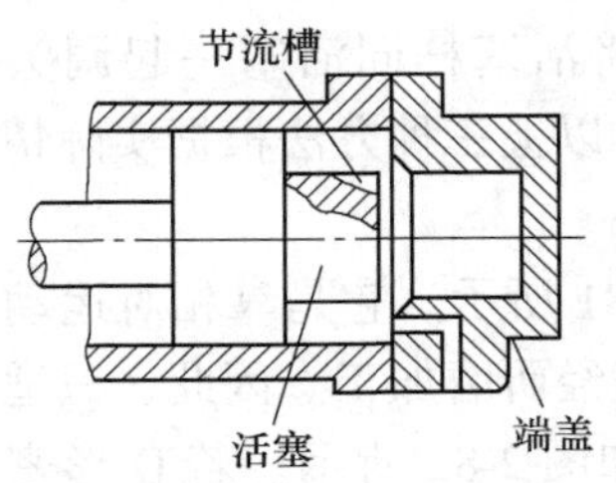

图2-78　内圆磨床工作台换向缓冲装置结构

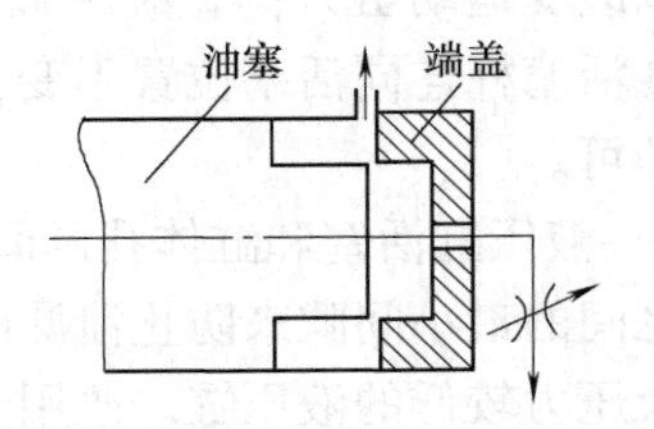

图2-79　组合机床液压缸缓冲装置

4）液压缸两端没有缓冲装置。如立式动力头及油压床没有平衡重块或背压阀，当动力头、拖板快速下降时，产生重力加速度运动，有冲击。**排除方法**为增设平衡锤或背压阀。

5）液压缸活塞杆两端的连接螺母松动。**排除方法**为适当旋紧连接螺母。

6）一般液压缸在两端或一端设有缓冲装置，使液压缸在全行程工作时能平滑停止，但当活塞在行程中途或反转时，运动部件的动能会引起激烈的冲撞。**排除方法**如图 2-80 所示，在液压缸进、出口处设置反应快、灵敏度高的小型溢流阀或顺序阀，以消除冲击。此阀的工作压力需超过工作压力的 5% ~10%。

(4) 工作循环不能实现　原因是液压缸装配精度不符合技术要求，安装精度不良。**排除方法**为校正液压缸装配及安装精度。

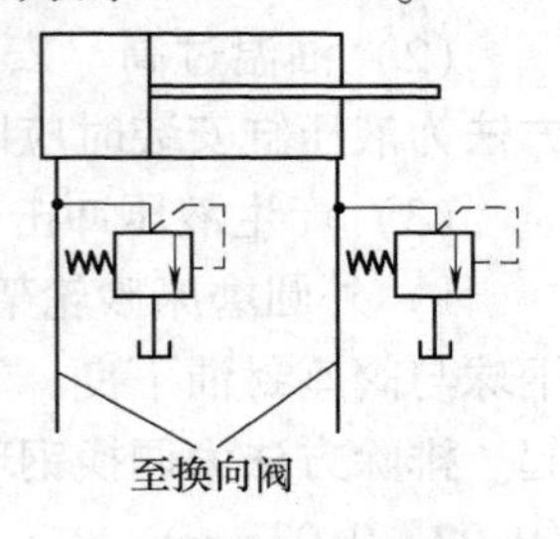

图 2-80　增设溢流阀或顺序阀示意图

(5) 运动部件速度达不到或不运动

1）液压缸活塞与缸体孔磨损后配合间隙过大，使进、回油互通。**排除方法**为重做活塞，根据缸体孔径尺寸重新调整配合间隙或更换密封件。

2）液压缸装配、安装精度超差。**排除方法**为校正液压缸装配和安装精度。

(6) 产生同速换向精度差　原因是液压缸活塞杆两端螺母松动。**排除方法**为适当旋紧液压缸活塞杆两端螺母。

(7) 产生异速换向精度差　原因是液压缸两端封油圈压得过紧；液压缸活塞杆的螺母旋得太紧，造成活塞杆弯曲。**排除方法**为适当放松液压缸两端封油圈的压盖（一般手动拧紧即可），适当放松活塞杆的螺母，使之在自然状态下工作。

(8) 产生运动部件往复速度误差大

1）液压缸两端泄漏不等。**排除方法**为调整两端密封圈，使之松紧相同。

2）液压缸活塞杆两端弯曲不同。**排除方法**为①调节液压缸两端密封圈的压盖，以改变运动阻力；②液压缸体位置不变，将活塞杆同活塞一起调头装入缸体；③活塞杆连同活塞位置不变，将缸体调头。以上三种方法根据实际情况任选一种即可。

3）液压缸活塞和缸体孔的间隙密封如图 2-81 所示。它是靠相对运动零件配合面之间的最小间隙来防止泄漏的，而配合面需经研磨加工。因此，只适合直径较小及压力较低的液压缸。改用 O 形密封圈，如图 2-82 所示。若 O 形密封圈选配不当，即安放 O 形密封圈的槽宽尺寸大和槽深尺寸小，在运动部件往复运动时，O 形密封圈在槽内会翻来翻去，如图 2-83 所示，产生摩擦阻力，使往复速度误差大，严重时使运动部件不运动。**排除方法**为活塞上安放 O 形密封圈的沟槽尺寸应根据图 2-84 所示配合要求加工，当活塞装入液压缸体孔时，拉动活塞杆应轻松。

4）液压缸排气装置的两端排气管孔径不等。液压缸工作时，在排气的同时，部分压力油流入油箱，而两端排油量不等，造成往复运动误差大。**排除方法**为更换排气管，使液压缸两端的排气管开口相同，或用工具将两根排气管压扁，逐步调整开口的大小，直至往复运动时近于相等。

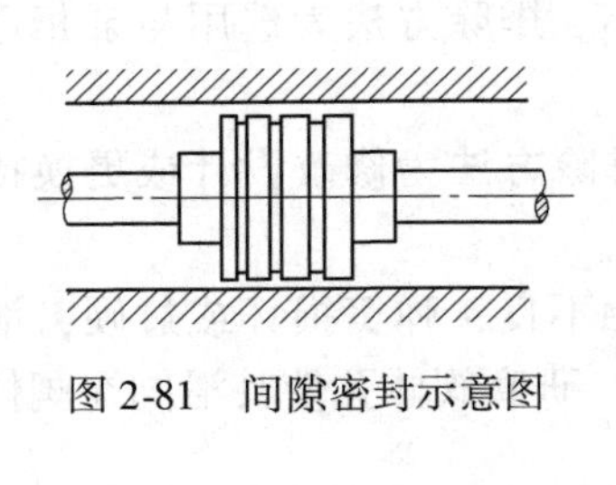

图 2-81　间隙密封示意图

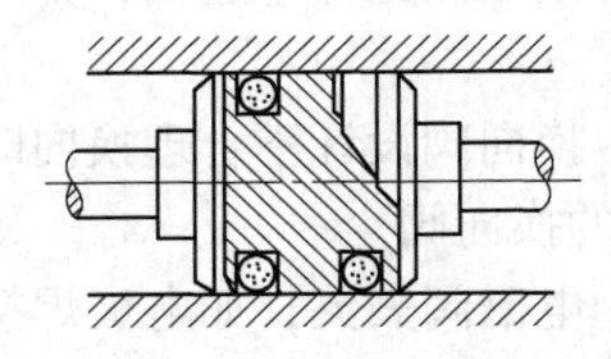

图 2-82　O 型密封安装示意图

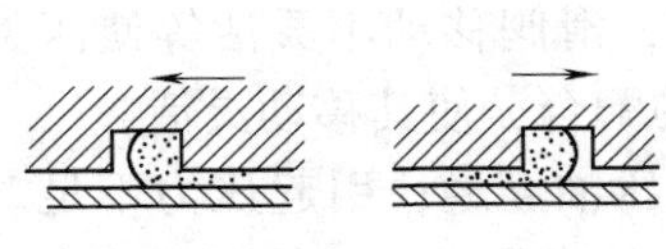
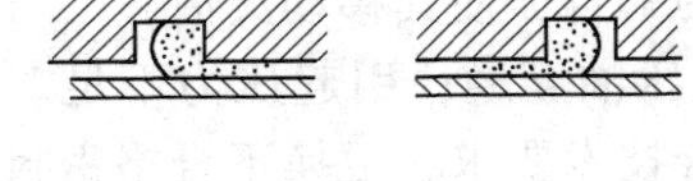

图 2-83　O 形密封圈不良状态示意图

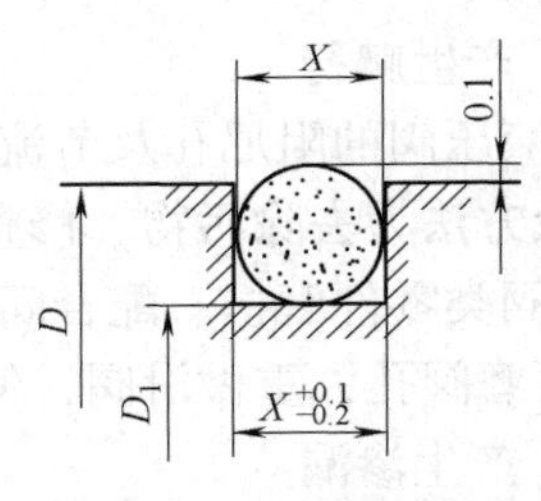

图 2-84　O 形密封圈沟槽尺寸的配合要求

5）放气阀间隙大且漏油，而液压缸两端泄漏油量不等。**排除方法**为更换阀芯，其间隙根据阀体孔重配，或更换 O 形密封圈。

6）放气阀在运动部件移动时没有关闭。**排除方法**为放完空气时将放气阀关闭。

(9) 尾架液压动作失灵　尾架液压缸活塞被卡住，活塞上的 O 形密封圈增加移动阻力，均会导致尾架液压动作失灵。**排除方法**为研磨活塞外圆，使之在缸孔内移动灵活。也可以取消活塞上的两只 O 形密封圈，但要求不漏油。

3. 由于液压阀的缺陷造成的液压系统故障及其排除方法

(1) 产生噪声　主要是液压阀失灵所至，具体原因分析如下。

1）调压弹簧变形、弯曲、折断或达不到原设计要求。**排除方法**为更换弹簧。

2）阀座损坏、密封不良。**排除方法**为修研阀座，更换钢球或修磨锥阀。

3）阻尼孔被污物堵塞。**排除方法**为清除污物，疏通阻尼孔。

4）阀芯与阀体孔配合间隙超差，高、低压油互通。**排除方法**为更换阀芯，研磨阀体孔，重配间隙。

5）磨损阀芯在阀体孔内移动不灵活。**排除方法**为磨损较轻时修整阀芯和阀体孔继续使用，磨损严重时更换阀芯，并研磨阀体孔，重配间隙。

6）液压阀中特别是节流阀，其节流开口小，流速高，容易产生涡流，发出噪声。同时，流速高而背压低时，会形成局部真空，溶解在油中的空气会被分解出来，产生空穴现象引起噪声。**排除方法**为减小进、出油口压差。

7）液压阀选择不适当，如流量过大或过小。**排除方法**为选用与泵相适应的液压阀。

8）换向阀设计不合理换向时引起冲击。**排除方法**为修改设计或更换接近技术要求的换向阀。

9）电磁阀失灵，如电极焊接不好致使接触不良，弹簧损坏或过硬，滑阀在孔中卡住等。**排除方法**为重新焊接，更换弹簧，研磨阀体孔使其滑阀在阀体孔内移动灵活。

（2）产生爬行

1）液压阀的阻尼孔及节流开口被污物堵塞，滑阀移动不灵活等使压力不稳定。**排除方法**为去除污物，修整滑阀与阀体孔的配合，使其移动灵活。

2）阀类零件磨损、配合间隙过大，高、低压油互通，引起压力不足。**排除方法**为研磨阀孔，重做滑阀，使其配合间隙符合技术要求，更换不合格密封件。

（3）产生渗漏

1）液压阀中滑阀与阀体孔同轴度不良。**排除方法**为修整同轴度至符合技术要求。

2）单向阀中钢球不圆或缺口、开裂，阀座损坏，以致密封性能不好。**排除方法**为更换钢球，修整锥阀，研磨阀座。

（4）油温过高　液压阀规格选择较小，造成能量损失过大，使系统发热。**排除方法**为应根据系统的工作压力和通过阀的最大流量来选取其规格。

（5）产生液压冲击

1）换向阀快速移动，使液流通过的截面发生突然改变，引起工作机构速度突变。**排除方法**为改进换向阀进、回油控制边的结构，使换向阀换向时，液流逐渐改变，可使换向时液压冲击减少或消除。换向阀进、回油控制边锥角一般取1.5°~4°，锥长视密封长度而定，或者在换向阀上开轴向三角缓冲槽，如图2-85所示。

2）先导阀或换向阀的制动锥角太大，致使换向时的液流速度剧烈变化而引起液压冲击。**排除方法**为重加工先导阀或换向阀，其他尺寸不变，按图2-86适当减小先导阀或换向阀的制动锥角 α 或增加制动锥长度 L。

3）磨床液压操纵箱采用单向节流阀的节流缓冲装置。当换向阀两端的节流阀与圆孔不同轴时，节流阀调整不当，单向阀的钢球与阀座密合不好，换向阀两端处纸垫被冲破等，都会产生工作台换向时的冲击现象。平面磨床因工作台换向快，如换向阀两端的节流缓冲失灵，更容易引起剧烈的液压冲击。**排除方法**为将换向阀两端的节流阀顺时针方向旋进，适当增加缓冲阻尼。若仍不起作用，可检查单向阀密封圈是否损坏等。

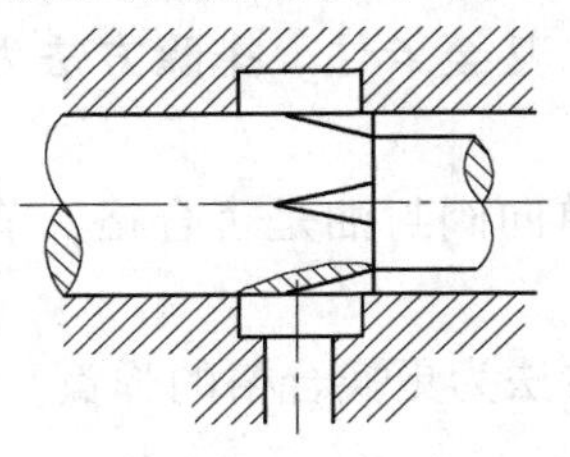

图 2-85　缓冲三角槽开设位置示意图

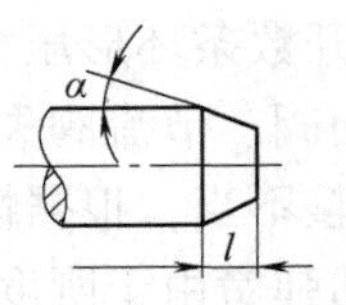

图 2-86　先导阀制动锥角示意图

4）图 2-87 所示为电动换向系统。由于电磁阀动作快，不仅产生换向冲击，而且换向频率高，寿命短，易发生故障。**排除方法**为采用机动换向，可减少或消除换向液压冲击，如图 2-88 所示。

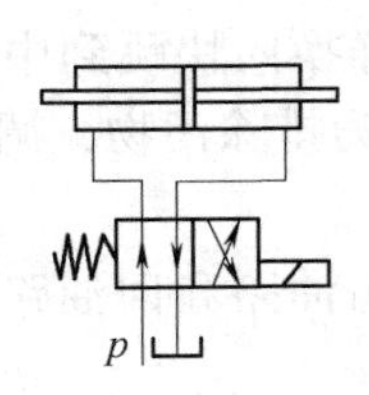

图 2-87　电动换向系统图

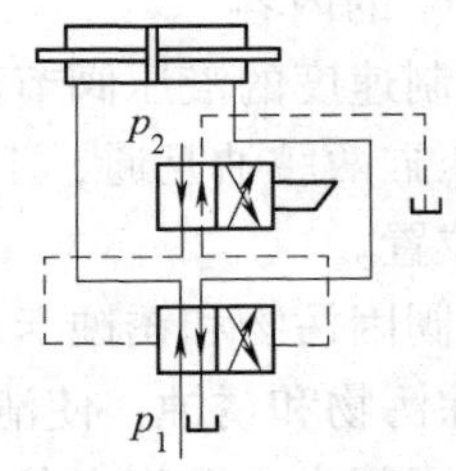

图 2-88　机动换向系统图

5）背压阀压力调节不当或存在故障。**排除方法**为提高背压阀压力，根据具体情况排除背压阀的故障。

6）压力阀因发生故障致使压力突然升高。**排除方法**见［操作实习 3-3］的内容。

（6）系统压力提不高或建立不起压力

1）压力阀的滑阀或其辅助球阀（或锥阀）因有污物或锈蚀而卡死在开口位置，致使泵压出的油液在低压下经压力阀回油池。**排除方法**为去除阀内污物，修整锈蚀部件，使滑阀在阀体孔中移动灵活。

2）压力阀弹簧断裂。**排除方法**为更换弹簧。

3）压力阀阻尼孔被污物堵塞。**排除方法**为清除污物疏通阻尼孔。

4）压力阀进、出口装反。**排除方法**为调整接口位置。

（7）工作循环不能正确实现

1）电磁阀失灵。**排除方法**为修复电磁阀。

2）滑阀在阀体孔中移动不灵活，或卡住。**排除方法**为研配间隙。

3）滑阀与阀体孔的配合间隙过大，高、低压油互通。**排除方法**为重做滑阀和阀体孔，重配间隙。

4）滑阀受单向液压力作用使滑阀局部变形，甚至卡住。**排除方法**为在滑阀外圆表面上开数条环形压力平衡槽。

5）单向阀、节流阀失灵。**排除方法**为检查单向阀封油是否合格，节流阀是否堵塞或调整不当，根据情况予以修复。

6）阀的弹簧由于刚度不够不能复位。**排除方法**为更换合格的弹簧。

（8）运动部件速度达不到或不运动

1）液压操纵箱的纸垫冲破，滑阀与阀体孔配合间隙过大等引起内外泄漏过多。**排除方法**为更换纸垫和重做滑阀配合间隙。

2）压力阀弹簧损坏、滑阀与阀体中的阻尼孔堵塞等，致使阀口保持较大的开启状态，泵输出的油与溢流阀回油短接，所以压力提不高。**排除方法**见［操作实习3-4］的内容

3）控制速度的液压阀节流开口被污物堵塞，这样换向快跳到中位后就无法移动，液压缸两腔油互通，工作台不运动。**排除方法**为排除污物，调整节流阀开口至合理位置。

4）滑阀因污物和锈蚀卡在出口连接位置，使压力油路和回油路连通。**排除方法**为清除污物和锈蚀，使滑阀移动灵活。

5）互通阀中，滑阀卡住或滑阀不能截断两端油路，而使液压缸两端互通。**排除方法**为修复互通阀使滑阀移动灵活，检查复位弹簧是否合格。

（9）同速换向精度差

1）渗有空气的油液进入先导阀或换向阀产生止动剧烈，使工作台到达换向位置时，急速倒回一段距离，然后才换向。**排除方法**为排除系统中的空气。

2）先导阀控制主、辅助油路的控制尺寸处理不当。**排除方法**为重做新先导阀，逐步试验确定控制尺寸。

3）减压阀调整不当，使推动换向阀移动的控制油路压力过低。**排除方法**为调整减压阀，提高控制油路压力。

4）先导阀制动锥度与外圆相交线由于加工锥度时因两中心孔不准或直线性误差而出现波浪形式，装先导阀的阀体孔内沉割槽呈波浪形（行程制动操纵箱的工作台换向止动点决定于先导阀在阀体孔内止动时的距离）。这样，当先导阀移动时，使先导阀制动位置变动，如图2-89所示，因此，工作台在每次换向时换向点不同。**排除方法**为使先导阀在一个固定方向移动。

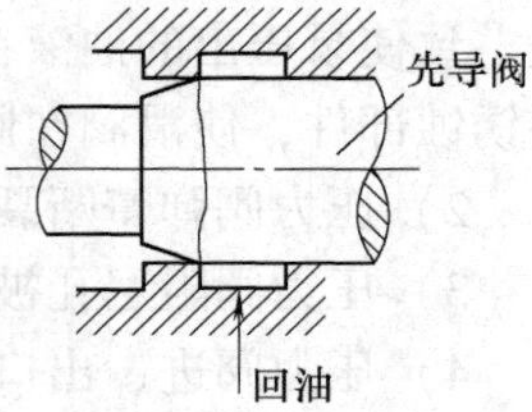

图2-89　先导阀位置变动示意图

但先导阀还可做小角度转动，如改进为图 2-90 所示的结构，基本上可使先导阀固定只做直线运动。

（10）产生异速换向精度差

1）阀与阀体孔的配合间隙过大。**排除方法**为研磨阀孔，更换先导阀，使其间隙在 0.008 ~ 0.015mm 之间。

2）换向阀的移动速度受节流阀的控制，若节流口处堆积污物，会影响节流量的均匀性及压力变化。**排除方法**为去除污物。

3）减压阀压力波动。**排除方法**为排除故障，波动值控制在 0.1MPa 范围内。

4）先导阀主、辅助油路的控制尺寸太长。**排除方法**为更换先导阀，其他尺寸不变；将控制主、辅助油路的尺寸缩短。

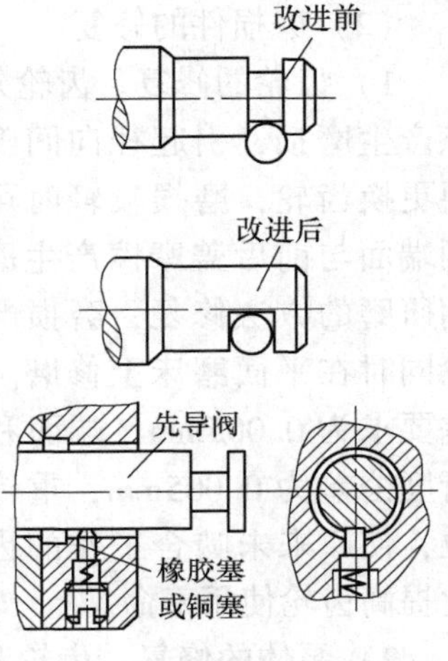

图 2-90　先导阀结构图

（11）换向时出现死点

1）从减压阀输出的辅助压力油压力太低，不能推动换向阀工作。**排除方法**为检查减压阀内部泄漏原因，提高油压。

2）换向阀两端节流阀调节不当，使回油阻尼太大或回油封闭，而停留的阀位于最大停留位置。**排除方法**为调整节流阀停留位置，以减小辅助回油的阻尼。

【操作实习 3-1】　CA6140 型普通车床变速操纵机构的装配、修理和调整

实习要求

掌握 CA6140 型普通车床变速机构的装配、修理和调整的方法，装配、修理和调整后使其符合技术要求。

实习内容

1）CA6140 型普通车床变速机构的装配和修理。

修理时，注意滑块、滚子、拨叉是否磨损，如磨损严重，予以更换。

2）CA6140 型普通车床变速机构的调整。

检查各变速手柄与标牌指示是否相符，特别要注意检查滑动齿轮的拨叉，不要由于拨叉上的齿轮错过一齿，而使操纵混乱。

【操作实习 3-2】　CB-B 型外啮合齿轮泵的修理

实习要求

掌握 CB-B 型外啮合齿轮泵的修理方法，修理后使其符合技术要求。

实习内容

CB-B 型外啮合齿轮泵的结构如图 2-91 所示。

（1）磨损　通过拆卸检查发现齿轮有磨损。前后盖、泵体、长短轴、其他件也有磨损（如密封圈等）。

（2）磨损件的修复

1）齿轮的修复。齿轮外圆与泵体内孔摩擦产生磨损，引起径向间隙过大，严重磨损要更换齿轮，磨损较轻时可继续使用。齿轮两端面与前后盖摩擦产生磨损，磨损较轻时用研磨的方法修复，磨损严重时可将两只齿轮同时在平面磨床上修磨。两只齿轮的厚度差要求为0.005mm，端面和孔的垂直度及平行度公差为0.005mm，重新调换齿轮啮合方位，使原来未啮合工作的齿形表面啮合，以此提高齿轮使用寿命。

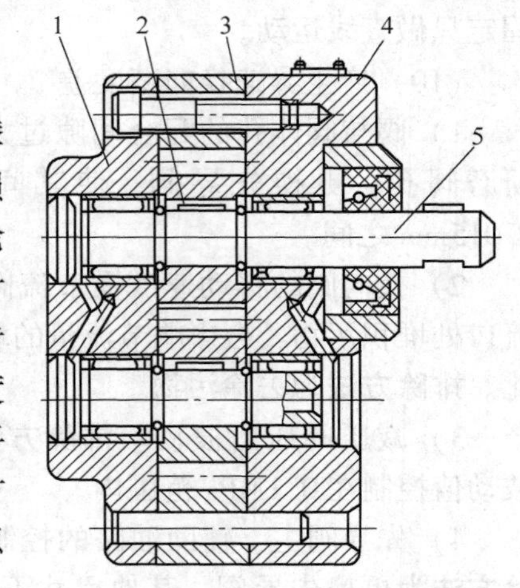

图2-91　CB-B型外啮合齿轮泵结构
1—后盖　2—平键　3—泵体
4—前盖　5—长轴

2）泵体的修复。齿轮和泵体摩擦产生磨损，磨损较轻和刮伤时可修整缺陷继续使用，磨损严重时要更换泵体。泵体精度要求如图2-92所示。齿轮两端面因磨损而修磨时，其磨削量由齿轮与泵体厚度实际尺寸之差来确定。

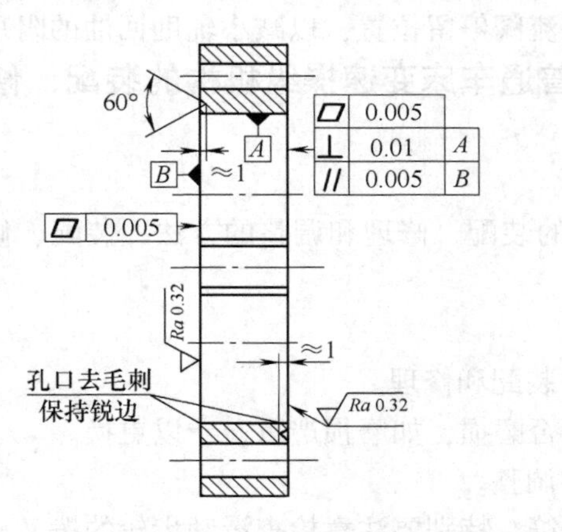

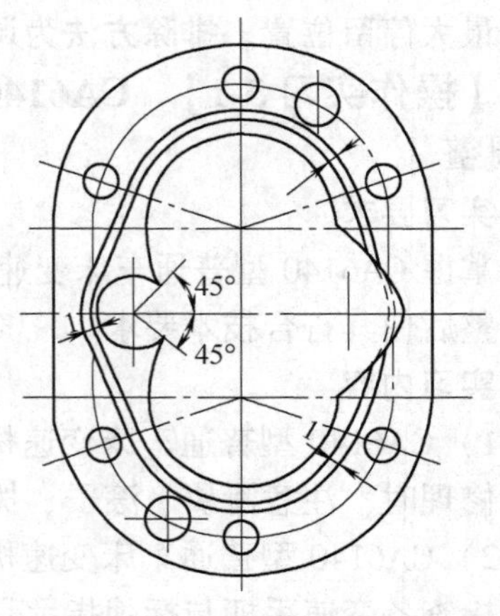

图2-92　CB-B型泵体主要精度要求

3）长、短轴的修复。长、短轴与滚针接触处有磨损，磨损较轻时修整继续使用，磨损严重时需要更换。

长轴与骨架式密封圈接触处磨损。检查密封圈完好程度，然后决定是否更换。

（3）性能测试

在保证齿轮泵轴向间隙与径向间隙（表2-3）的同时，在液压试验台或机床液压系统中进行性能测试。

表2-3　CB-B型齿轮泵轴向、径向间隙

型号	轴向间隙	径向间隙	型号	轴向间隙	径向间隙
CB-B2.5	0.02～0.04	0.10～0.14	CB-B32	0.03～0.04	0.13～0.16
CB-B4	0.02～0.04	0.10～0.14	B-B40	0.03～0.04	0.13～0.16
CB-B6	0.025～0.04	0.13～0.16	CB-B50	0.03～0.04	0.13～0.16
CB-B10	0.025～0.04	0.13～0.167	CB-B63	0.03～0.04	0.13～0.16
CB-B16	0.03～0.04	0.13～0.16	CB-B80	0.03～0.04	0.14～0.19
CB-B20	0.03～0.04	0.13～0.16	CB-B100	0.03～0.04	0.15～0.20
CB-B25	0.03～0.04	0.13～0.16	CB-B125	0.03～0.04	0.21～0.26

【操作实习3-3】　双活塞杆液压缸的修理

实习要求

掌握双活塞杆液压缸的修理方法，修理后使其符合技术要求。

实习内容

双活塞杆液压缸的结构如图2-93所示。双活塞杆液压缸需要修复的零件有活塞杆、活塞、缸体、密封圈。

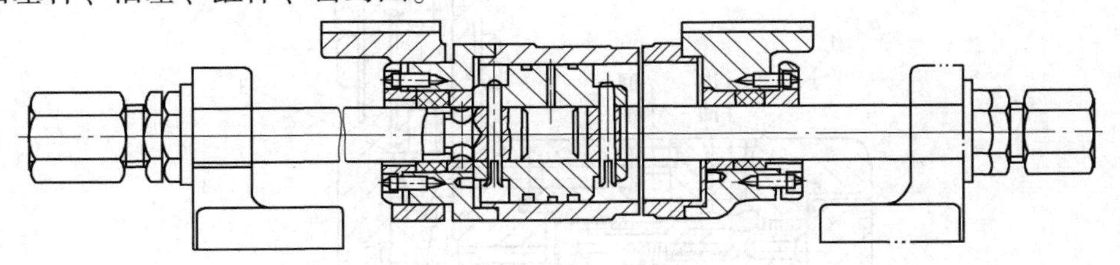

图2-93　双活塞杆液压缸

（1）活塞杆的修复　分别检查活塞杆各部位同轴度、活塞外圆与内孔的同轴度。将活塞杆与活塞装配在一起，同轴度公差一般要求为0.04mm；活塞杆的直线度公差为0.1mm/1000mm。如还不能达到技术要求需要更换活塞杆。

（2）活塞的修复　活塞是磨损较严重的零件，拆卸后根据零件图的技术要求，检查活塞的各项精度。磨损严重时应更换，磨损较轻时根据具体情况采取相应措施修复。

（3）缸体的修复　缸体的主要缺陷有缸体内孔腐蚀、拉毛或不圆，修复方法是用目视检查腐蚀、拉毛等内孔表面缺陷，用内径千分表或其他测量仪器检查

缸体圆度误差。如超差可用相应机床对缸体进行镗磨，消除圆度误差及内孔其他缺陷。

若磨损不太严重而缸体长度较短，可采用手工研磨的方法消除缸体圆度误差。要求研磨棒的精度不低于缸体配合件的精度。研磨棒的长度应大于被研缸体长度300mm以上。粗研时采用300号金刚砂，精研时采用800号~1200号金刚砂。粗研时可以用手动研磨棒，精研时固定研磨棒，操纵缸体做往复移动和转动。缸体修复后的圆度公差为0.01~0.02mm，直线度公差为0.01mm/100mm，表面粗糙度 *Ra* 为0.16μm，由于修复后缸体内孔增大，需重配与活塞的间隙。

（4）密封圈的修复　检查密封圈是否丧失弹性，是否老化变质和产生泄漏，如有上述缺陷应予以更换。

【操作实习3-4】 Y_1 型中压溢流阀的修理

实习要求

掌握 Y_1 型中压溢流阀的修理方法，修理后使其符合技术要求。

实习内容

Y_1 型中压溢流阀的结构如图2-94所示。根据元件拆卸检查主阀芯和阀体孔、锥阀杆和锥阀座、弹簧、橡胶密封件等磨损件。

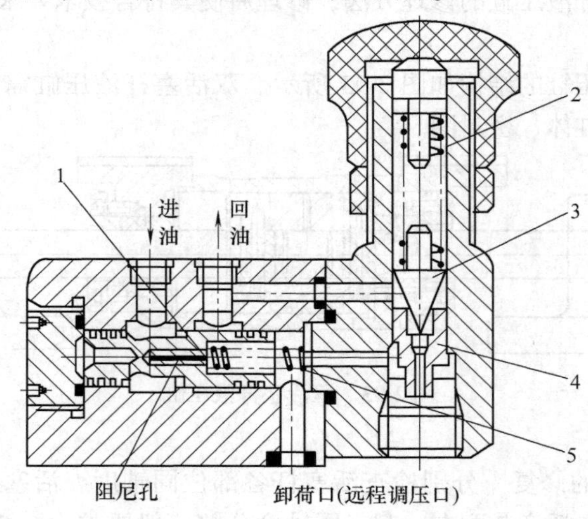

图2-94　Y_1 型中压溢流阀

1—主阀芯　2—调整弹簧　3—锥阀杆　4—锥阀座　5—平衡弹簧

（1）滑阀的主阀芯与阀体孔的修复　在拆卸检查中，如发现阀体孔磨损严重，可采用研磨的方法进行修复。修复后要求阀体孔的圆度、母线平行度误差在0.002mm以内（阀体孔小于20mm，圆度、母线平行度误差要求在0.0015mm以内）。主阀芯和阀体孔要求配合间隙在0.015~0.025mm范围内（阀体孔小于

20mm，配合间隙要求在 0.008 ~ 0.015mm 范围内）。由于阀体孔在修理时原尺寸已经扩大，所以必须重新配作主阀芯。

（2）锥阀的锥阀杆和锥阀座的修复　由于锥阀杆和阀座工作时经常关闭，接触处会产生磨损。磨损严重时更换锥阀杆和锥阀座，磨损较轻时修磨锥阀杆与阀座的接触表面。将阀座用 120°钻头钻削，再用 120°研具进行研磨，使其接触密合。

（3）其他零件的修复　平衡弹簧和调整弹簧如有异常变形、弯曲、折断或达不到原设计要求时应更换。新弹簧在尺寸、材料、刚度、弹簧端面与中心线垂直度等方面均应符合图样技术要求。

检查元件与所有的橡胶密封件是否符合技术要求，根据具体情况决定是否更换。

（4）性能测试　在液压试验台上，或利用机床液压系统进行测试。测试内容如下：①将压力调节柄全部松开，从压力最低值逐步升至系统所需压力，压力变化均匀，不得有突然跳动和噪声。②系统运动部件换向时不能有明显的冲击。③卸荷时压力不超过 0.15 ~ 0.2MPa。④承受最大工作压力时，不允许接合处有渗漏。内泄漏应尽量减小，一般小于 30 ~ 100mL/min；压力振摆值要求小于 ±0.2MPa；压力损失小于 0.3MPa。

任务四　滚珠丝杠机构的装配、修理与调整

一、教学要求

掌握滚珠丝杠的装配、修理及调整。

二、滚球丝杠副的工作原理及相关工艺知识

图 2-95a、b 所示为滚球丝杠副的典型结构。图 2-95a 为插管滚珠丝杠副，图 2-95b 为圆形返回器滚珠丝杠副。由于滚球丝杠副内设有滚珠的返回装置（插管或圆形返回器），因此可使滚珠在螺母体滚道内形成如图 2-96 所示的闭式滚珠

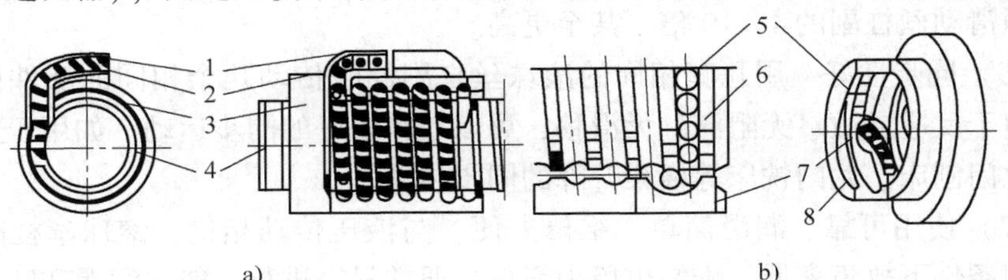

图 2-95　滚珠丝杠工作原理

a）插管滚珠丝杠副　b）圆形返回器滚珠丝杠副

1—导珠管　2、5—滚珠　3、8—螺母　4、6—丝杠　7—返向器

链。当丝杠或螺母转动时，滚珠沿着滚道进入导珠管（或圆形返回器），在滚道中不断地循环，从而实现连续的滚动运动，减小丝杠和螺母间的摩擦损失。

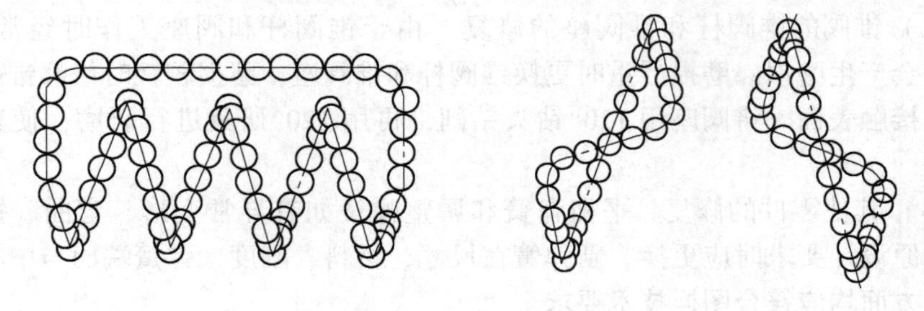

图 2-96　滚球链

三、滚珠丝杠传动特点及相关工艺知识

（1）传动效率高　滚珠丝杠副的传动效率高（85% ~98%），为滑动丝杠副的 2 ~4 倍。

（2）运动平稳　滚珠丝杠副在工作中摩擦阻力小，灵敏度高，而且摩擦因数几乎与运动速度无关，启动摩擦力矩与运动时的摩擦力矩差别很小。所以滚珠丝杠副运动平稳，启动时无颤动，低速时无爬行。

（3）可以预紧　通过对螺母施加预紧力能消除丝杠副的间隙，提高轴向接触刚度，而摩擦力矩的增量却不大。

（4）定位精度和重复精度高　由于前述三个特点，滚珠丝杠副在运动中温升较小，无爬行，并可消除轴向间隙和对丝杠进行预拉伸以补偿热膨胀。因此当采用精密滚珠丝杠副时可以获得较高的定位精度和重复定位精度。

（5）使用寿命长　滚珠丝杠和螺母均用合金钢制造，螺钉滚道经热处理（硬度 50 ~62HRC）后磨至所需的精度和表面粗糙度，具有较高抗疲劳能力。滚动摩擦磨损极微，因此具有较高的使用寿命和精度保持性。实践证明，使用寿命为普通滑动丝杠副的 4 ~10 倍，甚至更高。

（6）同步性好　用几套相同的滚珠丝杠副同时传动几个相同的部件或装置时，由于反应灵敏、无阻滞、无滑移，可以获得较好的同步运动。如用于立式车床、龙门刨床、龙门铣床等横梁升降的同步传动。

（7）使用可靠、润滑简单、维修方便　与液压传动相比，滚球丝杠副在正常使用条件下故障率低。维修也极为简单，通常只需进行一般的润滑和防尘。在特殊场合（如在核反应堆中），可在无润滑状态下正常工作。

（8）不自锁　由于滚珠丝杠副的摩擦角小，所以不能自锁。当用于竖直传动或需急停时，必须在传动系统中附加自锁机构或制动装置。

四、滚珠丝杠副结构分类及特性

滚珠丝杠副按其结构可分为内循环和外循环式两类。

1. 内循环式滚珠丝杠副（图 2-97）

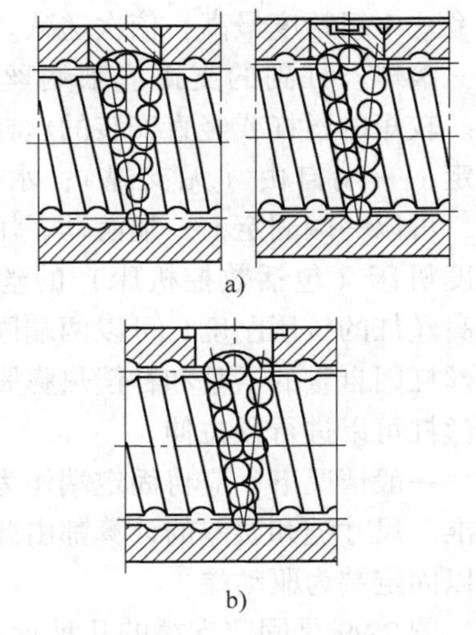

图 2-97　内循环式滚珠丝杠副
a）浮动返回器　b）固定返回器

滚珠返回通道短，不受负荷的滚珠最少；滚珠间摩擦损失小，提高了传动的灵敏度。螺母径向和轴向尺寸小；返回器刚度高，滚珠循环装置有较高的可靠性；返回器在螺母返回孔内自由浮动，返回器回路与螺母螺纹滚道的对接可以自动调整，滚珠在返回循环过程中的摩擦阻力小，传动平稳，定位精确高。返回器如用工程塑料制作，则吸振性能好、耐磨、噪声小、可一次成形、工艺简单、成本低、适于成批生产。若金属返回器采用三坐标数控铣床加工回珠槽，则工艺较复杂，成本较高。固定返回器可做成圆形、圆形带凸键和腰圆形。后两者工艺复杂、周期长、成本高。固定返回器固定在螺母上，其加工误差对滚珠循环的流畅性和传动平稳性有影响，且吸振性能差。

2. 外循环式滚珠丝杠副（图 2-98）

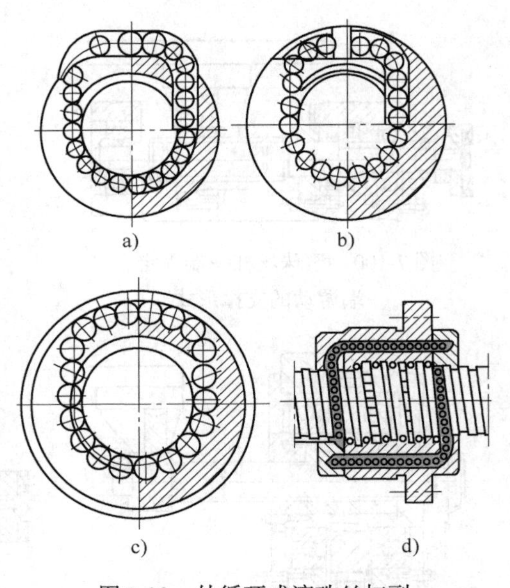

图 2-98　外循环式滚珠丝杠副
a）凸出式插管　b）包容式插管
c）螺旋槽式　d）端盖式

导珠管在装配直径包容面内时，螺母外径大。导珠管两端的挡珠管舌耐磨性和抗冲击性较差，对于大直径和重负荷滚珠丝杠副需要附加挡珠器。如图 2-98c 所示，螺旋槽式滚珠丝杠副螺母轴向尺寸紧凑，外径比插管式小。由于螺旋回珠槽和回珠孔交接处非圆滑连接，坡度陡急，增加了滚珠返回的摩擦阻力，并易引起滚珠跳动。挡珠器刚性差，工艺简单，成本低。如图 2-98d 所示，端盖式滚珠丝杠副结构紧凑，尤其适合于多头螺纹。滚珠在回路孔和端盖交接处滚动，坡度陡急，增加了摩擦损失，容易引起滚珠跳动。滚珠在螺母体内和端盖间循环，即使在高速下，噪声也很低。

滚珠丝杠副根据使用范围及要求分为七个精度等级，即 1、2、3、4、5、7、10 级。1 级精度最高，依次递减。

滚球丝杠副的支撑应限制丝杠的轴向窜动。较短的丝杠或竖直安装的丝杠，可以一端固定，一端自由（无支撑）；水平丝杠较长时，可以一端固定，一端游动。用于精密和高精度机床（包括数控机床）的丝杠副，为了提高丝杠的拉压刚度，可以两端固定。为了减少丝杠因自重的下垂和补偿热膨胀，两端固定的丝杠可以进行预拉伸。

一般情况下，应将固定端作为轴向位置的基准，尺寸链和误差的计算都由此开始。尽可能以固定端为驱动端。

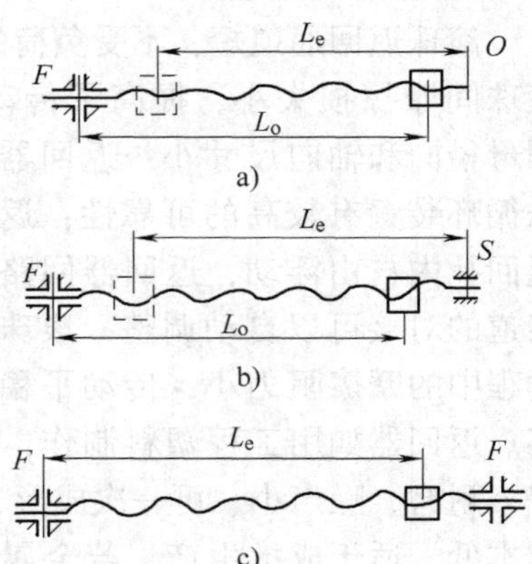

图 2-99　滚珠丝杠固定支撑形式

a）一端固定，一端自由　b）一端固定，一端游动　c）两端固定

图 2-99 是固定支撑的几种形式。图 2-100 是一端固定，一端游动的支撑形式。图 2-101 是两端单向固定，预拉伸形式。图 2-102 是丝杠不转，螺母旋转形式。图 2-103 是一端固定，一端自由形式。

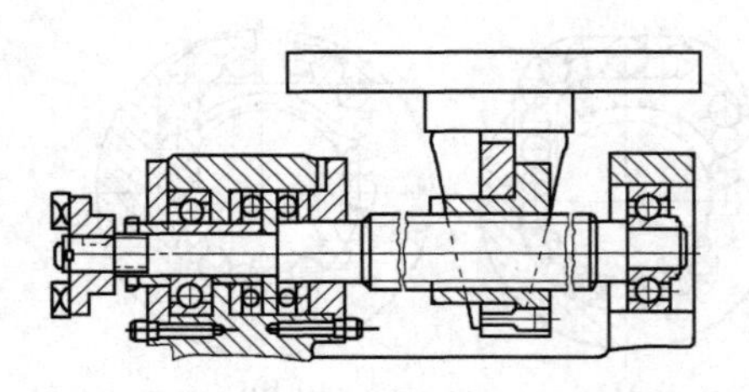

图 2-100　滚珠丝杠一端固定，一端游动的支撑形式

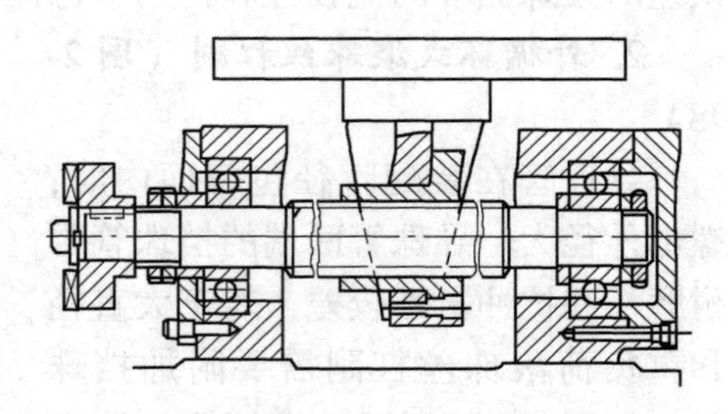

图 2-101　两端单向固定，预拉伸形式

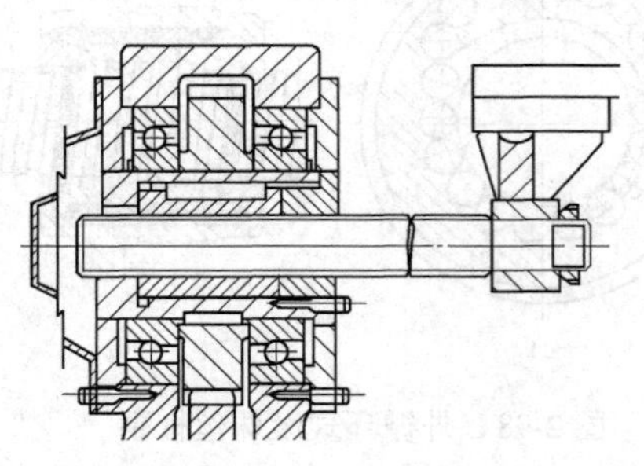

图 2-102　丝杠不转，螺母旋转形式

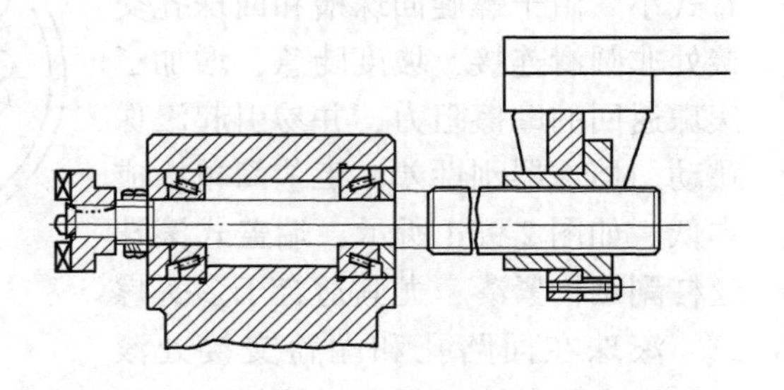

图 2-103　一端固定，一端自由形式

五、滚珠丝杠机构的装配、修理及调整

1. 滚球丝杠副的预加负荷

为了消除滚珠丝杠与螺母之间的间隙并提高接触刚度，滚珠丝杠与螺母间应预加负荷（进行预紧）。预紧的原理和计算与滚动轴承一样可参见滚动轴承预加负荷有关内容。根据有关内容以角接触球轴承为例分析，一对轴承背靠背或面对面安装，当轴向外载荷达到预紧力的3倍时，另一侧的轴承将卸载。这个结论对于双螺母的滚珠丝杠副也是适用的。因此，滚珠丝杠的预紧力，不要小于最大轴向载荷的1/3。滚珠丝杠预紧工艺要点如下：

（1）双螺母预紧　图2-104所示，为双螺母预紧的方法。图2-104a、b是通过修磨垫片来改变两个螺母间的轴向距离，达到拉伸预紧和压缩预紧的目的。因调整垫片被做成两半，修磨时不需拧下螺母，调整后不易松动，刚度高。这种预紧结构当滚道有磨损时，不能随时消除间隙和进行预紧。图2-104c所示为通过旋转圆螺母使右端一个螺母产生向外轴向位移，属拉伸预紧。该结构简单，但螺母较长。滚道磨损时，可随时调整，但预紧量不准确。图2-104d所示为齿差预紧，两个螺母上切有齿轮，齿数分别为Z_1和Z_2（图中为内齿轮），与双联齿轮相啮合，两个螺母向相同方向转动一个齿，两个螺母的相对位移为$\delta = p_h/Z_1Z_2$。

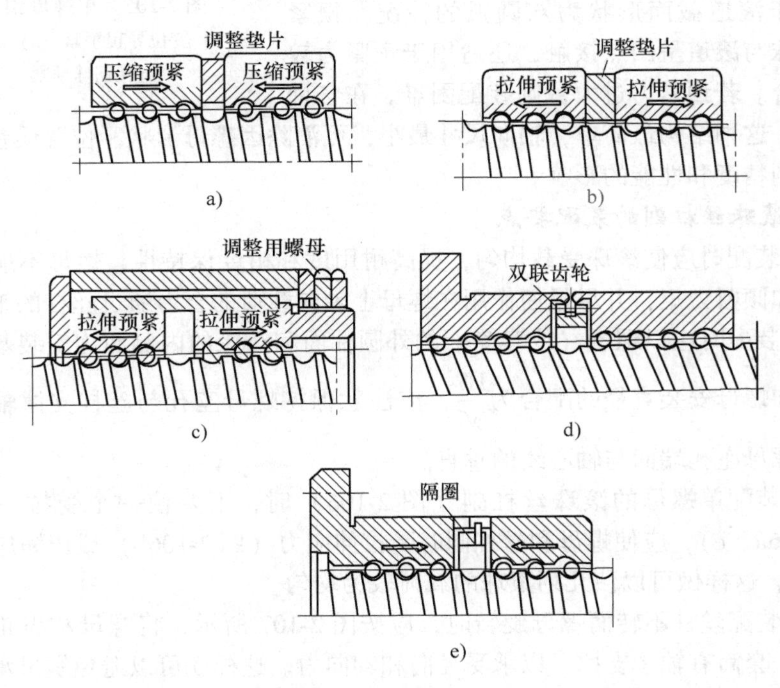

图2-104　双螺母预紧

a)、b) 垫片预紧　c) 螺纹预紧　d) 齿差预紧　e) 对旋预紧

Z_1和Z_2通常相差一个齿，例如$Z_1 = 99$，$Z_2 = 100$，丝杠导程$p_h = 10$mm，则$\delta = 10/99 \times 100 \approx 0.001$mm。这种结构较复杂，但调整方便，而且能精确地调整预紧量。图2-104e所示为对旋预紧，原理和齿差预紧相同。将两个螺母相互反方向旋转，使两个螺母滚道接触点产生相对轴向位移，进行压缩预紧，不用拆卸螺母就可进行调整，方便、省事。在双螺母预紧结构中对旋预紧的轴向尺寸最小。预紧调整好以后，在中间隔圈配防松定位销。

（2）单螺母预紧　图2-105所示为单螺母预紧的方法。图2-105a为变位导程预紧，在一个螺母体内将两个闭式滚珠链中间过渡区域内（此段内无负荷滚珠）整数倍的基本导程变为n、$p_h + \Delta p_h$，取正值为拉伸预紧，取负值为压缩预紧（一般取正值）。改变滚道直径可调整预紧力，螺母长度受加工的限制只适用于中小负荷的场合。该结构轴向尺寸较小，可消除双螺母形状、位置误差的干涉对传动副精度和性能的影响。图2-105b所示为加大直径钢球预紧的结构，这种结构只适用于滚道截面形状为双圆弧的情况。预紧后，滚珠与滚道呈四点接触，还适用于预紧力较小的场合。若预紧力过大，则装配困难。在各种预紧中，这种结构最简单，轴向尺寸最小，可消除因螺母形状、位置误差的干涉对传动副精度和性能的影响。

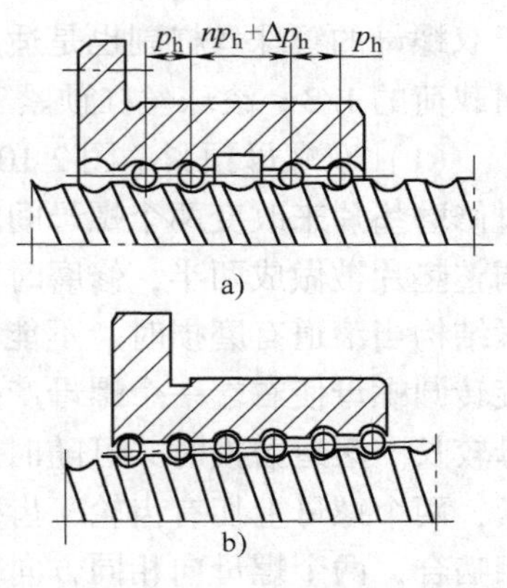

图2-105　单螺母预紧
a）变位导程预紧　b）加大直径钢球预紧

2. 滚珠丝杠副的装配要点

1）装配时应使滚珠受载均匀，提高耐用度和精度保持性，螺母不应承受径向载荷和倾覆力矩，并尽量使作用在螺母上轴向载荷的合力通过丝杠的轴心。

2）装配时应以螺母（或套筒）的外圆柱面和凸缘的内侧面为安装基面。螺母座孔和螺母安装直径的配合为$\frac{H7}{g6}$，应注意保持螺母座孔与丝杠支撑轴承孔的同心和螺母座孔端面与轴心线的垂直。

3）装配单螺母的滚珠丝杠副（图2-106）时，不要使一个受拉一个受压（图2-106a、c），应使螺母和丝杠同时受拉伸应力（图2-106b）或压缩应力（图2-106d），这样做可以使几列滚珠的载荷较为均匀。

4）装配丝杠不转而螺母旋转时，应按图2-107所示，将螺母和齿轮都装在套筒上。套筒有轴承支撑，以承受径向和轴向力。这样就可以避免螺母承受径向载荷。

5）如果要使滚珠丝杠和螺母分开，可在丝杠轴颈上套一个辅助套筒，如图

2-108 所示，套筒的外径略小于丝杠螺纹滚道的底径。这样在拧出螺母时，滚珠就不会掉落。

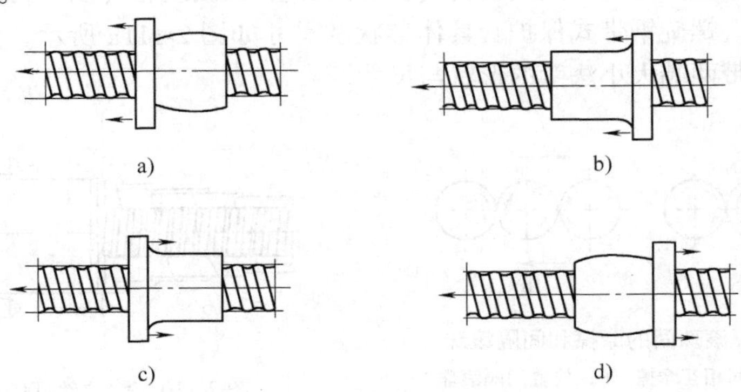

图 2-106　单螺母丝杠的受力

a)、c）单螺母丝杠一个受拉，一个受压　b）螺母和丝杠同时受拉伸应力

d）螺母和丝杠同时受压缩应力

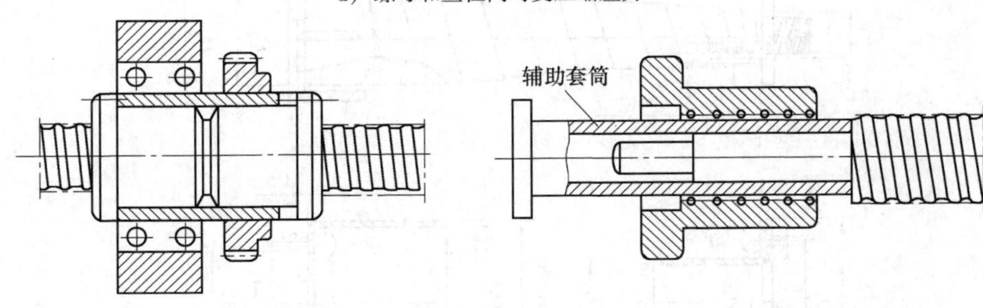

图 2-107　丝杠不转，螺母旋转的结构示意图

图 2-108　拆卸滚珠丝杠螺母时所用的辅助套筒

6）装配时，支撑滚珠丝杠轴的两轴承座孔与滚珠螺母座孔应保证同轴。同轴度公差应取 6 ~7 级或高于 6 级。螺母座轴线与导轨面轴线要保证平行，平行度公差可取 0. 02/1000mm。

7）当插管式滚珠丝杠副水平安装时，应将螺母上的插管置于滚珠丝杠副轴线的下方。这样的安装方式可使滚珠易于进入插管，滚珠丝杠副的摩擦力矩较小。

8）要注意螺母座、轴承座与螺钉的紧固，保证有足够的刚度。

9）为了减小滚珠之间的相互摩擦（图 2-109a），可以采用放置间隔滚珠（如图 2-109b）或在闭合回路内减少几个滚珠的办法。采用间隔滚珠时，间隔滚珠的直径比负载滚珠小，因而可消除滚珠之间的摩擦。对提高滚珠丝杠副的灵敏度有非常明显的效果。但因负载滚珠数只剩下 1/2，刚度和承载能力也就会相应降低。

10）防护和密封。为了避免丝杠外露，应根据滚珠丝杠在机床上的位置和具体工作环境选用螺旋弹簧钢套管（图 2-110 左）、波纹管（图 2-110 右）、折叠式密封罩等。螺旋钢带式保护套具体形状及尺寸如图 2-111a 所示。图 2-111b 所示为连接钢带两端大小法兰的形状与尺寸。

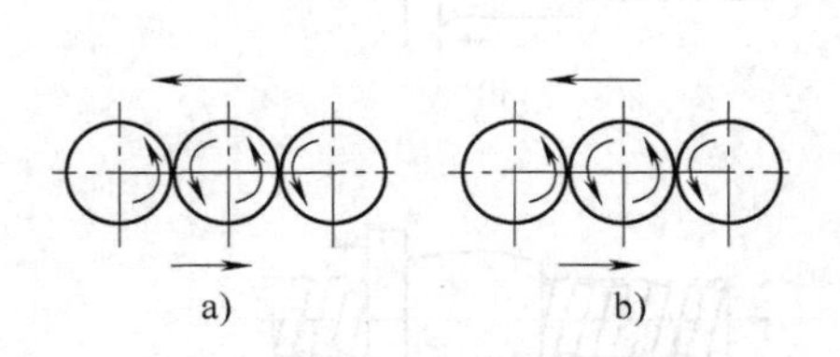

图 2-109　滚珠间的摩擦和间隔滚珠

a）滚珠之间相互摩擦　b）放置间隔滚珠

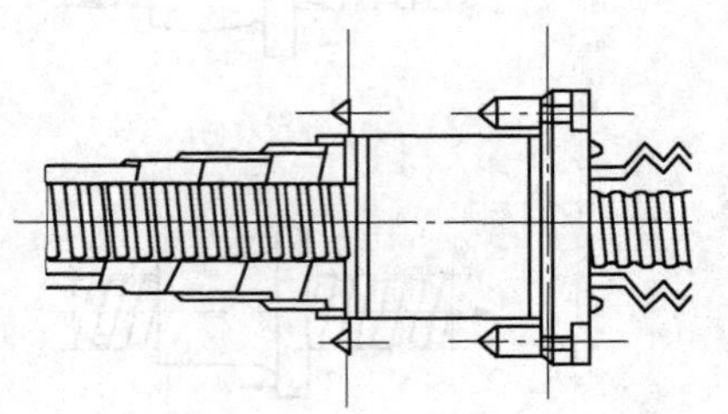

图 2-110　滚动丝杠的防护

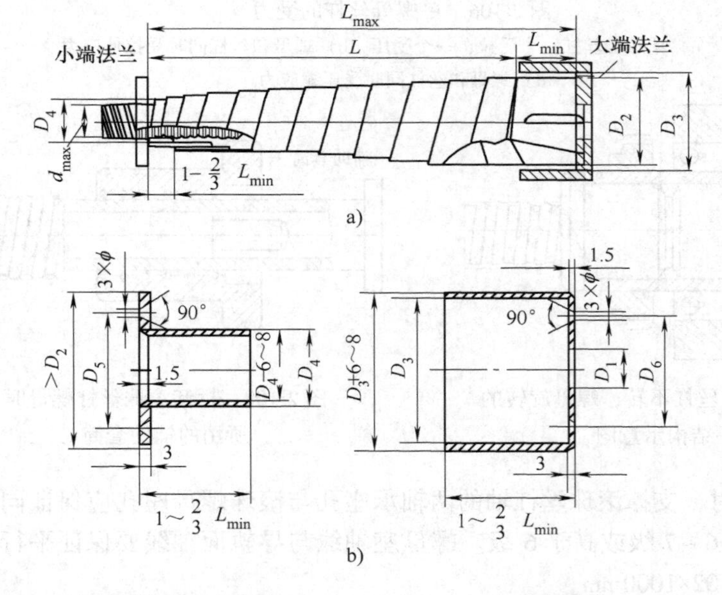

d_{max} —— 被保护零件的最大直径　　L_{min} —— 最小压缩长度

D_1 —— 钢带小端直径=(d_{max}+10)mm　　L_{man} —— 最大延伸长度(V垂直安装,H水平安装)

D_2 —— 钢带大端外径　　L —— 最大允许行程

D_3 —— 大端法兰内径=(D_2+6～8)mm　　D_4 —— 小端法兰内径=(D_1−1～2)mm

图 2-111　滚珠丝杠保护套

a）螺旋钢带式保护套　b）连接钢带的法兰

滚珠螺母两端的密封圈如图 2-112 所示。图示是用聚四氟乙烯或尼龙制造的接触式密封圈。用来防止灰尘、硬粒、金属屑末等进入螺母体内。使用中要注意防止螺旋式密封圈松动，否则密封圈将成为一个锁紧螺母，导致摩擦力矩增大，妨碍丝杠副的正常转动。

11）润滑。滚珠丝杠必须润滑，润滑不良常常导致滚珠丝杠副过早破坏。一般情况下可以用锂基脂。高速和需要严格控制温升时，可用润滑油循环润滑或油浴润滑。

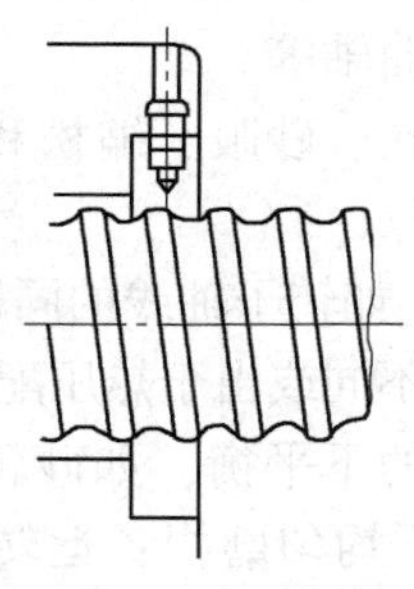

图 2-112　密封圈

任务五　旋转件的平衡校正

一、教学要求

1）掌握转子平衡的基本原理与平衡精度的表示方法。

2）能进行转子平衡的全部校测工作，并符合技术要求。

3）熟悉和掌握转子动平衡校测中每个基本工作环节的作用、方法及步骤。

二、转子及其不平衡的相关工艺知识

1. 转子的概念

在各种机器、仪器、设备和交通工具中，旋转零部件是最常见的。由于人们已习惯地把一些旋转部件称为转子，因此在平衡技术中转子是对“能够旋转的物体”的总称。

平衡的转子可以是机器的零件，如机床的主轴、曲轴、飞轮和叶轮等，也可以是装配好的部件，如电机转子、汽轮机转子和主轴、曲轴部件总成等。

2. 转子的不平衡概念

转子旋转时，离心力作用在转子的整个质量上，迫使每个质点沿半径方向离开转子向外。如果转子的质量按其轴线均匀分布，那么该零件是“平衡的”，并且转动无振动。但是，如果有一个多余的质量存在于转子的一边，那么作用于重的一边离心力超过轻的那一边所产生的离心力，把整个转子沿着重的一边方向向外拉，则称转子一边的那块多余的质量叫做不平衡质量。图 2-113 表示为在一边具有一个多余的质量 m 的转子的示意图，由于 m 旋转产生离心力，使整个转子按

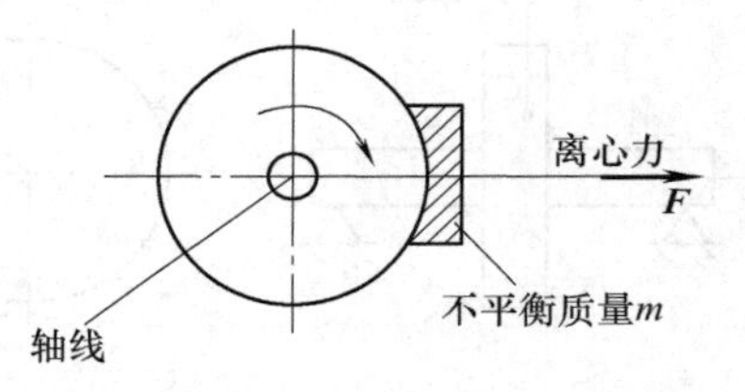

图 2-113　不平衡产生离心力

箭头 F 的方向向外拉。

3. 转子不平衡的原因

转子产生不平衡的原因是很多的，大致可归结为以下四种基本原因。

1）转子结构的不对称，如曲轴等。

2）由于原材料或毛坯有气孔、砂眼、缩松和组织疏松缺陷；铸件有重皮和夹杂物；焊接件的焊缝不均匀等。

3）由于加工和装配有误差，如转子轴线的同轴度误差；装配时径向间隙不均匀或不同轴；连接螺钉拧紧程度不同或由于热压配合和焊接而引起挠曲变形等。

4）机器运转过程中所产生的不平衡，如砂轮、泵、螺旋浆推进器、离心机转鼓（回转体）等在工作时的不均匀磨损；运转过程中温度变化而产生的温度变形；运转过程中离心力所引起的零件间的微小移动或弹性变形等。

人们在机器设计、制造、安装和使用过程中应尽量减小使转子产生不平衡的因素，避免转子出现过大的不平衡而造成机器振动。

4. 转子的不平衡状态

（1）静不平衡　如图 2-114 所示单圆盘转子，假设此转子的全部质量都集中在转子的圆盘部分，且位于同一旋转平面内，但由于制造、安装误差和质量不均匀等因素使转子重心偏离旋转轴线，其偏心距为 e。当转子以角速度 ω 等速旋转时，所产生的离心力为 $p = Me\omega^2$，离心力 p 为一矢量，其方向与偏心距 e 的方向相同，并以角速度 ω 绕轴线旋转。此离心力作用在转子支撑上，使支撑系统承受附加动载荷或振动，因此，转子是不平衡的。此种由于质心偏离旋转轴线所产生的不平衡状态称为静不平衡。

（2）偶不平衡　如图 2-115 所示，虽然圆盘质心在旋转轴线上，但转子的旋转轴线与圆盘端面不垂直，其倾斜角度为 α_0 这样，当转子旋转时，支撑也会承受附加动载荷的作用，并因而引起振动。这种不平衡相当于在转子圆盘上有两个大小相等的不平衡质量 m 分别位于旋转轴的两侧，质量 m 的离心力 p 形成一个力偶，其力偶矩为 $T = pd$。因此，称此种不平衡状态为力偶不平衡或简称为偶不平衡。

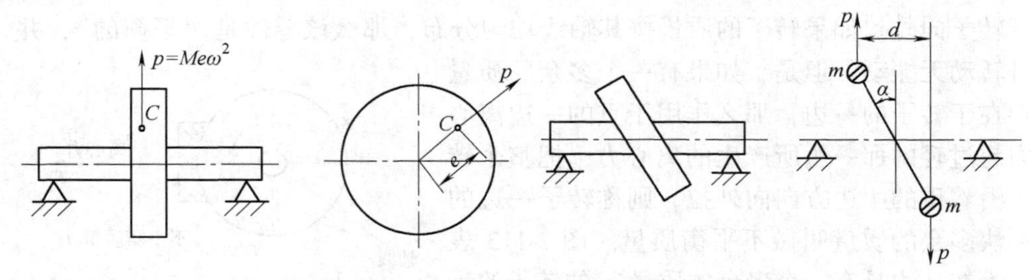

图 2-114　单圆盘转子的静不平衡　　　图 2-115　单圆盘转子的偶不平衡

（3）动不平衡　转子在旋转时，静不平衡和偶不平衡同时存在，所产生的不平衡状态称为动不平衡。如图 2-116 所示，双圆盘转子两圆盘的质心相位不同，或两圆盘的质心偏移量不等，则转子为动不平衡状态。

三、转子平衡的基本原理

转子的平衡是通过在选定的校正平面和校正半径上加上或去掉部分质量，从而改善转子的质量分布状态，以使转子的剩余不平衡量减小到规定范围内的工艺过程。

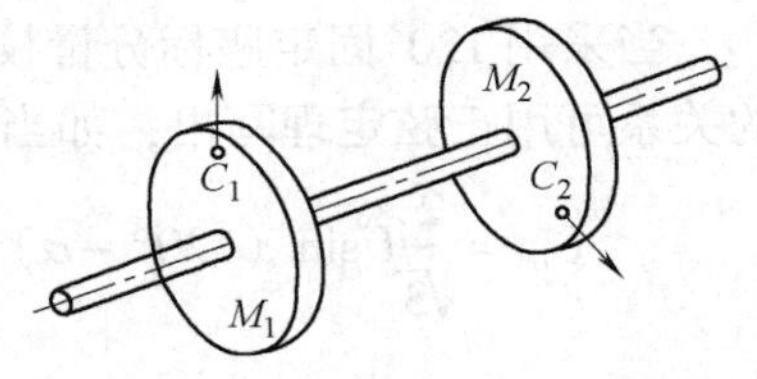

图 2-116　双圆盘转子的动不平衡

一般说来，平衡包括测量和校正两个步骤。为此，必须首先确定校正平面的数量和位置，然后选用适合转子平衡精度要求的平衡仪器和设备，测量转子校正平面上不平衡量的大小和相位。确定校正平面的数量和位置与转子的几何尺寸、结构特点和所希望校正转子的不平衡状态有关，可视具体情况而定。一般说来，转子平衡分静平衡与动平衡。

1. 转子的静平衡

静平衡仅适用于薄的盘类零件，带有单圆盘的轴类零件和只要求校正静平衡的零件。所谓薄盘是指盘的厚度与直径之比小于 1/5 的圆盘。

静平衡时校正平面位置最好应通过转子质心，这样，进行静平衡时才不至产生附加偶不平衡。如果静平衡时校正平面不通过转子的质心，尽管这样可以校正转子的静不平衡，但其校正质量与转子的初始不平衡会形成偶不平衡。转子的静平衡可在重力式平衡机、单面离心平衡机上进行。也可在动平衡机上通过静偶分离的办法校正转子的静不平衡。

静平衡时，校正平面上不平衡的方法可分为极坐标校正和分量校正两种方法。

如果已经测量出了转子不平衡量的大小和方向，并且就在已知不平衡方向上去掉材料或在相反方向上加上平衡重块校正转子的不平衡，这种校正方法称为极坐标校正法。采用极坐标校正法时在校正半径 r 处的校正质量 m 与不平衡量 U 有如下关系

$$m = U/r$$

如果在两个固定坐标位置上对转子进行平衡校正或把不平衡量分解为两个对称分量进行校正，这种校正形式被称为固定坐标校正法和分量校正法。在固定坐标校正法中常用 90°和 120°固定坐标分量校正法。

当采用 90°固定坐标分量校正时，校正分量与不平衡量 U 间的关系如图 2-117a 所示，各校正分量为

$$U_{0^\circ} = U\cos\alpha$$
$$U_{90^\circ} = U\sin\alpha$$

相应的校正质量为

$$m_{0°} = U/r\cos\alpha$$

$$m_{90°} = U/r\sin\alpha$$

当采用120°固定座标分量校正时，如图2-117所示，校正分量与不平衡量间的关系可用正弦定理写出，如当U位于0°~120°坐标之间时，各校正分量为

$$U_{0°} = \frac{2}{\sqrt{3}}U\sin(120° - \alpha)$$

$$U_{120°} = \frac{2}{\sqrt{3}}U\sin\alpha$$

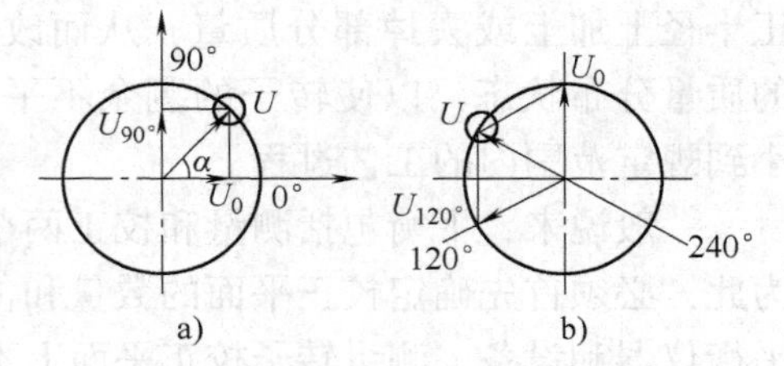

图2-117　分量校正

a）采用90°坐标校正　b）采用120°坐标校正

相应的校正质量为

$$m_{0°} = \frac{2}{\sqrt{3}}\frac{U}{r}\sin(120° - \alpha)$$

$$m_{120°} = \frac{2}{\sqrt{3}}\frac{U}{r}\sin\alpha$$

当采用对称分量法校正时如图2-118所示，每个校正质量为

$$m_1 = \frac{1}{2\cos\frac{\alpha}{2}} \cdot \frac{U}{r}$$

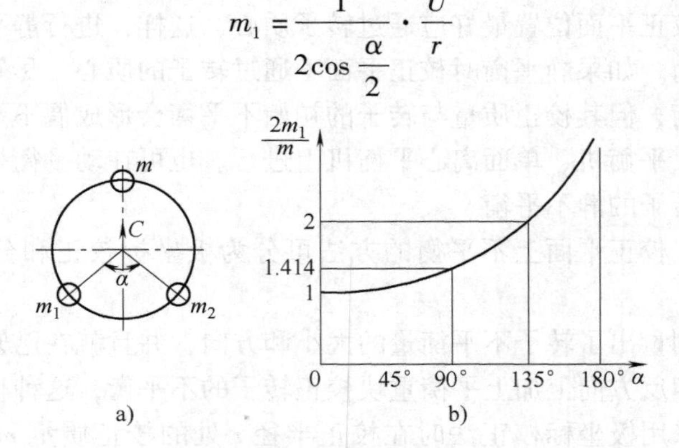

图2-118　对称分量校正

a）校正半径相等　b）m_1/m与α的关系曲线

从上式可以明显看出，当采用分量校正时在相等的校正半径位置上总的校正质量$2m_1$（即两个分量质量之和）大于极坐标校正质量m，并且分量间夹角越大，则总的校正质量$2m_1$与极坐标校正质量间的比值也越大。在图2-118b上绘出了当采用对称分量法校正时比值$2m_1/m$与分量间夹角α的关系曲线。曲线清楚地表明随夹角α的增大其比值$2m_1/m$迅速增加。当采用90°分量校正法时总质量$2m_1$为极坐标校正质量m的1.414倍，当α角增大到120°时，总质量$2m_1$为极坐标校正质量m的2倍。当分量间夹角$\alpha = 180°$时，无论校正质量加多大也起

不到校正作用。

2. 转子的动平衡

转子的动平衡是在转子任选的两个校正平面上加上或去掉部分质量，从而改善转子的质量分布状态，以保证转子每个校正平面上的剩余不平衡量在规定范围内的工艺过程。

双面平衡是转子平衡最基本和最普通的方法，大多数转子均采用双面平衡。双面平衡的根据是转子的任意不平衡状态均可由选定的两个校正平面上的两个等效不平衡量代替。转子的双面平衡一般是在动平衡机上进行或在转子使用现场平衡。

转子每个校正平面上不平衡量的校正方法同样可用极坐标校正法或分量校正法。与静平衡情况相同，双面平衡时常把两个校正平面上的不平衡量分解为两个相等的同相分量和反相分量，然后分别加以校正，如图 2-119 所示。此种方法也就是把动不平衡分解为静不平衡和偶不平衡，并在两个校正平面上用两组分量加以校正。

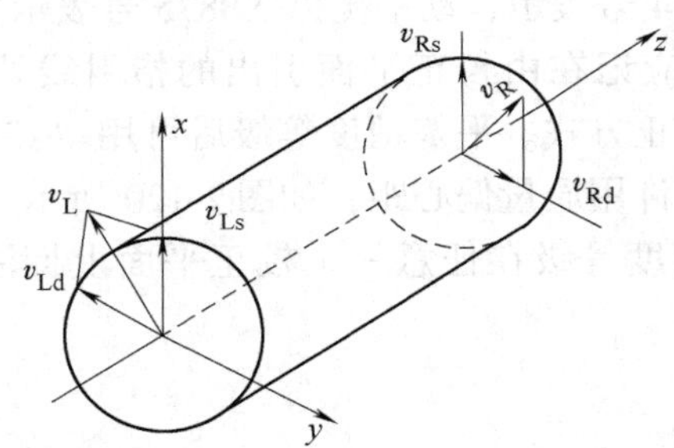

图 2-119　分解为两个相等的同向分量和反向分量

四、转子平衡精度

转子平衡精度等级基本是按照 ISO1940《刚性转子平衡精度》进行划分和确定的。

衡量转子平衡优劣程度的指标，是指转子静不平衡时质心的旋转线速度，其值等于质量偏心距与旋转角速度之积。

$$G = e\omega/1000$$

式中　G——转子平衡精度等级，单位为 mm/s；

e——转子质量偏心距，单位为 μm；

ω——相应于转子最高工件转速的角速度，单位为 rad/s。

ISO1940《刚性转子平衡精度》将平衡精度划分为 11 级，见表 2-4。

如图 2-120 所示为转子平衡精度等级在图样中的标注方法。

在转子的零件图或部件图中标注转子平衡精度等级的规则如下：

表　2-4

平衡精度等级	平衡精度等级值/(mm/s)	平衡精度等级	平衡精度等级值/(mm/s)
G0.4	≤0.4	G100	≤100
G1	≤1	G250	≤250
G2.5	≤2.5	G630	≤630
G6.3	≤6.3	G1600	≤1600
G16	≤16	G4000	≤4000
G40	≤40		

1）在图样的标题栏中应明确记入转子质量（单位：kg）。

2）在图样的技术要求中应写明转子的最高工作转速（单位：r/min）。

3）校正平面的位置用细实线标出，并以尺寸线标明其与基准平面的距离，当校正平面与某一基准平面重合时，可以用尺寸界线表示校正平面的位置。

4）静平衡以 NB874 号表示，动平衡以 NB875 号表示。

5）平衡精度等级应记在由校正平面引出的指引线处，标注内容为平衡符号、平衡精度等级及校正方式。平衡精度等级后可用“:”号加注，标注静平衡时加注许用不平衡度或许用质量偏心距，如图 2-120 所示，标注动平衡时可加注许用不平衡量，平衡精度等级在任意一个校正平面上标注均可，如图 2-121 所示。

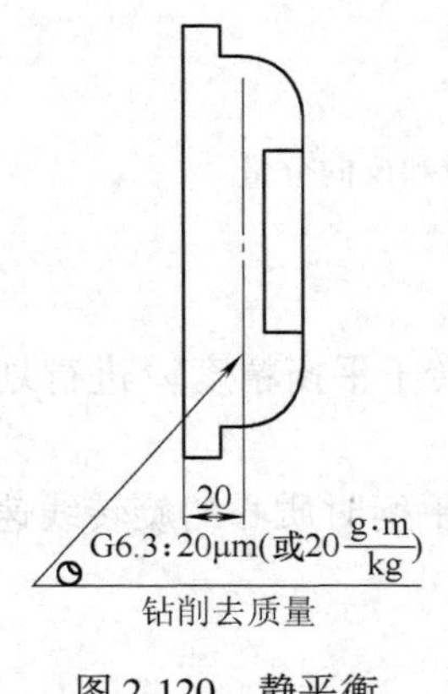

图 2-120　静平衡

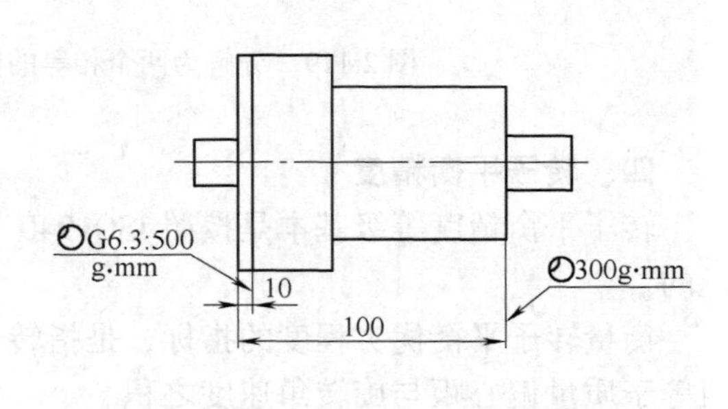

图 2-121　动平衡

模块三　手工制作零件基本知识与技术

任务一　锉削正方体

一、教学要求

1）提高平面锉削技能，达到一定的锉削精度。

2）掌握游标卡尺的测量方法和检验尺寸误差的技能。

3）掌握刀口尺的使用方法。

4）用 250mm 细扁锉进行锉削加工，达到表面粗糙度 $Ra \leqslant 3.2\mu m$ 要求。

二、教学内容

1. 备料图（图 3-1）

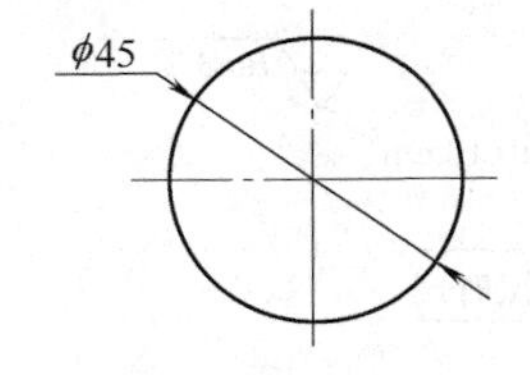

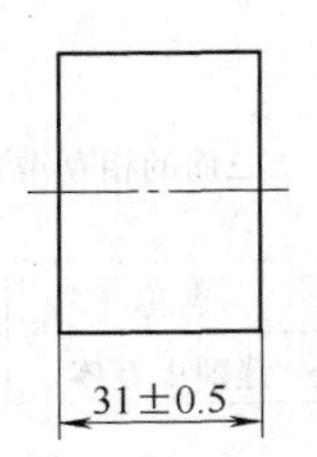

名称	数量	材料
锉削正方体坯料	1	45

图 3-1　锉削正方体坯料

2. 工、量、刃具清单（表 3-1）

表 3-1　锉削正方体所用工、量、刃具清单　　（单位：mm）

序　号	名　称	规　格	分度值、精度	数　量	备　注
1	游标高度卡尺	0 ~ 300	0.02	1	
2	游标卡尺	0 ~ 150	0.02	1	
3	刀口形直角尺	100 × 63	一级	1	
4	刀口尺	125	一级	1	
5	塞尺	0.02 ~ 0.5	—	1	
6	V 形架	—	—	1	
7	扁锉	250	1 号纹	自定	
		200	2 号纹、3 号纹	自定	
		150	4 号纹	自定	

（续）

序　号	名　称	规　格	分度值、精度	数　量	备　注
8	三角锉	150	2 号纹	自定	
		150	3 号纹	自定	
		150	4 号纹	自定	
9	整形锉	—	—	1 组	
10	钳工常用工具	锯弓、锯条、锤子、錾子、划规、划针、样冲、钢直尺、软钳口、锉刀刷、润滑油等			

3. 考核图（图 3-2）

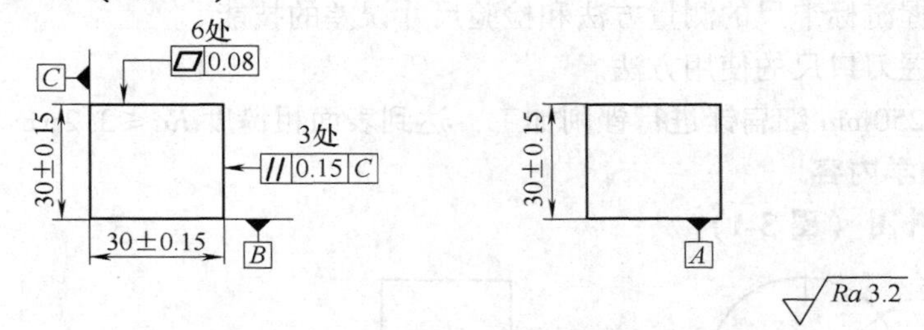

技术要求：*A*、*B*、*C*三面的相互垂直度公差为0.10mm。

技术等级	名称	材料	课时
初级	锉削正方体	45	

图 3-2　锉削正方体考核图

4. 评分表（表 3-2）

表 3-2　锉削正方体考核评分表

序　号	质量检查内容	占　分	评 分 标 准	得　分
1	尺寸(30 ±0. 15) mm(3 处)	24	一处超差扣 8 分	
2	平面度公差 0. 08mm(6 处)	18	一处超差扣 3 分	
3	平行度公差 0. 15mm(3 处)	15	一处超差扣 5 分	
4	垂直度公差 0. 10mm(12 处)	24	一处超差扣 2 分	
5	*Ra*3. 2μm(6 处)	12	一处超差扣 2 分	
6	安全文明生产	7	违章扣分	
总分	—	100	—	

三、实习步骤

1）锉削基准面 *A*，达到平面度、与外圆柱面的垂直度及表面粗糙度要求。

2）以 *A* 面为基准，加工其对应面，达到平面度、平行度、尺寸公差和表面粗糙度要求。

3）计算并在 V 形铁上划出 *B* 面尺寸加工线。

4）以 *A* 面为基准，锉削 *B* 面并达到垂直度、平面度和表面粗糙度要求。

5）以 *B* 面为基准，锉削 *B* 面对应面并达到垂直度、平面度、尺寸公差、平行度和表面粗糙度要求。

6）以 *A*、*B* 面为基准，锉削 *C* 面并达到垂直度、平面度和表面粗糙度要求。

7）以 *C* 面为基准，锉削 *C* 面对应面并达到垂直度、平面度、尺寸公差、平行度和表面粗糙度要求。

8）去毛刺，尺寸复检修正。

四、注意事项

1）加工 *B*、*C* 面时一定要注意控制好其与外圆柱面之间的尺寸，以免加工余量不够。

2）加工时，一定要加工完一个面达到各项要求后再来加工其他各面。

任务二　锉削六方体

一、教学要求：

1）掌握六方体的加工方法、测量方法和对尺寸及几何公差的控制方法。

2）掌握锉削技能、尺寸测量技能以及角度的测量和控制技能。

3）能熟练使用游标万能角度尺进行测量。

二、教学内容

1. 备料图（图 3-3）

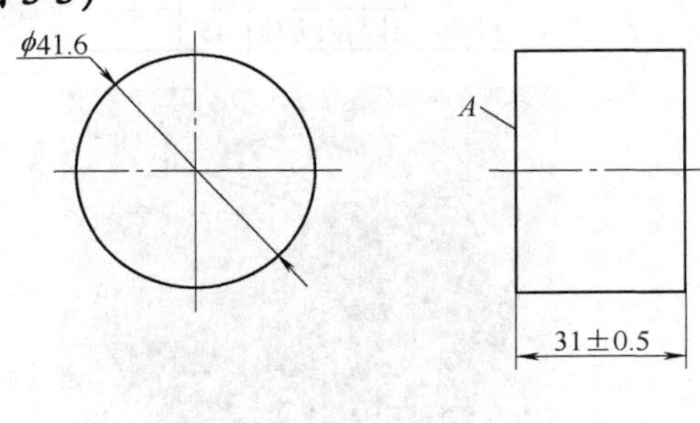

名称	数量	材料
锉削六方体坯料	1	45

图 3-3　锉削六方体坯料

2. 工、量、刃具清单（表 3-3）

表 3-3 锉削六方体所用工、量、刃具清单 （单位：mm）

序号	名称	规格	分度值、精度	数量	备注
1	游标高度卡尺	0~300	0.02	1	
2	游标卡尺	0~150	0.02	1	
3	游标万能角度尺	0°~320°	2′	1	
4	刀口形直角尺	100×63	一级	1	
5	刀口尺	125	一级	1	
6	塞尺	0.02~0.5	—	1	
7	V形架、V形铁	—	—	1	
8	扁锉	250	1号纹	自定	
		200	2号纹、3号纹	自定	
		150	4号纹	自定	
9	三角锉	150	2号纹	自定	
		150	3号纹	自定	
		150	4号纹	自定	
10	整形锉	—	—	1组	
11	钳工常用工具	锯弓、锯条、锤子、錾子、划规、划针、样冲、钢直尺、软钳口、锉刀刷、润滑油等			

3. 考核图（图 3-4）

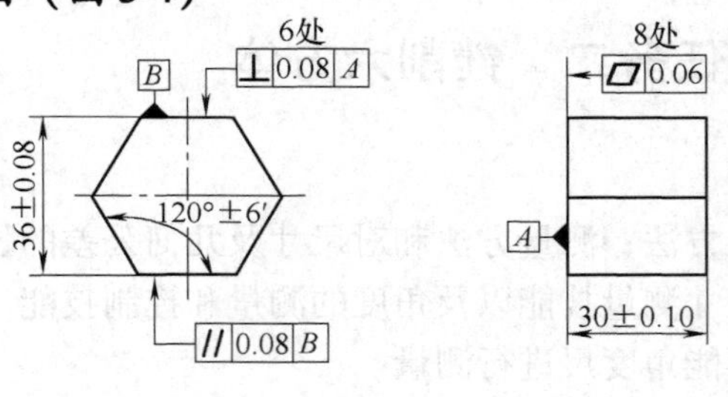

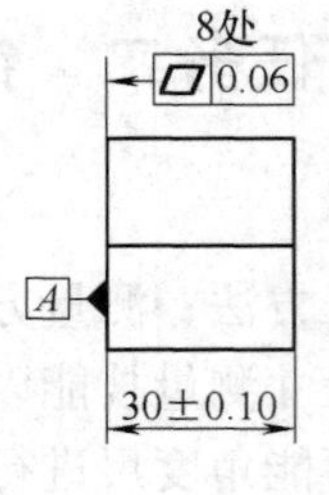

Ra 3.2

技术等级	名称	材料	课时
初级	锉削六方体	45	

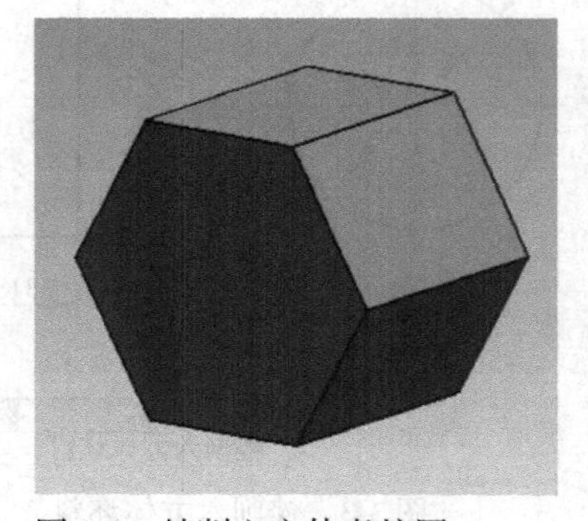

图 3-4 锉削六方体考核图

4. 评分表（表3-4）

表3-4　锉削六方体考核评分表

序　号	质量检查内容	占　分	评分标准	得　分
1	尺寸(30±0.10)mm	7	超差扣7分	
2	尺寸(36±0.08)mm(3处)	30	一处超差扣10分	
3	平面度公差0.06mm(8处)	16	一处超差扣2分	
4	平行度公差0.08mm(3处)	15	一处超差扣5分	
5	垂直度公差0.08mm(6处)	12	一处超差扣2分	
6	120°±6′(6处)	12	一处超差扣2分	
7	*Ra*3.2μm(8处)	8	一处超差扣1分	
8	安全文明生产		违章扣分	
总分	—	100	—	

三、实习步骤

1. 在圆料工件上划正六边形的方法

（1）先测量出圆料工件直径 D，将圆料工件安放在V形铁上，利用游标高度卡尺测量并记录圆料工件外圆最高点处的高度尺寸 M。使游标高度卡尺的划线头下降尺寸 $M-\frac{D}{2}$ 并划出一条中心线；转动原料工件，再找出另外一条中心线。在两中心线交点处，用样冲冲眼；以样冲眼为圆心，用划规划出外接圆（ϕ41.6mm）。

（2）再次将圆料工件安放在V形铁上，调整游标高度卡尺至中心位置 $M-\frac{D}{2}$ 处，划出中心线（图3-5a）。圆料工件不动，按正六边形的对边距调整游标高度卡尺，划出上下两条平行于中心线的线条（图3-5b）。用钢直尺连接圆上各交点（图3-5c）。

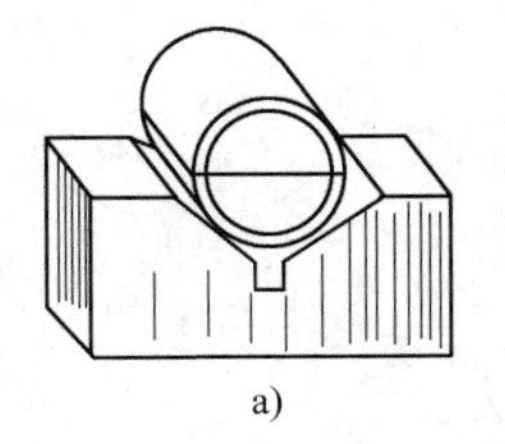
a)
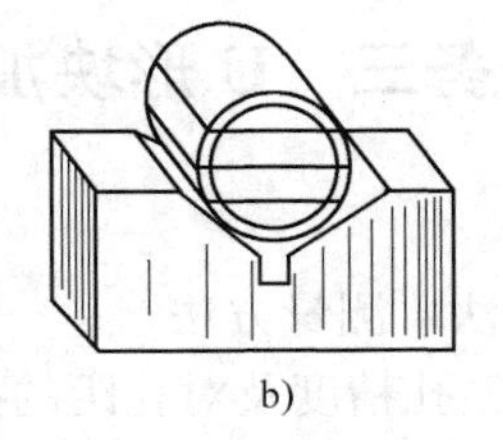
b)
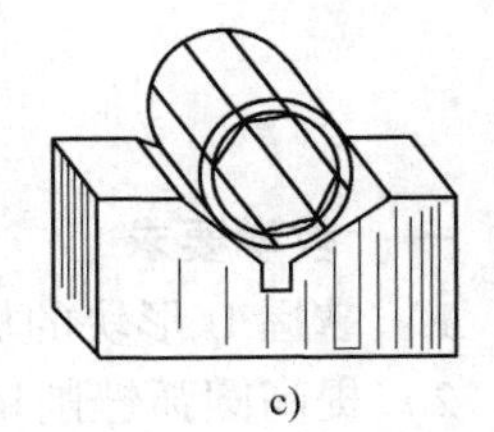
c)

图3-5　在 ϕ45mm 的圆柱体上对边距离为36mm的内接正六边形
a）划中心线　b）划两对边线　c）连接各点

2. 工艺分析（图 3-6）

1）锉削基准面 A，达到平面度及表面粗糙度要求，并控制与外圆柱面的垂直度。

2）照步骤 1 中的方法划出六方体各边加工线。

3）加工 a 面，控制与外圆柱面之间的尺寸并达到平面度、与 A 面垂直度及表面粗糙度要求。

4）以 a 面为基准，锉削 a 面对应面 b 面，达到与 A 面垂直度平面度、尺寸公差、平行度和表面粗糙度要求。

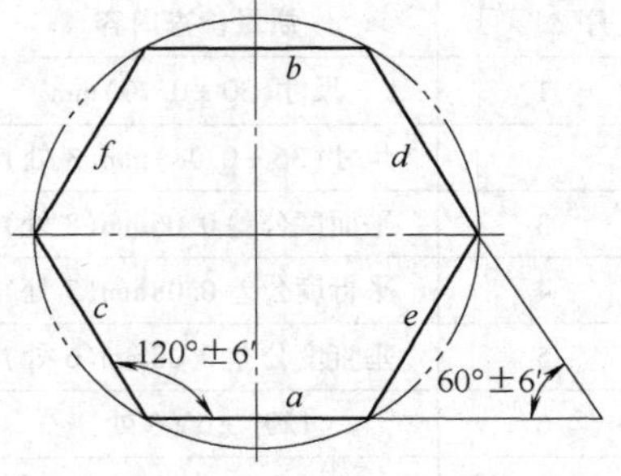

图 3-6　工艺分析

5）加工 c 面，控制其与外圆柱面之间的尺寸并达到平面度、与 A 面垂直度、与 a 面之间的角度 120° ±6′及表面粗糙度要求。

6）以 c 面为基准，锉削 c 面对应面 d 面，达到与 A 面垂直度、平面度、尺寸公差、平行度、与 a 面之间的角度 60° ±6′和表面粗糙度要求。

7）加工 e 面，控制其与外圆柱面之间的尺寸并达到平面度、与 A 面垂直度、与 a 面之间的角度 120° ±6′及表面粗糙度要求。

8）以 e 面为基准，锉削 e 面对应面 f 面，达到与 A 面垂直度、平面度、尺寸公差、平行度、与 a 面之间的角度 60° ±6′和表面粗糙度要求。

9）去毛刺，尺寸复检修正。

四、注意事项

1）加工 a、c、e 面时一定要注意控制好其与外圆柱面之间的尺寸，以免加工余量不够，同时严格控制好与外圆柱面之间的尺寸可保证六方体各边长相等。

2）加工时，一定要加工完一个面达到各项要求后再去加工其他各面。

3）加工 d、f 两面时一定要以 a 面为基准测量角度，这样可避免累积误差的产生。

任务三　U 形块加工

一、教学要求

1）掌握 U 形块的加工方法、测量方法。

2）提高圆弧锉削精度、钻孔精度及对孔距的控制能力。

3）提高攻螺纹、锪孔、铰孔的精度。

二、教学内容

1. 备料图（图 3-7）

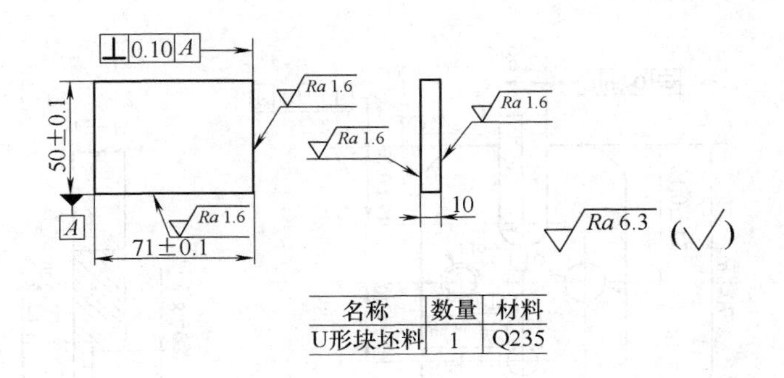

图 3-7　U 形块坯料

2. 工、量、刃具清单（表 3-5）

表 3-5　U 形块加工所用工、量、刃具清单　　（单位：mm）

名　　称	规　　格	分度值、精度	数量
游标高度卡尺	0～200	0.02	1
游标卡尺	0～150	0.02	1
千分尺	0～25	0.01	1
	50～75	0.01	1
游标万能角度尺	0°～320°	2′	1
刀口形直角尺	100×63	一级	1
塞尺	0.02～0.5	—	1
丝锥	M10	—	1 副
钢直尺	0～150	0.5	1
表面粗糙度比较样块	—	—	1
百分表及架	0～10（0.01）	—	1
钻头	ϕ3、ϕ8.6、ϕ7.8、ϕ9.8、ϕ12、ϕ11.8	—	各 1
粗扁锉	250	—	1
中扁锉	200	—	1
备注			

名　　称	规　　格	分度值、精度	数量
半径样板	7～14.5	—	1
细扁锉	150	—	1
细方锉	150	—	1
细三角锉	150	—	1
整形锉	—	—	1 副
锤子	—	—	1
样冲	—	—	1
划规	—	—	1
划针	—	—	1
锯弓	—	—	1
锯条	—	—	自定
塞规	ϕ10	H8	1
铰杠	—	—	1
软钳口	—	—	1 副
锉刀刷	—	—	1
刷子	75	—	1
手用圆柱铰刀	ϕ10	H7	1
备注			

3. 考核图（图 3-8）

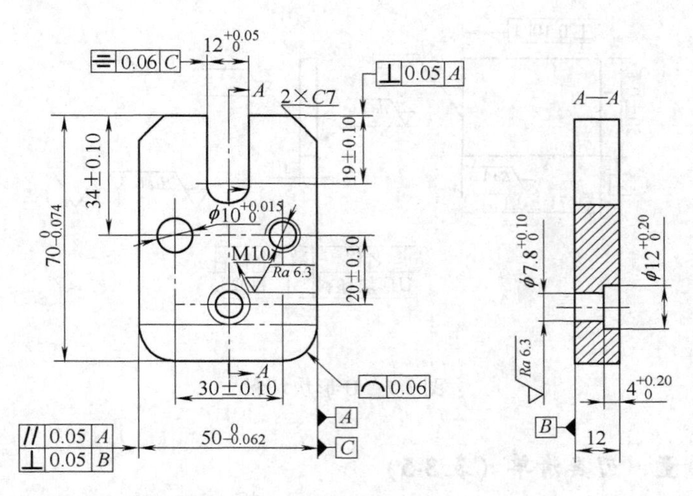

技术要求：各锐边倒圆$R0.3$mm。

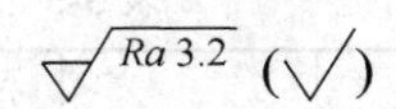

技术等级	名称	材料	工时定额
初级	U形块	Q235	

图 3-8　U 形块加工考核图

4. 评分表（表 3-6）

表 3-6　U 形块加工考核评分表

序　号	考核要求	配　分	测量结果	得　分
1	$70_{-0.074}^{0}$mm/Ra3.2μm	8/2		
2	$50_{-0.062}^{0}$mm/Ra3.2μm	8/2		
3	(34 ± 0.10) mm	4		
4	$12_{0}^{+0.05}$mm	8		
5	(19 ± 0.10) mm	4		

（续）

序　号	考核要求	配　分	测量结果	得　分
6	(20 ± 0.10)mm	4		
7	(30 ± 0.10)mm	4		
8	$4^{+0.20}_{0}$mm	2		
9	$\phi10^{+0.015}_{0}$mm/Ra3.2μm	6/2		
10	$\phi12^{+0.20}_{0}$mm/Ra3.2μm	2/2		
11	$\phi7.8^{+0.10}_{0}$mm/Ra6.3μm	2/2		
12	M10/Ra6.3μm	4/2		
13	$2\times C7$	4		
14	线轮廓度0.06mm	8		
15	平行度公差0.05mm/A	4		
16	垂直度公差0.05mm/B	4		
17	垂直度公差0.05mm/A	4		
18	对称度公差0.06mm/A	8		
19	未列尺寸及表面粗糙度 Ra	每超差一处扣1分		
20	外观	毛刺、损伤、畸形等扣1~5分		
		未加工或严重畸形另扣5分		
21	安全文明生产	酌情扣1~5分，严重者扣10分		
总分	—	100	—	

三、加工工艺步骤

1）分析图样，检查毛坯尺寸。

2）根据图样的要求，加工两个基准面达到各项要求。

3）以两基准面为划线基准划出所有尺寸加工线。

4）钻圆弧槽 $\phi11.8$mm 孔和 $\phi10^{+0.015}_{0}$mm 孔底孔 $\phi9.8$mm 孔；钻 $\phi7.8$mm 和 $\phi12$mm 平底孔，达到孔深及孔径要求；同时钻 M10 螺纹孔底孔 $\phi8.6$mm 孔，铰 $\phi9.8$mm 孔和 $\phi8.6$mm 孔，攻螺纹孔，达到孔径、孔距和孔边距等要求。

5）加工外形尺寸 $50^{\ 0}_{-0.062}$mm $\times$ $70^{\ 0}_{-0.074}$mm，达到尺寸公差、垂直度等几何公差要求。

6）加工12mm宽槽，达到槽宽、槽深尺寸公差要求，同时控制好对称度。

7）加工两 $R10$mm 圆弧，达到线轮廓度要求。

8）加工 $2\times C7$ 斜面，达到图样要求。

9）全部精度复检，并做必要的修整锉削，最后将各锐边均匀倒钝。

四、注意事项

1）钻孔时要注意安全文明生产，攻螺纹孔时钳口要加衬垫，以免夹坏加工面。

2）铰孔和攻螺纹孔时要加润滑液，以免影响孔的精度。

任务四　工　形　板

一、教学要求

1）掌握正确的操作方法，提高加工质量以及对工件对称度的控制能力。

2）提高对工件的尺寸精度和各项几何公差的控制能力。

3）提高钻孔、铰孔、攻螺纹的质量。

二、教学内容

1. 备料图（图 3-9）

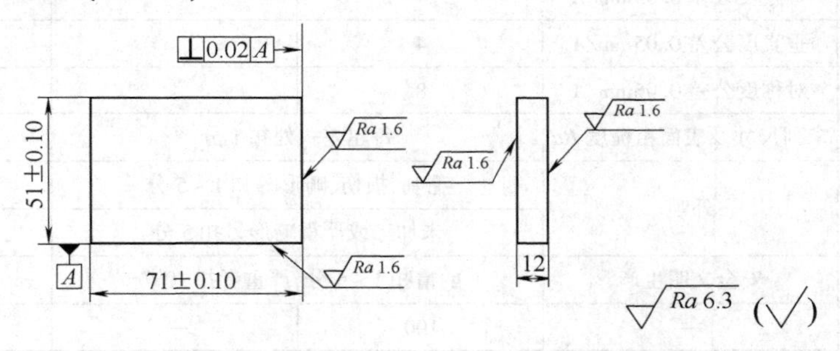

名称	数量	材料
工形板坯料	1	Q235

图 3-9　工形板坯料

2. 工、量、刃具清单（表 3-7）

表 3-7　工形板加工所用工、量、刃具清单　　（单位：mm）

名　　称	规　格	分度值、精度	数量	名　　称	规　格	分度值、精度	数量
游标高度卡尺	0~200	0.02	1	细方锉	150	—	1
游标卡尺	0~150	0.02	1	细三角锉	150	—	1
千分尺	0~25	0.01	1		100	—	1
	25~50	0.01	1	整形锉	—	—	1 副
	50~75	0.01	1	锤子	—	—	1
细扁锉	150	—	1	刀口形直角尺	100×63	一级	1

（续）

名　称	规　格	分度值、精度	数量	名　称	规　格	分度值、精度	数量
塞尺	0.02～0.5	—	1	样冲	—	—	1
丝锥	M10	—	1副	划规	—	—	1
钢直尺	0～150	0.5	1	划针	—	—	1
表面粗糙度比较样块	—	—	1	锯弓	—	—	1
百分表及架	0～10（0.01）	—	1	锯条	—	—	自定
				塞规	$\phi10$	H8	1
钻头	$\phi3$、$\phi8.6$、$\phi7.8$、$\phi9.8$、$\phi12$	—	各1	铰杠	—	—	1
				软钳口	—	—	1副
				锉刀刷	—	—	1
粗扁锉	250	—	1	刷子	75	—	1
中扁锉	200	—	1	手用圆柱铰刀	$\phi10$	H7	1
备注				备注			

3. 考核图（图3-10）

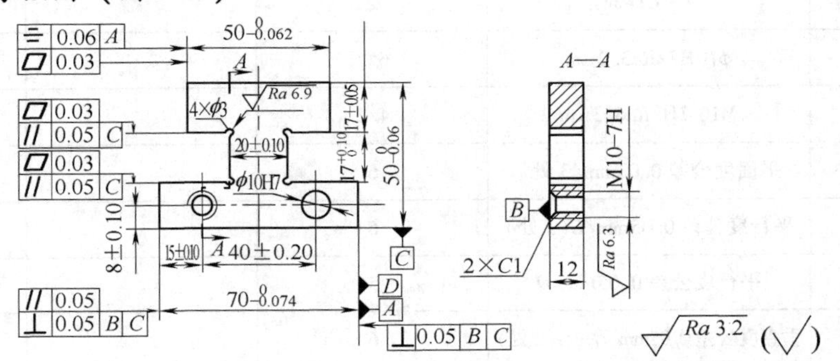

技术要求：锐边倒圆$R0.3$mm。

技术等级	名称	材料	工时定额
初级	工形板	Q235	

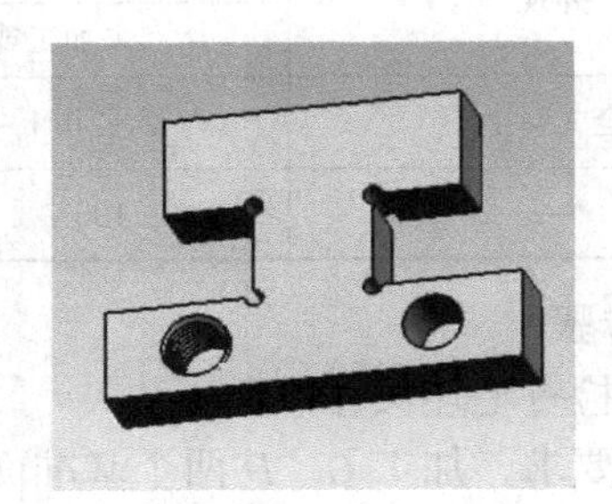

图3-10　工形板加工考核图

4. 评分表（表3-8）

表3-8 工形板加工考核评分表

序 号	考核要求	配 分	测量结果	得 分
1	$70_{-0.074}^{0}$mm/Ra3.2μm	8/2		
2	$50_{-0.062}^{0}$mm/Ra3.2μm	8/2		
3	$50_{-0.06}^{0}$mm/Ra3.2μm	5/1		
4	(17±0.05)mm/Ra3.2μm	6/1		
5	$17_{0}^{+0.10}$mm/Ra3.2μm	4/1		
6	(20±0.10)mm/Ra3.2μm	5/2		
7	(40±0.20)mm	4		
8	(15±0.10)mm	2		
9	(8±0.10)mm	2		
10	2×C1mm	2		
11	ϕ10H7/Ra3.2μm	6/2		
12	M10-7H/Ra6.3μm	4/2		
13	平面度公差0.03mm(3处)	6		
14	平行度公差0.05mm/C(2处)	6		
15	平行度公差0.05mm/D	5		
16	垂直度公差0.05mm/B—C(2处)	6		
17	对称度公差0.06mm/A	8		
18	未列尺寸及Ra	每超差一处扣1分		
19	外观	毛刺、损伤、畸形等扣1~5分		
		未加工或严重畸形另扣5分		
20	安全文明生产	酌情扣1~5分，严重者扣10分		
总分	—	100	—	

三、加工工艺步骤

1）分析图样，检查毛坯尺寸。

2）根据图样的要求，加工C、D两个基准面达到各项要求。

3）以两基准面为划线基准划出所有尺寸加工线。

4）钻 4 × ϕ3mm 工艺孔及排孔，钻 ϕ10H7 孔底孔 ϕ9.8mm 孔，同时钻 M10 螺纹孔底孔 ϕ8.6mm 孔，铰两孔和攻螺纹孔，达到孔径、孔距和孔边距等要求。

5）加工外形尺寸 $50_{-0.06}^{0}$mm × $70_{-0.074}^{0}$mm，达到尺寸公差以及垂直度、平行度等几何公差的要求。

6）先锯除左侧余料，粗锉至接近线条。

7）加工左侧各加工面，达到尺寸公差以及垂直度、平面度等几何公差的要求，同时要严格控制好与 D 面之间的尺寸，以便控制对称度。

8）锯除右侧余料，粗锉至接近线条。

9）加工右侧各加工面，达到尺寸公差以及垂直度、平面度等几何公差的要求。

10）全部精度复检，并进行必要的修整锉削，最后将各锐边均匀倒钝。

四、注意事项

1）钻孔时要注意安全文明生产，攻螺纹孔时钳口要加衬垫，以免夹坏加工面。

2）铰孔和攻螺纹孔时要加润滑液，以免影响孔的精度。

3）工件左右两侧不能同时锯下，以免影响对对称度的控制。

任务五　十　字　块

一、教学要求

1）提高孔的加工精度以及加工时对工件对称度的控制能力。

2）提高对工件的尺寸精度和各项几何公差的控制能力。

3）掌握锉刀的正确修磨和工件的清角处理方法。

二、教学内容：

1. 备料图（图 3-11）

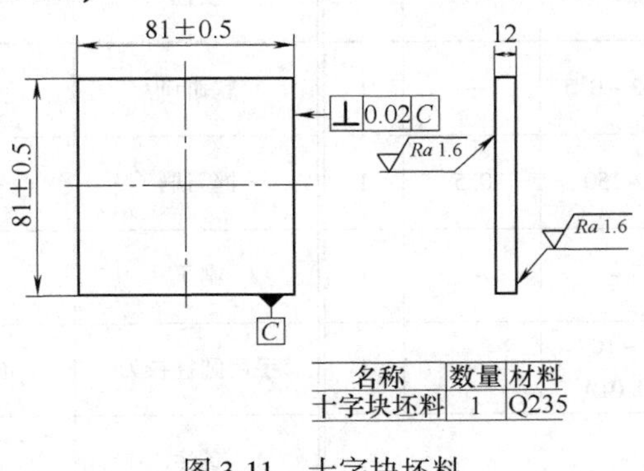

名称	数量	材料
十字块坯料	1	Q235

图 3-11　十字块坯料

2. 工、量、刃具清单（表3-9）

表3-9 十字块加工所用工、量、刃具清单 （单位：mm）

名称	规格	分度值、精度	数量	名称	规格	分度值、精度	数量
游标高度卡尺	0~200	0.02	1	钻头	ϕ7.8、ϕ9.8、ϕ12	—	1
游标卡尺	0~150	0.02	1				
千分尺	0~25	0.01	1	粗扁锉	250	—	1
	25~50	0.01	1	中扁锉	200	—	1
	50~75	0.01	1	锤子	—	—	1
	75~100	0.01	1	样冲	—	—	1
细扁锉	150	—	1	划规	—	—	1
细方锉	150	—	1	划针	—	—	1
细三角锉	150	—	1	锯弓	—	—	1
	100	—	1	锯条	—	—	自定
整形锉	—	—	1副	塞规	ϕ10	H8	1
刀口形直角尺	100×63	一级	1	铰杠	—	—	1
塞尺	0.02~0.5	—	1	软钳口	—	—	1副
钢直尺	0~150	0.5	1	锉刀刷	—	—	1
表面粗糙度比较样块	—	—	1	刷子	75	—	1
百分表及架	0~10（0.01）	—	1	手用圆柱铰刀	ϕ10	H7	1
备注				备注			

3. 考核图（图 3-12）

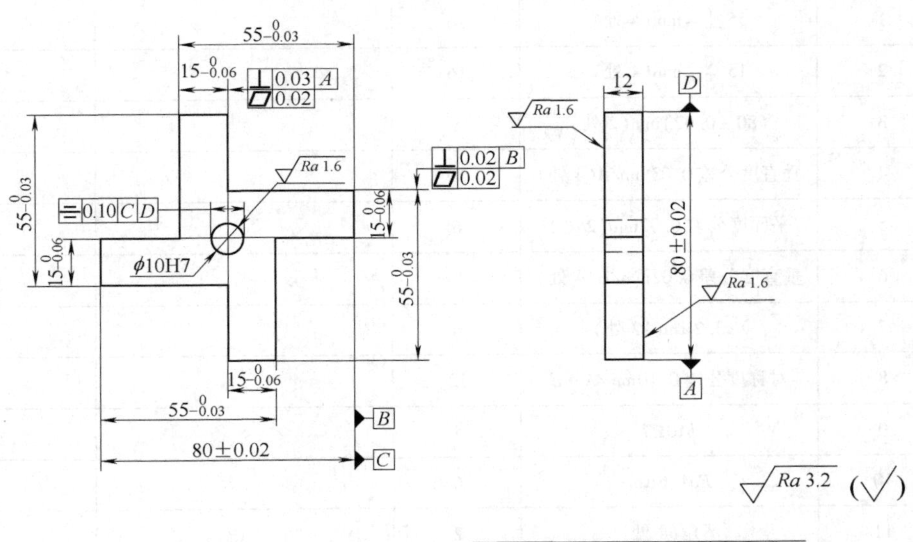

技术要求

1.锐边与孔口倒角$C0.5$；

2.要求4处清角处理。

技术等级	名称	材料	工时定额
初级	十字块	Q235	

图 3-12　十字块加工考核图

4. 评分表（表3-10）

表3-10 十字块加工考核评分表

序号	考核要求	占分	检验结果	得分
1	$55_{-0.03}^{0}$mm(4处)	16		
2	$15_{-0.06}^{0}$mm(4处)	16		
3	(80±0.02)mm(2处)	8		
4	垂直度公差0.03mm/*A*(4处)	16		
5	平面度公差0.02mm(2处)	6		
6	垂直度公差0.02mm/*B*(4处)	8		
7	*Ra*3.2μm(12处)	6		
8	对称度公差0.10mm/*A*—*B*	12		
9	ϕ10H7	4		
10	*Ra*1.6μm	6		
11	清角(4处)	2		
12	安全文明生产	—	违者酌情扣分	
总分	—	100	—	

三、加工工艺步骤

1）分析图样，检查毛坯尺寸。

2）根据图样的要求，加工*A*、*B*两个基准面达到各项要求。

3）以两基准面为划线基准划出所有尺寸加工线。

4）钻ϕ10H7孔底孔ϕ9.8mm孔，铰ϕ9.8mm孔，达到孔径要求，同时保证孔与基准面*A*、*B*之间的尺寸公差要求，以保证孔的对称度。

5）加工外形尺寸（80±0.02)mm×（80±0.02)mm，达到图样要求。

6）先锯除左上角余料，粗锉至接近线条。

7）加工左上角其中一面，控制其与基准面*B*之间的尺寸$55_{-0.03}^{0}$mm；加工左上角另一面，控制其与基准面*A*之间的尺寸为80mm尺寸的实际尺寸$-55_{-0.03}^{0}$mm$+15_{-0.06}^{0}$mm。

8）锯除右上角余料，粗锉至接近线条。

9）加工右上角其中一面，直接控制其尺寸$15_{-0.06}^{0}$mm；加工右上角另一面，控制其与基准面*A*之间的尺寸$55_{-0.03}^{0}$mm。

10）锯除左下角余料，粗锉至接近线条。

11）加工左下角其中一面，直接控制其尺寸 $15_{-0.06}^{0}$mm；加工左下角另一面，控制其与基准 B 之间的尺寸为 80mm 尺寸的实际尺寸 $-55_{-0.03}^{0}$mm $+15_{-0.06}^{0}$mm。

12）锯除右下角余料，粗锉至接近线条。

13）分别加工右下角两面，直接控制 $15_{-0.06}^{0}$mm 尺寸达到要求。

14）做好 4 处的清角处理，并使其达到要求。

15）全部尺寸精度复检，并进行必要的修整锉削，最后将各锐边均匀倒钝。

四、注意事项

1）中间孔必须先钻，以作为测量基准控制对称度。

2）工件四个角不能同时锯下，以免影响测量。

任务六　锉配凹凸体

一、教学要求

1）掌握具有对称度要求配合件的划线方法、测量方法、加工方法及控制方法。

2）掌握锉配技能，提高钻排孔及锉削的精度。

二、教学内容

1. 备料图（图 3-13）

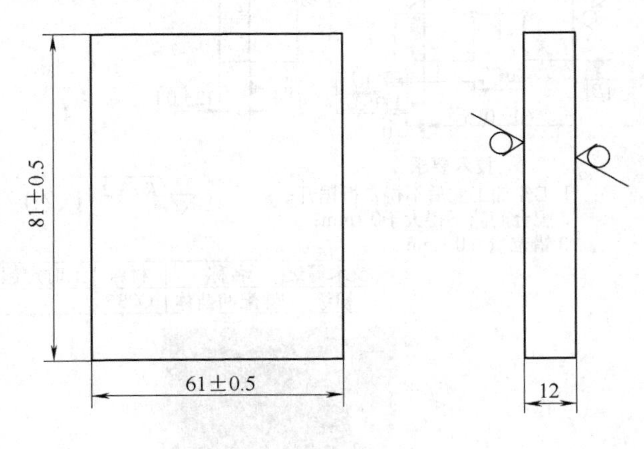

名称	数量	材料
锉配凹凸体坯料	1	Q235

图 3-13　锉配凹凸体坯料

2. 工、量、刃具清单（表 3-11）

表 3-11　锉配凹凸体加工所用工、量、刃具清单　　（单位：mm）

名　称	规　格	分度值、精度	数量
游标高度卡尺	0 ~ 200	0.02	1
游标卡尺	0 ~ 150	0.02	1
千分尺	0 ~ 25	0.01	1
	25 ~ 50	0.01	1
	50 ~ 75	0.01	1
	75 ~ 100	0.01	1
刀口形直角尺	100 × 63	一级	1
塞尺	0.02 ~ 0.5	—	1
钢直尺	0 ~ 150	0.5	1
钻头	ϕ3、ϕ7.8、ϕ9.8、ϕ12	—	1
粗扁锉	250	—	1
中扁锉	200	—	1
备注			

名　称	规　格	分度值、精度	数量
刷子	75	—	1
锉刀刷		—	1
细扁锉	150	—	1
细方锉	150	—	1
细三角锉	150	—	1
	100	—	1
整形锉	—	—	1 副
锤子	—	—	1
样冲	—	—	1
划规	—	—	1
划针	—	—	1
锯弓	—	—	1
锯条	—	—	自定
软钳口	—	—	1 副
备注			

3. 考核图（图 3-14）

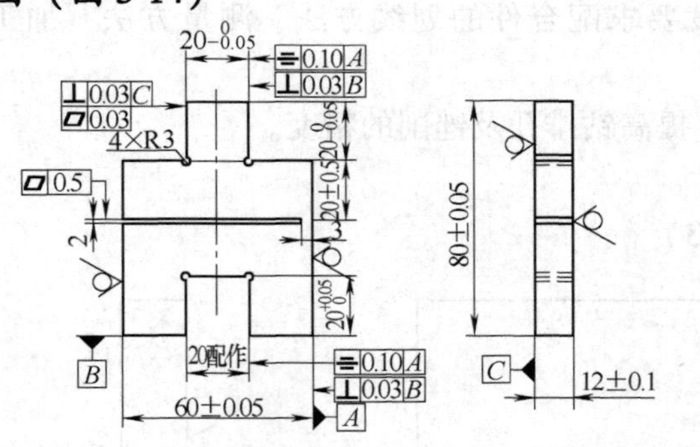

技术要求

1.工件加工完后不得自行锯开；

2.配合间隙不得大于0.1mm；

3.错位量≤0.1mm。

Ra 3.2 (√)

技术等级	名称	材料	工时定额
初级	锉配凹凸体	Q235	

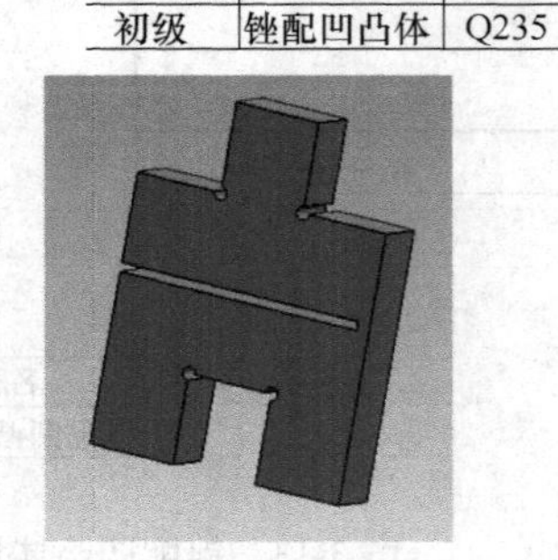

图 3-14　锉配凹凸体考核图

4. 评分标准（表3-12）

表3-12　锉配凹凸体考核评分标准

序　号	评分内容	评分标准	配　分	得　分
1	(80 ± 0.05)mm	超差扣4分	4	
2	(60 ± 0.05)mm	超差扣4分	4	
3	$20_{-0.05}^{0}$mm(3处)	超差一处扣3分	9	
4	$20_{0}^{+0.05}$mm	超差扣3分	3	
5	(20 ± 0.05)mm	超差扣3分	3	
6	平面度公差0.03mm(5处)	超差一处扣2分	10	
7	垂直度公差0.03mm/C(5处)	超差一处扣2分	10	
8	锯削平面度公差0.5mm	超差扣5分	5	
9	配合对称度公差0.10mm/A(2处)	超差一处扣5分	10	
10	垂直度公差0.03mm/B(4处)	超差一处扣3分	12	
11	间隙≤0.10mm(5处)	超差一处扣4分	20	
12	错位≤0.10mm	超差扣5分	5	
13	Ra3.2μm(10面)	超差一处扣0.5分	5	
14	安全文明生产	违者酌情扣分		
总分	—	—	100	

三、加工工艺步骤

1）按图样要求锉削好外轮廓基准面，达到尺寸(60 ± 0.05)mm、(80 ± 0.05)mm及垂直度公差要求。

2）划出凹凸体加工线，并钻$4\times\phi3$mm工艺孔。

3）加工凸形面：

①按划线锯去垂直一角，粗、细锉两垂直面。根据80mm尺寸的实际尺寸，通过控制60mm尺寸的误差值［此处应控制在80mm尺寸的实际尺寸$-20_{-0.05}^{0}$mm的范围内］，从而保证达到$20_{-0.05}^{0}$mm的尺寸要求；同样根据60mm处的实际尺寸，通过控制40mm尺寸的误差值$\left[\text{本处应控制在}\frac{1}{2}\times60\text{mm 尺寸的实际尺寸}+(10_{-0.05}^{+0.025})\text{ mm 的范围内}\right]$，从而在保证取得尺寸$20_{-0.05}^{0}$mm的同时，又能保证其对称度在0.10mm内。

②按划线锯去另一垂直角，用上述方法控制并锉得尺寸$20_{-0.05}^{0}$mm，凸形面$20_{-0.05}^{0}$mm的尺寸要求，可直接测量。

4）加工凹形面：

①钻头钻出排孔，并锯除凹形面的多余部分，然后粗锉至接近线条。

②顶端面。根据80mm尺寸的实际尺寸，通过控制60mm尺寸的误差值（此处与凸形面两垂直面的尺寸控制方法一样），从而保证达到与凸形件端面的配合精度要求。

③两侧垂直面。两面同样根据外形 60mm 和凸形面 20mm 尺寸的实际尺寸，通过控制 20mm 尺寸的误差值$\left[\right.$如凸形尺寸为 19.95mm，一侧面可用$\frac{1}{2}\times 60$mm 实际尺寸$-10^{+0.05}_{-0.01}$mm，而另一侧必须控制$\frac{1}{2}\times 60$mm 实际尺寸减去$10^{+0.01}_{-0.05}$mm$\left.\right]$，从而保证达到与凸形面 20mm 的配合精度要求，同时也能保证其对称度精度在 0.01mm 内。

5）全部锐边倒角，检查全部尺寸精度。

6）锯削。要求达到尺寸（20±0.5）mm，锯面平面度 0.5mm，留有 3mm 不锯，最后修去锯口毛刺。

四、注意事项

1）为了能对 20mm 凸、凹形的对称度进行测量控制，60mm 尺寸的实际尺寸必须测量准确，并应取其各点实测值的平均数值。

2）20mm 凸形面加工时，只能先去掉一垂直角料，待加工至所要求的尺寸公差后，才能去掉另一垂直角料。由于受测量工具的限制，只能采用间接测量法得到所需要的尺寸公差。

3）采用间接测量方法来控制工件的尺寸精度，必须控制好有差的工艺尺寸。例如为保证 20mm 凸形面的对称度要求，用间接测量控制有关工艺尺寸，用图解说明，即图 3-15a 为凸形面的最大与最小控制尺寸；图 3-15b 为在最大控制尺寸下，取得的尺寸 19.95mm，这时对称度误差最大左偏值为 0.05mm；图 3-15c 为在最小控制尺寸下，取得的尺寸 20mm，这时对称度误差最大右偏值为 0.05mm。

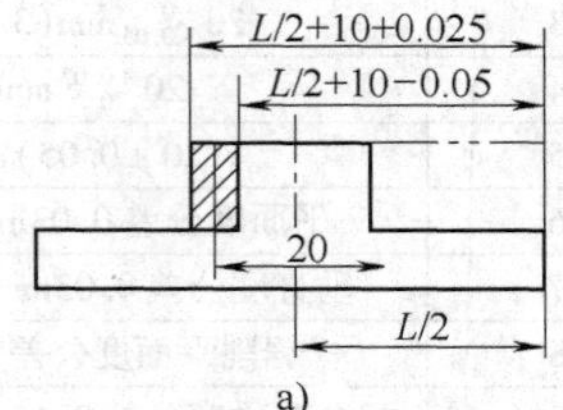

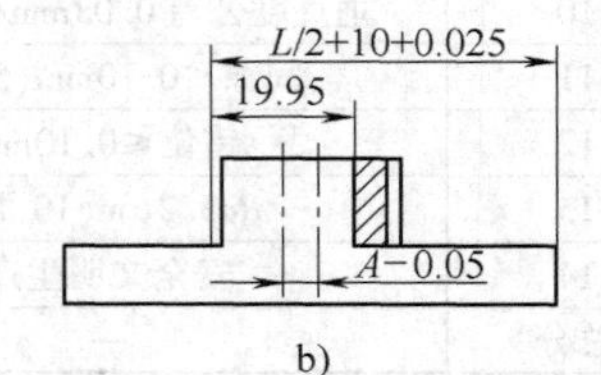

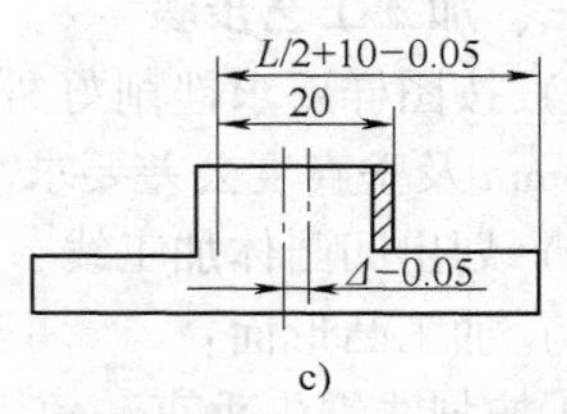

图 3-15　间接控制时的尺寸
a）凸形面的最大和最小控制尺寸
b）最大控制尺寸下，取得尺寸 19.95mm
c）最小控制尺寸下，取得尺寸 20mm

4）当实习件不允许直接配锉，而要达到互配件的要求间隙时，就必须认真控制凸、凹件的尺寸误差。

5）为达到配合后转位互换精度，在凸、凹形面加工时，必须控制垂直度误差（包括与大平面 B 的垂直度）在最小的范围内。如图 3-16 所示，由于凸、凹形面没有控制垂直度，互换配合后就会出现很大间隙。

6）在加工垂直面时，要防止锉刀侧面碰坏另一垂直侧面，因此必须将锉刀一侧在砂轮上进行修磨，并使其与锉刀的夹角略小于 90°（锉内垂直面时），刃磨后最好用油石磨光。

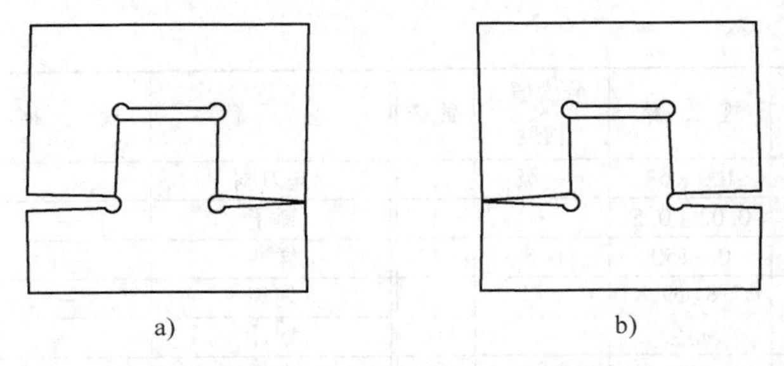

图 3-16　垂直度误差对配合间隙的影响

a）凸形面垂直度误差产生的间隙　b）凹形面垂直度误差产生的间隙

任务七　双角度对配

一、教学要求

1）理解：封闭式镶配的工艺、尺寸控制及测量方法。

2）掌握：提高对锉配精度和孔距的控制能力；提高对尺寸及几何公差的控制能力。

二、教学内容

1）角度块对配的制作工艺、测量方法、控制方法。

2）角度块对配的制作。

三、实习步骤

1. 备料图（图 3-17）

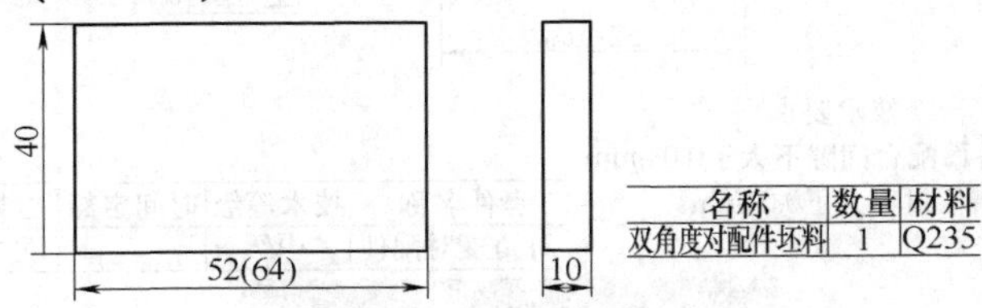

图 3-17　双角度对配件坯料

2. 工、量、刃具清单（表 3-13）

表 3-13　双角度对配制作所用工、量、刃具清单　　（单位：mm）

名　　称	规　　格	分度值、精度	数量	名　　称	规　　格	分度值、精度	数量
游标高度卡尺	0 ~ 200	0.02	1	细扁锉	150	—	1
游标卡尺	0 ~ 150	0.02	1	细方锉	150	—	1
千分尺	0 ~ 25	0.01	1	细三角锉	150	—	1
	25 ~ 50	0.01	1		100	—	1
	50 ~ 75	0.01	1	整形锉	—	—	1 副
	75 ~ 100	0.01	1				

（续）

名　称	规　格	分度值、精度	数量	名　称	规　格	分度值、精度	数量
刀口形直角尺	100×63	一级	1	锉刀刷	—	—	1
塞尺	0.02～0.5	—	1	锤子	—	—	1
钢直尺	0～150	0.5	1	样冲	—	—	1
钻头	φ7.8、φ9.8、φ12	—	1	划规	—	—	1
				划针	—	—	1
粗扁锉	250	—	1	锯弓	—	—	1
中扁锉	200	—	1	锯条	—	—	自定
刷子	75	—	1	软钳口	—	—	1副
备注				备注			

3. 考核图（图3-18）

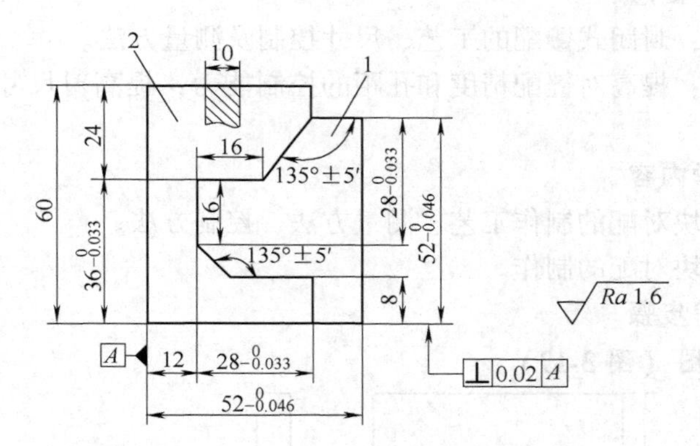

技术要求

1.各面配合间隙不大于0.04mm；

2.错位量不大于0.04mm。

考件名称	技术等级	时间定额	材料
对角度对配件	中级		Q235

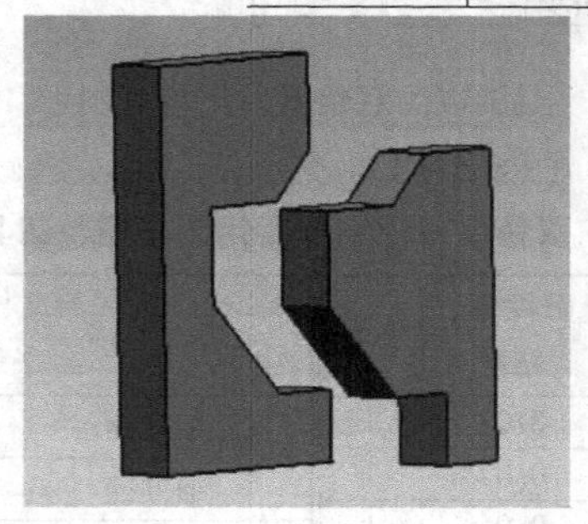

图3-18　双角度对配考核图

4. 评分表（表3-14）

表3-14　双角度对配考核评分表

序号	项目	考核要求		配分	检验结果	得分
		精度	粗糙度			
1	尺寸	$28_{-0.033}^{0}$mm 2处	Ra1.6μm	8		
2		$52_{-0.046}^{0}$mm	同上	16		
3		135°±5′ 2处	同上	14		
4		$36_{-0.033}^{0}$mm	同上	8		
5	其他	5项（IT12）	同上	4		
6	几何公差	垂直度公差0.02mm/A	—	4		
7	技术要求	技术要求1	—	30		
8		技术要求2	—	6		
9	安全文明	现场记录		10		
10	违反安全文明生产酌情扣1~5分					
总分	—	—		100	—	

四、加工方法

1）检查来料尺寸。

2）将来料备成52mm×40mm和64mm×40mm坯料各一块，并达到垂直度0.02mm和Ra1.6μm等相关要求（图3-19）。

3）加工件1：

①划所有形体加工线（图3-20）。

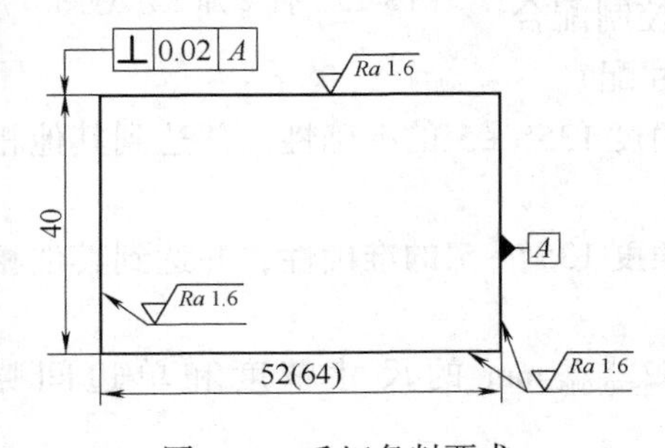

图3-19　毛坯备料要求

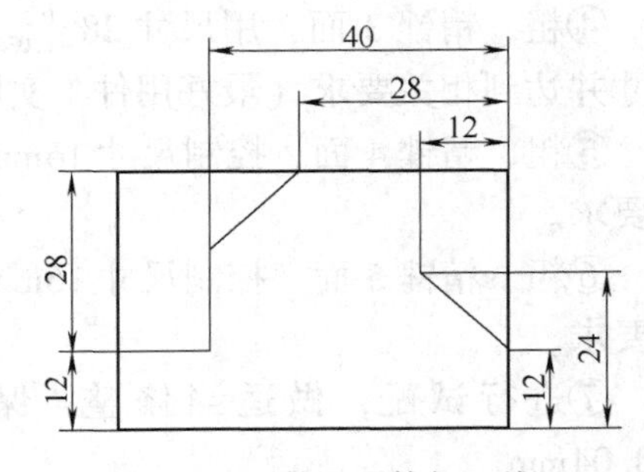

图3-20　件1形体加工线

②锯削1、2面，留锉削余量0.8~1mm（图3-21）。

③粗、精锉1面，用间接测量法计算加工尺寸，即40mm尺寸的实际尺寸$-28_{-0.033}^{0}$mm。

④粗、精锉2面，直接测量尺寸40mm，检验其是否达到相关要求。

⑤锯削3、4面，留锉削余量0.8~1mm（图3-22）。

⑥粗、精锉3面，保证尺寸$28_{-0.032}^{0}$；粗、精锉4面，保证角度135°±5′等相关要求（图3-22）。

⑦锯削 5 面，留锉削余量 0.8 ~ 1mm，粗、精锉，保证尺寸 16mm 和角度 135° ±5′的准确性等相关要求（图 3-22）。

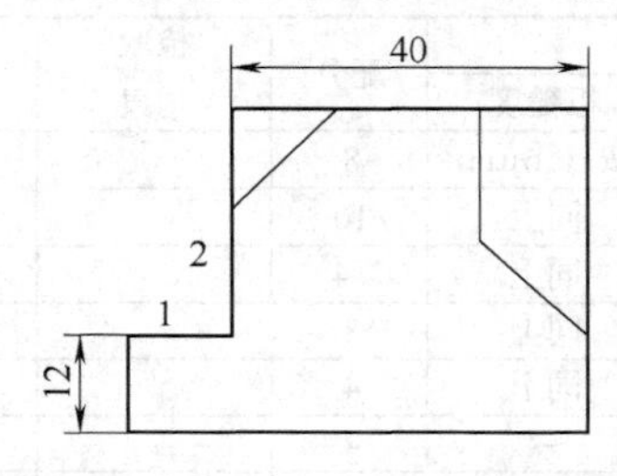

图 3-21　锯削 1、2 面尺寸要求

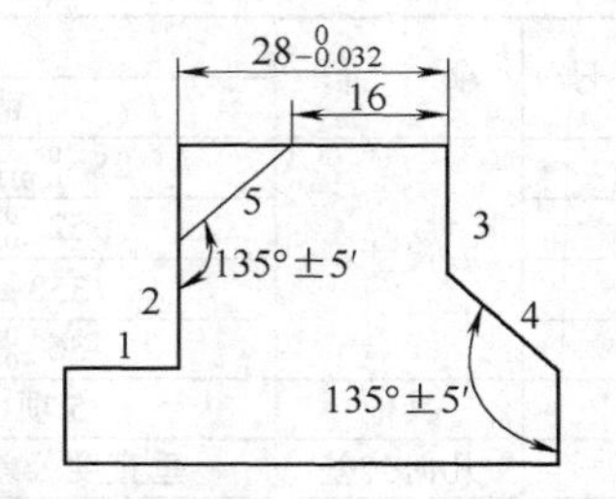

图 3-22　加工 3、4、5 面示意图

4）加工件 2：

①划所有形体加工线，钻排孔并锯削去除多余材料，粗锉各面（注意保留精锉余量），并按件 1 实际尺寸进行配锉（图 3-23）。

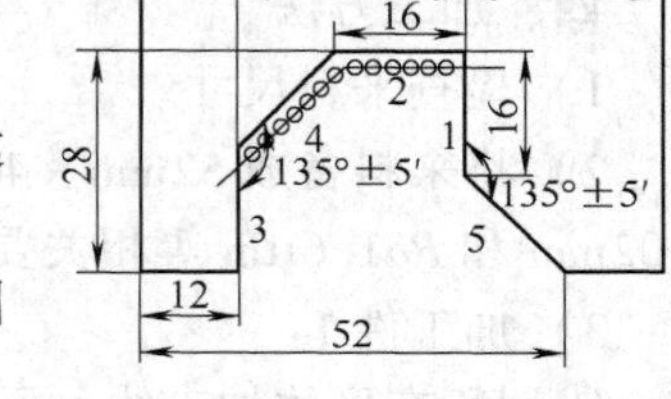

图 3-23　件 2 加工示意图

②粗、精锉 1 面，用 20mm 控制 1 面尺寸并达到相关要求。

③粗、精锉 2 面，直接控制尺寸 16mm 并达到相关要求。

④粗、精锉 3 面，用尺寸 $28_{-0.032}^{\ 0}$ mm 控制配合尺寸并达到相关要求（最好用件 1 实际尺寸配）。

⑤粗、精锉 4 面，控制尺寸 16mm 和角度 135° ±5′的准确性，并达到其他相关要求。

⑥粗、精锉 5 面，控制尺寸 16mm 和角度 135° ±5′的准确性，并达到其他相关要求。

⑦进行试配，做适当修整，保证 $52_{-0.046}^{\ 0}$ mm 的尺寸精度和单边间隙 ≤0.04mm。

⑧精度复检，去毛刺，打钢印，上交待检。

五、注意事项

1）铁屑不能用嘴吹，必须用毛刷刷干净。

2）钻孔时要严格遵守台钻安全操作规程。

3）刃磨钻头时应严格遵守砂轮机操作规程。

4）注意做好圆弧与平面交角处的清角。

5）凹件錾除余料时应注意防止工件变形。

6）配合过程要严格按照工艺流程进行。

7）加工斜面时，必须掌握游标万能角度尺的使用方法。

8）注意培养锉配的分析能力。

任务八　直角圆弧镶配

一、教学要求

1）掌握：直角圆弧镶配的锉配方法、测量方法、尺寸控制方法。

2）了解：提高锉配精度，树立产品意识。

二、教学内容

直角圆弧镶配的制作工艺及测量方法；直角圆弧镶配的制作。

三、实习步骤

1. 备料图（图 3-24）

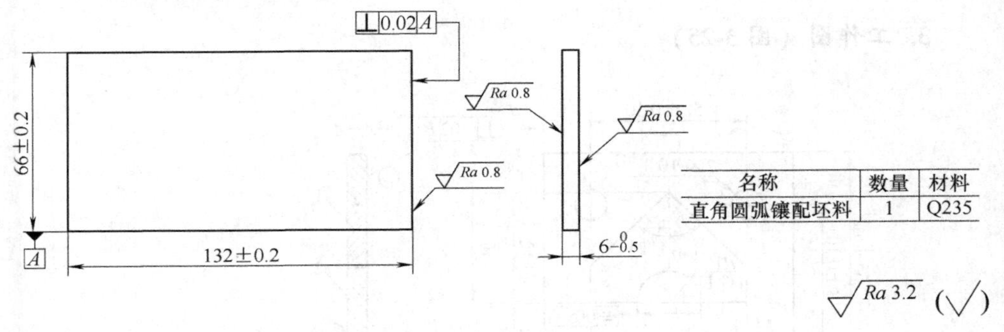

图 3-24　直角圆弧镶配坯料

2. 工、量、刃具清单（表 3-15）

表 3-15　直角圆弧镶配制作所用工、量、刃具清单　（单位：mm）

名　　称	规　　格	分度值、精度	数量	名称	规格	分度值、精度	数量
游标高度卡尺	0～200	0.02	1	细扁锉	150	—	1
游标卡尺	0～150	0.02	1	细方锉	150	—	1
千分尺	0～25	0.01	1	细三角锉	150	—	1
	25～50	0.01	1	整形锉	—	—	1 副
	50～75	0.01	1	锤子	—	—	1
游标万能角度尺	0°～320°	2′	1	样冲	—	—	1
刀口形直角尺	100×63	一级	1	划规	—	—	1
塞尺	0.02～0.5	—	1	划针	—	—	1
半径样板	7～14.5	—	1	锯弓	—	—	1
钢直尺	0～150	0.5	1	表面粗糙度比较样块	—	—	1

（续）

名　　称	规　　格	分度值、精度	数量	名称	规格	分度值、精度	数量
钻头	ϕ5、ϕ9.8、ϕ8	—	各1	锯条	—	—	自定
				狭錾	刃口宽约10	—	1
粗扁锉	250	—	1	软钳口	—	—	1副
中扁锉	200	—	1	锉刀刷	—	—	1
手用圆柱铰刀	ϕ10	H8	1	刷子	75	—	1
塞规	ϕ10	H8	1	V形架	—	I型	1
备注				备注			

3. 工作图（图3-25）

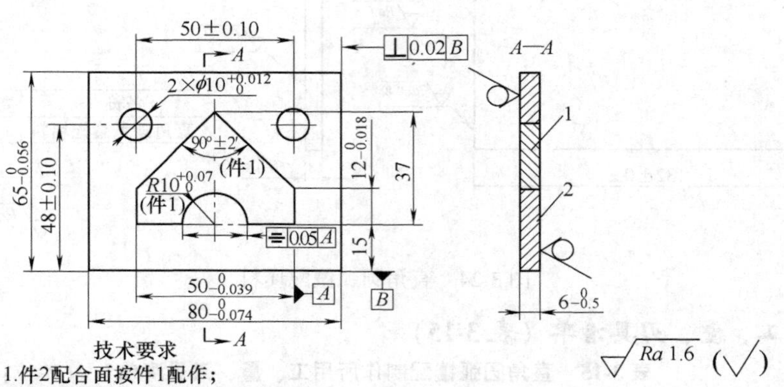

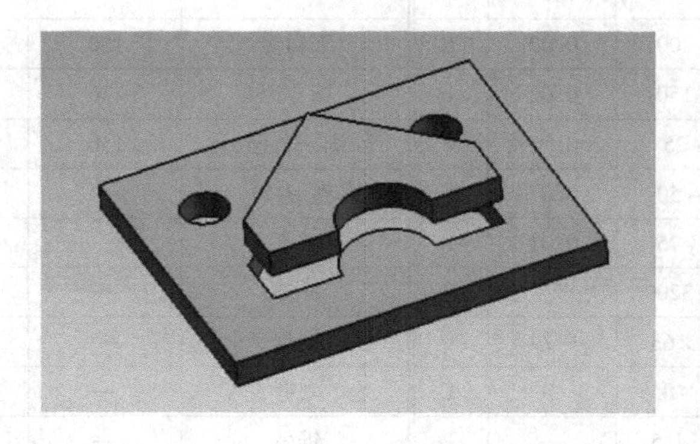

图3-25　直角圆弧镶配工作图

4. 评分表（表 3-16）

表 3-16　直角圆弧镶配考核评分表

序　号	考核要求	配　分	测量结果	得　分
1	$80_{-0.0374}^{0}$mm/Ra1.6μm	6/2		
2	$65_{-0.056}^{0}$mm/Ra1.6μm	6/2		
3	$50_{-0.039}^{0}$mm/Ra1.6μm(2 处)	6/2		
4	$12_{-0.018}^{0}$mm	4		
5	$R10_{0}^{+0.07}$mm/Ra1.6μm	8/4		
6	90°±2′/Ra1.6μm(2 处)	9/4		
7	$2\times\phi10_{0}^{+0.012}$mm/$Ra$1.6μm(2 处)	4/2		
8	(50±0.10)mm	3		
9	(48±0.10)mm	3		
10	对称度公差 0.05mm/A	4		
11	垂直度公差 0.02mm/B	3		
12	配合间隙 0.05mm	28		
13	未列尺寸及 Ra	每超差一处扣 1 分		
14	外观	毛刺、损伤、畸形等扣 1~5 分 未加工或严重畸形另扣 5 分		
15	安全文明生产	酌情扣 1~5 分，严重者扣 10 分		
总分	—	100	—	

四、加工方法

1）分析图样，制订详细的加工方案，检查来料尺寸是否合格。

2）备料尺寸为凹件 $80_{-0.074}^{0}$mm×$65_{-0.056}^{0}$mm 一块，凸件 $50_{-0.039}^{0}$mm×37mm 一块。

3）加工凸件：

①先加工基准面 A，控制 A 面与 B 面的角度为 135°±2′，并控制好高度 $12_{-0.18}^{0}$mm，如图 3-26 所示。

②加工 1 面，控制 1 面与 B 面的夹角 45°±2′，并控制好高度 $12_{-0.18}^{0}$mm，并尽量使 1 面与基准面 A 斜面高度一致，同时要控制好高度尺寸 37，如图 3-26 所示。

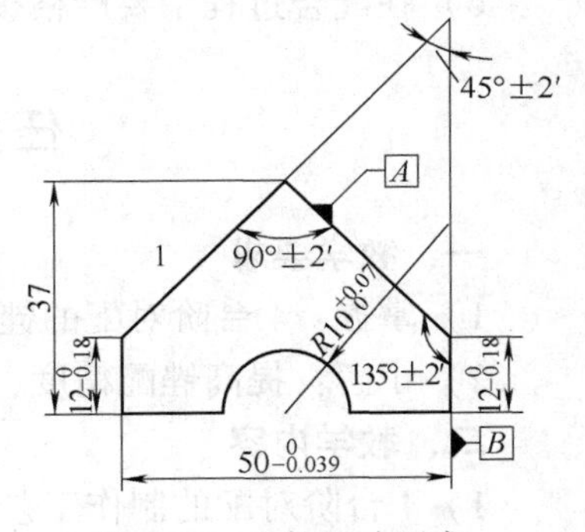

图 3-26　凸件尺寸要求

③加工圆弧 R10mm，控制该圆弧 $R10_{0}^{+0.07}$mm

的尺寸公差，以及对称度0.05mm（图3-25），可用测$R10$mm圆弧到1面和到基准面A距离相等的方法来控制圆弧的对称度。

④37mm尺寸90°尖角处可适当修成一个小圆弧，以降低配合难度。

4）加工凹件

①用定尖法钻孔及铰孔，达到孔距（50±0.10）mm，孔边距（48±0.10）mm及两孔径$\phi10^{+0.012}_{0}$mm要求，如图3-27所示。

②打排孔，錾击去除余料，要做到防止工件变形。

③粗、细锉至接近线条。

④先加工1面和2面，控制与B面的平行度及尺寸15，并使1面和2面尽量高低一致，以便控制配合互换后的配合间隙。

⑤加工3面，控制与1面的垂直度并进行清角。

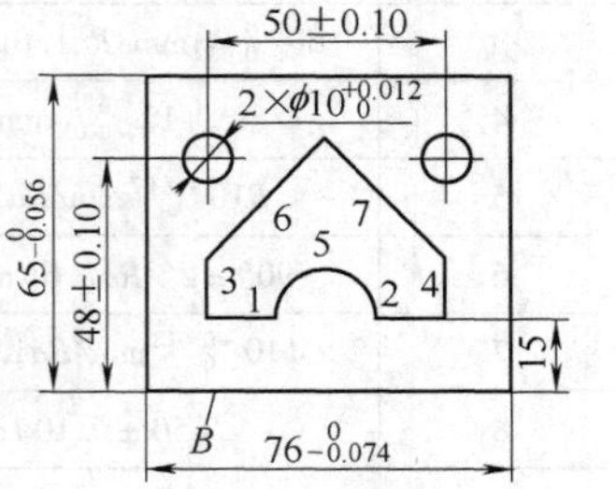

图3-27 凹件尺寸要求

⑥加工4面，控制与2面的垂直度并进行清角，同时用凸件试配。

⑦加工5圆弧面，用凸件试配。

⑧加工6面和7面并进行两面交角处的清角。

⑨翻转180°试配，并作适当修正以达到配合间隙要求。

5）去毛刺，全部尺寸复检。

五、注意事项

1）铁屑不能用嘴吹，必须用毛刷刷干净。

2）钻孔时要严格遵守台钻安全操作规程。

3）刃磨钻头时应严格遵守砂轮机操作规程。

4）注意做好圆弧与平面交角处的清角处理。

5）凹件錾除余料时应注意防止工件变形。

6）在配合过程中要严格按照工艺流程进行。

任务九 4台阶对配

一、教学要求

1）掌握：4台阶对配的锉配方法、测量方法、尺寸控制方法。

2）了解：提高锉配精度，树立产品意识。

二、教学内容

1）4台阶对配的制作工艺及测量方法。

2）4台阶对配的制作。

三、实习步骤

1. 备料图（图 3-28）

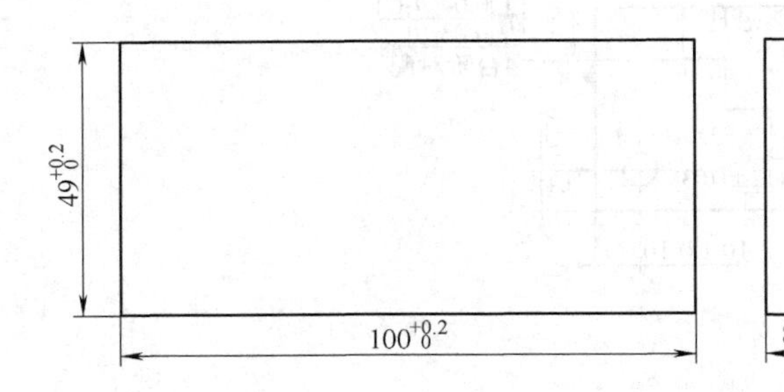

名称	数量	材料
4台阶对配坯料	1	Q235

图 3-28　4 台阶对配坯料

2. 工、量、刃具清单（表 3-17）

表 3-17　4 台阶对配制作所用工、量、刃具清单　　（单位：mm）

名　　称	规　　格	分度值、精度	数量	名　　称	规　　格	分度值、精度	数量
游标高度卡尺	0 ~ 200	0. 02	1	中扁锉	200	—	1
游标卡尺	0 ~ 150	0. 02	1	细扁锉	150	—	1
千分尺	0 ~ 25	0. 01	1	细方锉	150	—	1
	25 ~ 50	0. 01	1	细三角锉	150	—	1
	50 ~ 75	0. 01	1	整形锉	—	—	1 副
游标万能角度尺	0° ~ 320°	2′	1	锤子	—	—	1
刀口形直角尺	100 × 63	一级	1	样冲	—	—	1
塞尺	0. 02 ~ 0. 5	—	1	划规	—	—	1
				划针	—	—	1
塞规	$\phi8$	H7	1	锯弓	—	—	1
钢直尺	0 ~ 150	0. 5	1	锯条	—	—	自定
表面粗糙度比较样块	—	—	1	手用圆柱铰刀	$\phi8$	H7	1
百分表	—	—	1	软钳口	—	—	1 副
钻头	$\phi7.8$	—	1	锉刀刷	—	—	1
粗扁锉	250	—	1	刷子	75	—	1
备注				备注			

3. 工作图（图 3-29）

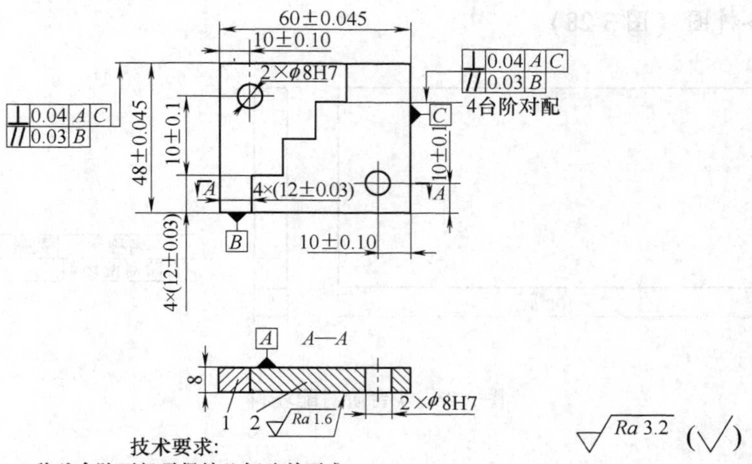

技术要求:
1.移动台阶面仍需保持几何公差要求;
2.配合间隙≤0.04mm;
3.工作顶角处可锯工艺槽，尺寸为C1。

名称	技术等级	时间定额	材料
4台阶对配	中级		Q235

图 3-29　4 台阶对配工作图

4. 配分标准（表 3-18）

表 3-18　4 台阶对配考核配分标准

序号	考核要求	配　分	检测工具	检测结果	得　分
1	(60 ±0. 045) mm	4	千分尺		
2	(48 ±0. 045) mm	4	千分尺		
3	4 × (12 ±0. 03) mm(件 1)	20	千分尺		
4	4 × (12 ±0. 03) mm(件 2)	20	千分尺		
5	2 × ϕ8H7mm	4	塞规		
6	Ra1. 6μm	2	表面粗糙度比较样块		
7	(10 ±0. 1) mm	8	游标卡尺		

（续）

序号	考核要求	配　分	检测工具	检测结果	得　分
8	垂直度公差0.04mm/*A*—*C*(件1)	2	90°角尺、百分表		
9	平行度公差0.03mm/*B*(件1)	2	百分表		
10	垂直度公差0.04mm/*A*—*C*(件2)	2	90°角尺、百分表		
11	平行度公差0.03mm(件2)	2	百分表		
12	技术要求1	10	—		
13	技术要求2	14	塞尺		
14	*Ra*3.2μm	6	表面粗糙度比较样块		
15	安全操作规程		现场记录		
总分	—	100	—	—	

四、加工方法

1）分析图样，制订详细的加工方案，检查来料尺寸是否合格。

2）先加工好两个基准面 *B* 和 *C*（图3-29），达到图样要求，以基准面 *B* 和 *C* 为划线基准，划出所有尺寸加工线，对于孔的中心线可留一定余量，以便孔偏位时加以修正。

3）钻 ϕ8H7mm 孔底孔 ϕ7.8mm 孔，并用 ϕ8mm 铰刀铰孔，检查孔边距尺寸(10±0.10)mm，并对基准边进行修正，直至达到孔边距（10±0.10)mm 尺寸要求。

4）加工工件外形尺寸（48±0.045)mm×（48±0.03)mm，同时达到其他几何公差要求。

5）如图3-30所示加工件2，先去除余料，粗锉至接近线条。

①先加工1面，控制1面与 *B* 面之间的尺寸在（12±0.03)mm 范围之内。

②加工2面，通过间接测量法控制1面与2面之间的尺寸（12±0.03)mm，即2面与基准面 *B* 之间的尺寸应为 *B* 面与1面之间的实际尺寸+(12±0.03)mm。

③同样方法，3面与基准面 *B* 之间的尺寸应为2面与基准面 *B* 之间的实际尺寸+(12±0.03)mm。

④同以上类似方法，测量4面与3面之间尺寸是否为（12±0.03)mm，如偏大，可对4面进行修正，这要求48mm尺寸要留上偏差，有修正余量。

⑤加工1′面，直接控制（12±0.03)mm 尺寸。

⑥加工2′面，方法同2面，控制（12±0.03)mm 尺寸。

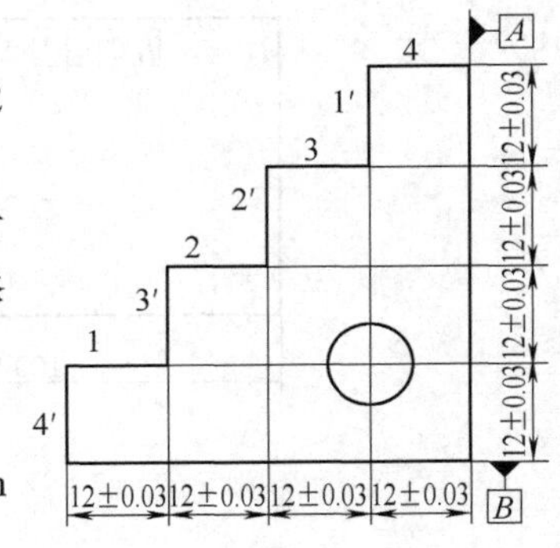

图3-30　4台阶尺寸要求

⑦加工3′面，方法同3面，控制（12±0.03)mm

尺寸。

⑧加工4′面，方法同4面，控制（12±0.03)mm尺寸。

6）同件2方法一样，加工件1，达到要求。

7）两件配合，适当修正配合间隙，达到图样规定要求。

8）检查组合尺寸（60±0.045)mm，如偏大可对件1左侧面进行修正，直到达到尺寸（60±0.045)mm要求。

9）去毛刺，尺寸复检。

五、注意事项

1）铁屑不能用嘴吹，必须用毛刷刷干净。

2）钻孔时要严格遵守台钻安全操作规程。

3）刃磨钻头时应严格遵守砂轮机操作规程。

4）注意做好圆弧与平面交角处的清角。

任务十 T形配板

一、教学要求

1）掌握：T形配板的锉配方法、测量方法、尺寸控制方法。

2）了解：提高锉配精度，树立产品意识。

二、教学内容

1）T形配板的制作工艺及测量方法。

2）T形配板的制作。

三、实习步骤

1. 备料图（图3-31）

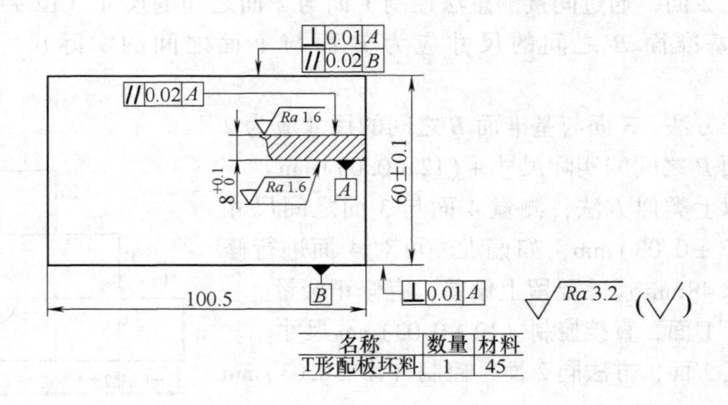

名称	数量	材料
T形配板坯料	1	45

图3-31 T形配板坯料

2. 工、量、刃具清单（表3-19）

表3-19　T形配板制作所用工、量、刃具　（单位：mm）

名　称	规　格	分度值、精度	数量	名称	规格	分度值、精度	数量
游标高度卡尺	0～200	0.02	1	划规	—	—	1
游标卡尺	0～150	0.02	1	塞规	$\phi10$	H7	1
千分尺	0～25	0.01	1	钢直尺	0～150	0.5	1
	25～50	0.01	1	表面粗糙度比较样块	—	—	1
	50～75	0.01	1	钻头	$\phi9.8$	—	1
游标万能角度尺	0°～320°	2′	1	粗扁锉	250	—	1
表面粗糙度比较样块	100×63	一级	1	中扁锉	200	—	1
塞尺	0.02～0.5	—	1	划针	—	—	1
细扁锉	150	—	1	锯弓	—	—	1
细方锉	150	—	1	锯条	—	—	自定
细三角锉	150	—	1	手用圆柱铰刀	$\phi10$	H7	1
	100	—	1	铰杠	—	—	1
整形锉	—	—	1副	软钳口	—	—	1副
锤子	—	—	1	锉刀刷	—	—	1
样冲	—	—	1	刷子	75	—	1
备注				备注			

3. 工作图（图 3-32）

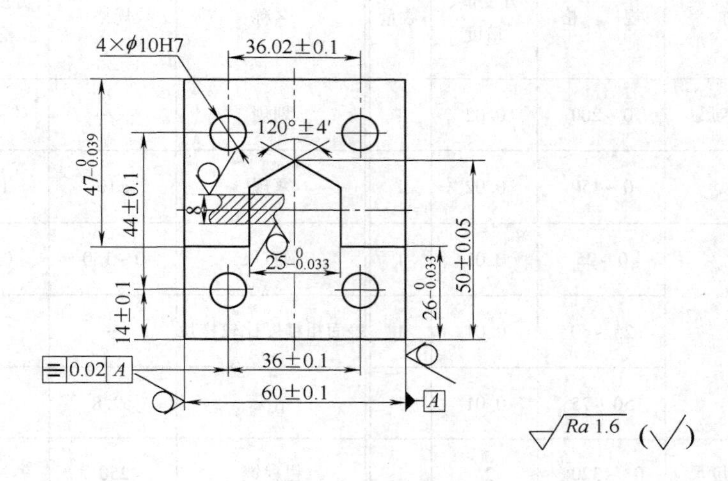

技术要求

1.以凸件为基准，凹件配作；

2.配合互换，间隙不大于0.04mm，两侧错位量不大于0.04mm。

技术等级	名称	材料	工时定额
中级	T形配板	Q235	

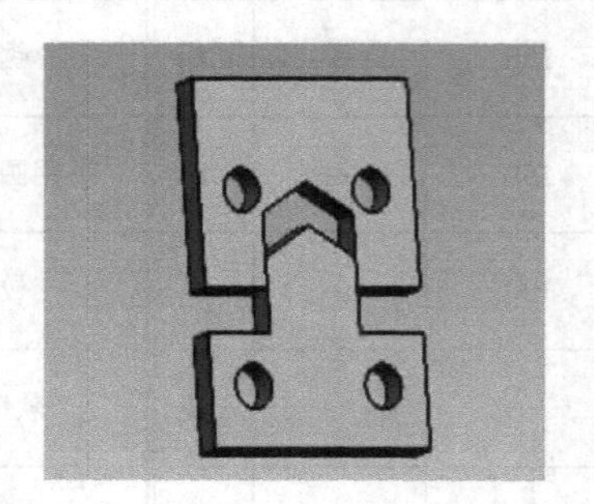

图 3-32　T 形配板工作图

4. 评分表（表 3-20）

表 3-20　T 形配板加工考核评分表

项目	序号	考核要求	配分	检测工具	测量结果	得分
锉削	1	(50 ±0.05)mm	4	游标卡尺		
	2	$26^{\ 0}_{-0.033}$mm(2 处)	4	千分尺		
	3	$25^{\ 0}_{-0.033}$mm	7			
	4	120° ±4′	6	游标万能角度尺		
	5	$47^{\ 0}_{-0.039}$mm	6	千分尺		
	6	表面粗糙度 Ra1.6μm(14 面)	10	表面粗糙度比较样块		
钻铰	7	4 × ϕ10H7	4	塞规		
	8	(14 ±0.1)mm	3	游标卡尺		
	9	(36 ±0.1)mm	8			
	10	对称度公差 0.20mm/A	6			
	11	表面粗糙度 Ra1.6μm(4 处)	4	表面粗糙度比较样块		
配合	12	间隙不大于 0.04mm(6 处)	24	塞尺		
	13	错位量不大于 0.04mm	6			
	14	(44 ±0.1)mm	5	游标卡尺		
其他	15	安全操作规程	3	—	—	
总分		—	100	—	—	

四、加工方法

1）仔细分析图样，制订详细的加工方案，检查来料尺寸是否合格。

2）备料尺寸为（60 ±0.1）mm ×100.5mm 一块，达到其他几何公差要求。

3）加工凸件（图 3-33）：

①先从备料中锯下一块材料，锉削达到尺寸（60 ± 0.1）mm ×（50 ± 0.05）mm。

②分别以 A 面及一个相邻面为划线基准，划出所有尺寸加工线。

③采用顶尖法钻两 ϕ9.8mm 孔，用 ϕ10H7 铰刀铰孔，达到孔距（36 ± 0.1）mm，孔的对称度 0.20mm 要求，以及两孔孔边距（14 ±0.1）mm 要求（图 3-32）。

④先加工 1 面，控制 $26^{\ 0}_{-0.033}$mm 尺寸和与 B 面的平行度（图 3-33）。

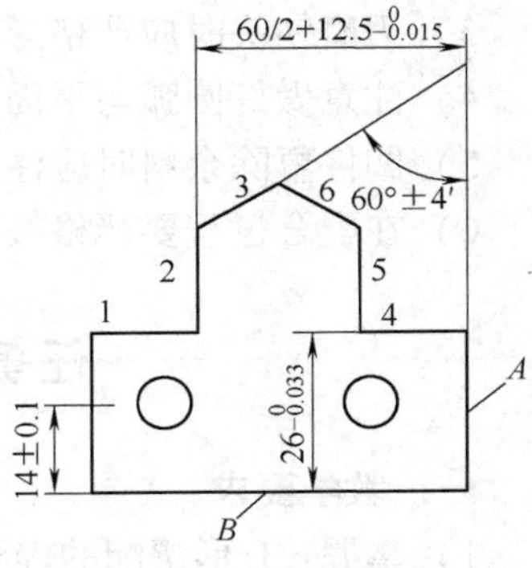

图 3-33　凸件加工分析

⑤加工 2 面，控制 2 面与基准 A 之间的尺寸

（60mm 尺寸的实际尺寸/2 + 12.5 $_{-0.015}^{0}$ mm），并控制好 2 面与基准 A 的平行度，做好清角工作。

⑥加工 3 面，控制 3 面与基准 A 的角度 60° ±4′。

⑦加工 4 面方法同 1 面。

⑧加工 5 面，控制与 2 面之间的尺寸 25 $_{-0.033}^{0}$ mm，并做好清角。

⑨加工 6 面，控制与 A 面对应面之间的夹角 60° ±4′，加工时要注意 3 面与 6 面应高低一致。

4）加工凹件（图 3-34）：

①先在锯下的材料中加工外形（60 ±0.1）mm ×47 $_{-0.039}^{0}$ mm，达到相关要求。

②划出所有尺寸加工线。

③用顶尖法钻 ϕ10H7 孔底径 ϕ9.8mm，控制好孔距（36 ±0.1）mm 及孔边距（44 ±0.1）mm。

④铰两个 ϕ10H7 孔，达到要求。

⑤钻、锯去除 1、2、3、4 面余料，如图 3-34 所示。

⑥同时加工 1 面与 2 面，控制 x 尺寸与 y 尺寸相等，并保证与外形尺寸面平行，同时用凸件试配，控制配合间隙。

⑦加工 3、4 面，同时用凸件试配，达到配合间隙要求和错位量要求，做好清角工作。

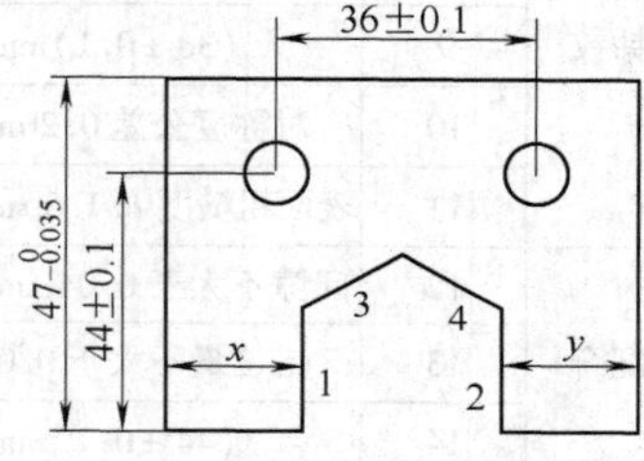

图 3-34　凹件加工分析

⑧凹件转位 180°配合，适当修正，达到配合间隙和错位量要求。

5）去毛刺，尺寸复检。

五、注意事项

1）铁屑不能用嘴吹，必须用毛刷刷干净。

2）钻孔时要严格遵守台钻安全操作规程。

3）刃磨钻头时应严格遵守砂轮机操作规程。

4）注意做好圆弧与平面交角处的清角工作。

5）凹件錾除余料时应注意防止工件变形。

6）在配合过程要严格按照工艺流程进行。

任务十一　L 形镶配

一、教学要求

1）掌握：L 形镶配的锉配方法、测量方法、尺寸控制方法。

2）了解：提高锉配精度，树立产品意识。

二、教学内容

1）L 形镶配的制作工艺及测量方法。

2）L 形镶配的制作。

三、实习步骤

1. 备料图（图 3-35）

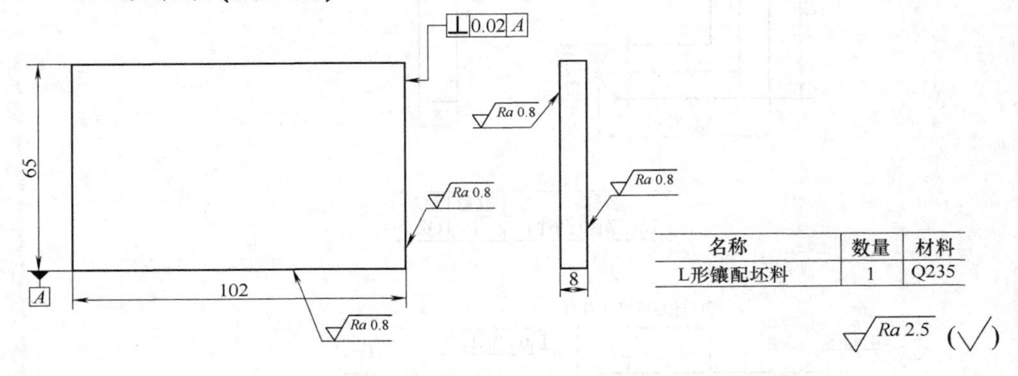

图 3-35　L 形镶配坯料

2. 工、量、刃具清单（表 3-21）

表 3-21　L 形镶配制作所用工、量、刃具清单　（单位：mm）

名　称	规　格	分度值、精度	数量	名称	规格	分度值、精度	数量
游标高度卡尺	0～200	0.02	1	塞规	ϕ8	H7	1
游标卡尺	0～150	0.02	1	细扁锉	150	—	1
千分尺	0～25	0.01	1	细方锉	150	—	1
	25～50	0.01	1	细三角锉	150	—	1
	50～75	0.01	1	整形锉	—	—	1 副
游标万能角度尺	0°～320°	2′	1	锤子	—	—	1
刀口形直角尺	100×63	一级	1	样冲	—	—	1
塞尺	0.02～0.5	—	1	划规	—	—	1
半径样板	1～6.5、7～14.5	—	各 1	划针	—	—	1
				锯弓	—	—	1
钢直尺	0～150	0.5	1	锯条	—	—	自定
表面粗糙度比较样块	—	—	1	狭錾	刃口宽约 10	—	1
钻头	ϕ4、ϕ7.8	—	各 1	软钳口	—	—	1 副
粗扁锉	250	—	1	锉刀刷	—	—	1
中扁锉	200	—	1	刷子	75	—	1
手用圆柱铰刀	ϕ8	H7	1	铰杠	—	—	1
备注				备注			

3. 工作图（图 3-36）

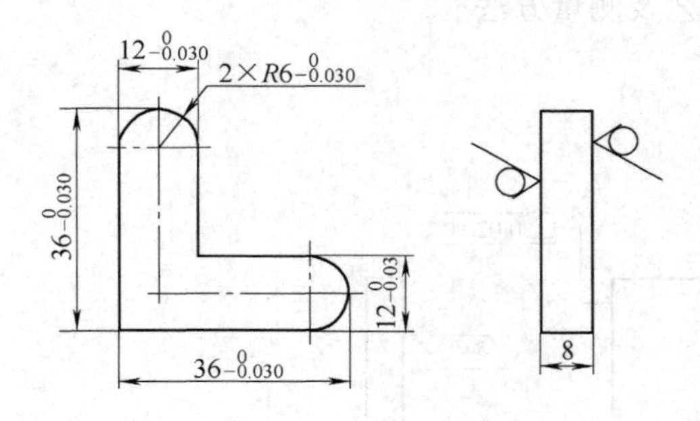

名称	数量	材料
L形镶配(凸件)	1	Q235

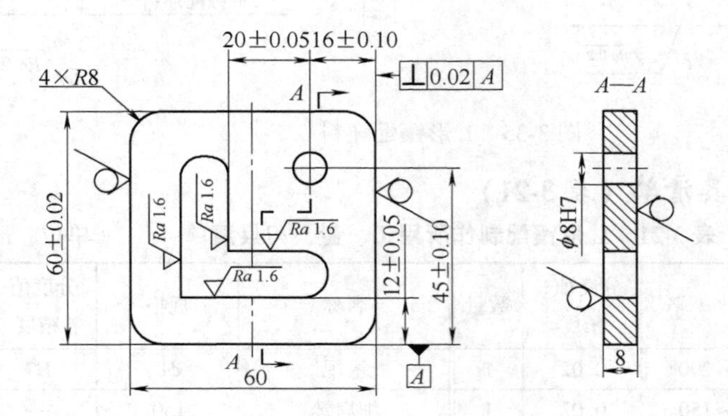

名称	数量	材料
L形镶配(凹件)	1	Q235

Ra 3.2 (√)

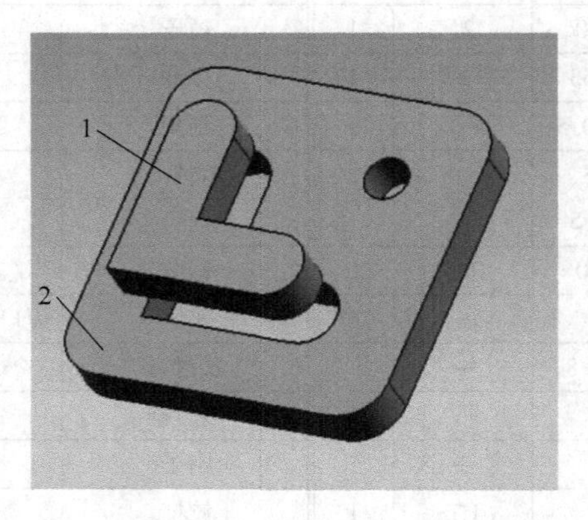

图 3-36　L 形镶配工作图

4. 评分表（表3-22）

表3-22　L形镶配考核评分表

项目	序号	考核要求	配分	检测工具	检测结果	得分
件1	1	$12_{-0.030}^{\ 0}$mm(2处)	8	千分尺		
	2	$36_{-0.030}^{\ 0}$mm(2处)	8			
	3	$R6_{-0.030}^{\ 0}$mm(2处)	8	半径样板		
	4	$Ra3.2\mu m$(6处)	5	表面粗糙度比较样块		
件2	5	(60±0.02)mm	4	千分尺		
	6	(12±0.05)mm	5			
	7	(20±0.05)mm	8	游标卡尺		
	8	垂直度0.02mm/A	4	刀口形直角尺、塞尺		
	9	$Ra3.2\mu m$	6	表面粗糙度比较样块		
	10	$\phi8H7$mm	2	塞规		
	11	$Ra1.6\mu m$	2	表面粗糙度比较样块		
	12	(16±0.10)mm	5	游标卡尺		
	13	(45±0.10)mm	5			
配合	14	间隙不大于0.05mm(5处)	30	平板、塞尺		
总分	—	—	100	—	—	

四、加工方法

1）仔细分析图纸，制订详细的加工方案，检查来料尺寸是否合格。

2）备料，凸件$36_{-0.030}^{\ 0}$mm×$36_{-0.030}^{\ 0}$mm一块，凹件60mm×(60±0.02)mm一块，达到各项要求。

3）加工凸件：

①据基准划出所有尺寸加工线。

②加工1面，控制1面与A面之间的尺寸$12_{-0.030}^{\ 0}$mm及平行度，如图3-37所示。

③加工2面，控制2面与B面之间的尺寸$12_{-0.030}^{\ 0}$mm及平行度。

④加工$R6$圆弧面3，达到圆弧半径$R6_{-0.030}^{\ 0}$mm及尺寸$36_{-0.030}^{\ 0}$mm和其他几何公差要求。

⑤加工$R6$圆弧面4，达到与圆弧面3相同的要求。

⑥注意做好清角工作（1面与2面之间的交角）。

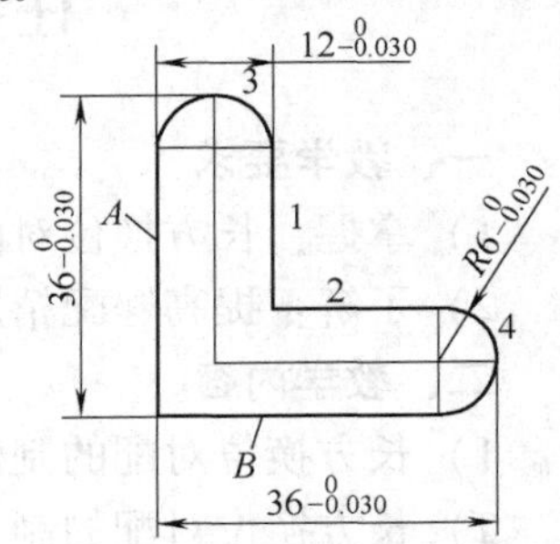

图3-37　凸件尺寸要求

4）加工凹件：

①划出所有尺寸加工线。

②先钻 ϕ8H7 孔底孔 ϕ7.8mm，然后铰孔，达到孔径，孔边距（16 ±0.10）mm 及（45 ±0.10）mm 要求，如图 3-38 所示。

③钻排孔，錾击去除余料，粗、细锉至接近线条。

④加工 1 面，控制 1 面与 B 面的平行度及与 ϕ8H7 孔的距离（20 ±0.05）mm 要求，如图 3-38 所示。

⑤加工 2 面，控制 2 面与基准 A 的平行度及与 A 面的距离（12 ±0.05）mm 要求。

⑥加工 3 面，做好 2 面与 3 面交角处的清角工作，同时用凸件试配，控制间隙。

⑦加工 4 面，用凸件试配，控制间隙。

⑧加工圆弧面 5，用凸件试配。

⑨加工圆弧面 6，用凸件试配。

⑩整体修正，达到图样配合处的要求。

5）去毛刺，尺寸复检。

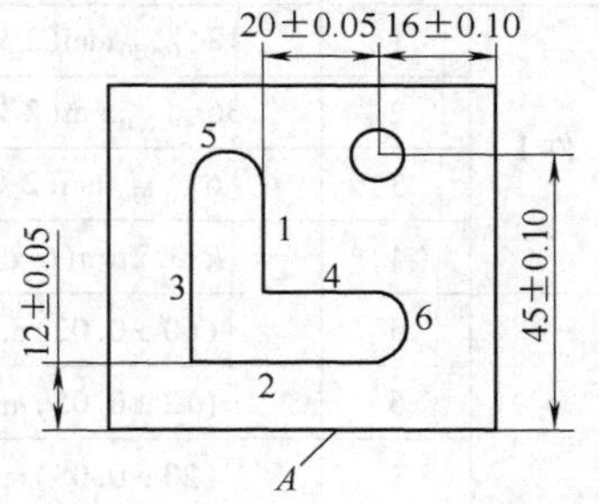

图 3-38　凹件尺寸要求

五、注意事项

1）铁屑不能用嘴吹，必须用毛刷刷干净。

2）钻孔时要严格遵守台钻安全操作规程。

3）刃磨钻头时应严格遵守砂轮机操作规程。

4）注意做好圆弧与平面交角处的清角工作。

5）凹件錾除余料时应注意防止工件变形。

6）在配合过程要严格按照工艺流程进行。

任务十二　长方换位对配

一、教学要求

1）掌握：长方换位对配的锉配方法、测量方法、尺寸控制方法。

2）了解：提高锉配精度，树立产品意识。

二、教学内容

1）长方换位对配的制作工艺及测量方法。

2）长方换位对配的制作。

三、实习步骤

1. 备料图（图 3-39）

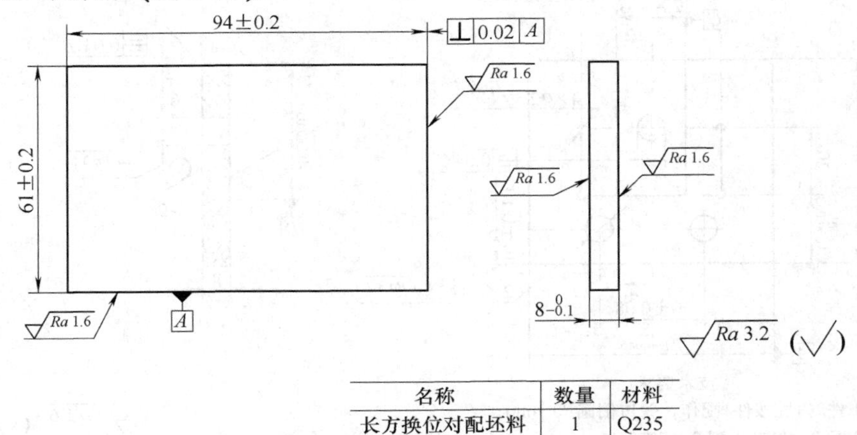

名称	数量	材料
长方换位对配坯料	1	Q235

图 3-39　长方换位对配坯料

2. 工、量、刃具清单（表 3-23）

表 3-23　长方换位对配制作所用工、量、刃具清单　（单位：mm）

名　称	规　格	分度值、精度	数量	名　称	规　格	分度值、精度	数量
游标高度卡尺	0 ~ 200	0. 02	1	中扁锉	200	—	1
游标卡尺	0 ~ 150	0. 02	1	细扁锉	150	—	1
千分尺	0 ~ 25	0. 01	1	细方锉	150	—	1
	25 ~ 50	0. 01	1	细三角锉	150	—	1
	50 ~ 75	0. 01	1		100	—	1
游标万能角度尺	0° ~ 320°	2′	1	整形锉	—	—	1 副
刀口形直角尺	100 × 63	一级	1	锤子	—	—	1
塞尺	0. 02 ~ 0. 5	—	1	样冲	—	—	1
				划规	—	—	1
钢直尺	0 ~ 150	0. 5	1	划针	—	—	1
表面粗糙度比较样块	—	—	1	锯弓	—	—	1
百分表（带表座）	—	—	—	锯条	—	—	自定
钻头	φ2、φ5	—	各 1	软钳口	—	—	1 副
	φ8、φ6	—	各 1	锉刀刷	—	—	1
粗扁锉	250	—	1	刷子	75	—	1
备注				备注			

3. 考核图（图 3-40）

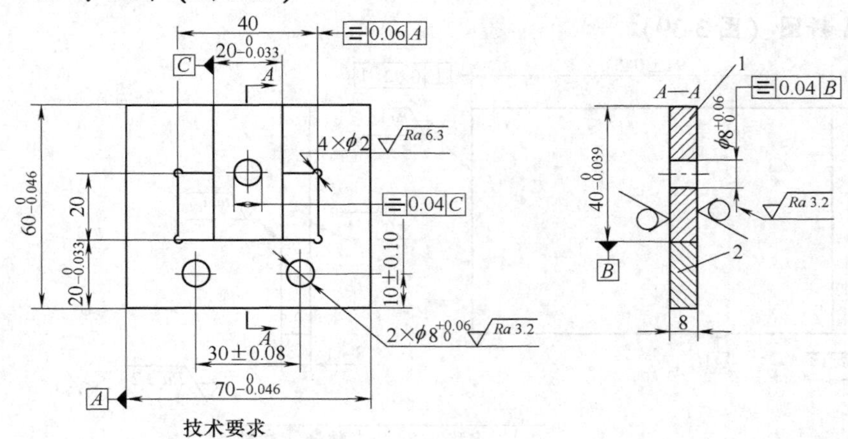

技术要求

1.件2内腔按件1配作，锐边倒圆R0.3mm；

2.配合(转向90°配合)间隙0.05mm；

3.外形(翻转180°外形)错位0.03mm。

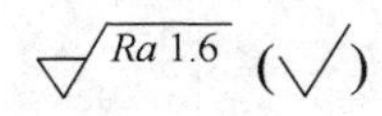

考件名称	技术等级	时间定额	材料
长方换位对配	中级	300min	Q235

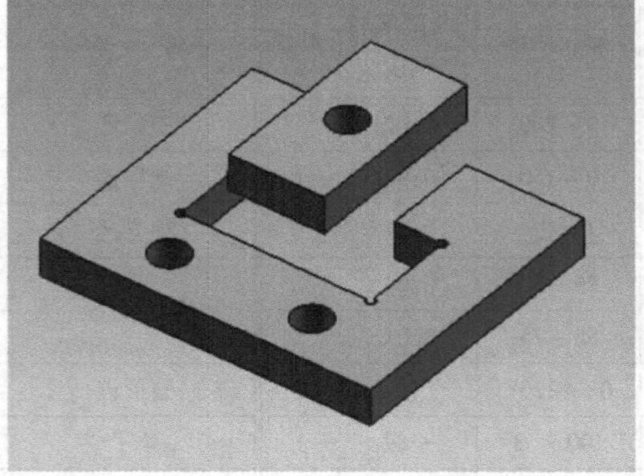

图 3-40　长方换位对配考核图

4. 评分表（表 3-24）

表 3-24　长方换位对配考核评分表

序　　号	考核要求	配　　分	测量结果	得　　分
1	$40_{-0.0339}^{0}$ mm/Ra1.6μm	6/3		
2	$20_{-0.033}^{0}$ mm/Ra1.6μm	6/3		
3	$\phi 8_{0}^{+0.06}$ mm/Ra3.2μm	2/1		
4	对称度公差 0.04mm/B—C	10		

（续）

序　号	考核要求	配　分	测量结果	得　分
5	$70_{-0.046}^{\ 0}$mm/*Ra*1.6μm	6/3		
6	$60_{-0.046}^{\ 0}$mm/*Ra*1.6μm	6/3		
7	$20_{-0.033}^{\ 0}$mm/*Ra*1.6μm	5/1		
8	$2\times\phi 8_{\ 0}^{+0.06}$mm/*Ra*3.2μm	4/2		
9	(30±0.08)mm	5		
10	(10±0.10)mm	6		
11	对称度公差0.06mm/*A*(2处)	10		
12	配合间隙0.05mm	14		
13	外形错位0.03mm	4		
14	未列尺寸及*Ra*	每超差一处扣1分		
15	外观	毛刺、损伤、畸形等扣1~5分		
		未加工或严重畸形另扣5分		
16	安全文明生产	酌情扣1~5分,严重者扣10分		
总分	—	100	—	

四、加工方法

1）分析图样，制订最佳加工方案，检查来料尺寸，落料时应注意合理下料，做到省料。

2）将凸件和凹件两基准面备好，达到垂直度要求。

3）加工凸件（件1）：

①先以基准面*A*、*D*为基准划线，划孔加工线时，可放0.1mm余量，以便孔偏位时予以修正，如图3-41所示。

②用$\phi 8$钻头钻孔，如发现孔向上、向右偏移时，可适当修正*A*、*D*两基准，直到符合要求为止。

③加工*A*、*D*两面的对应面，控制尺寸公差，孔的对称度及其他相关要求。

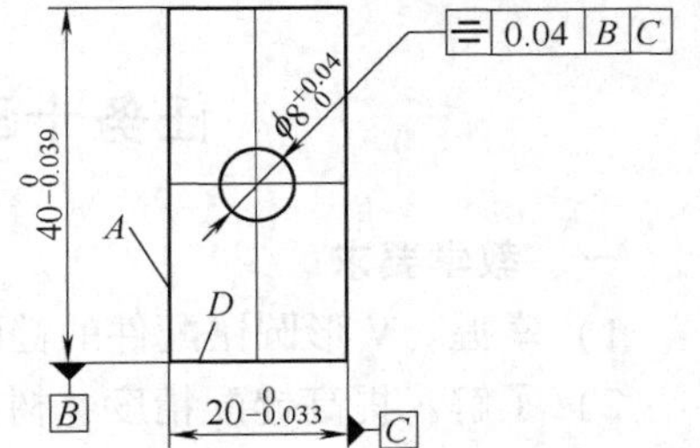

图3-41　凸件尺寸要求

4）加工凹件（件2）（图3-42）：

①以基准面*A*和底面为基准划出所有尺寸加工线。

②加工好外形尺寸$70_{-0.046}^{\ 0}$mm×$60_{-0.046}^{\ 0}$mm，达到技术要求。

③用顶尖法钻两个ϕ8mm孔，控制孔距ϕ(30±0.08)mm和边距（10±0.10)mm。

④钻排孔，锯除余料，粗锉至接近线条。

⑤加工 1 面，控制与基准 A 的平行度，并控制 x_1 尺寸 =（70mm 尺寸的实际尺寸 − 20mm 尺寸的实际尺寸）/2，如图 3-42 所示。

⑥加工 2 面，控制 x_2 与 x_1 尺寸相等，并用凸件试配控制配合间隙。

⑦加工 3 面，控制 3 面与底面之间的尺寸 $20_{-0.033}^{\ 0}$mm 以及与底面之间的平行度，同时用凸件试配，控制配合间隙。

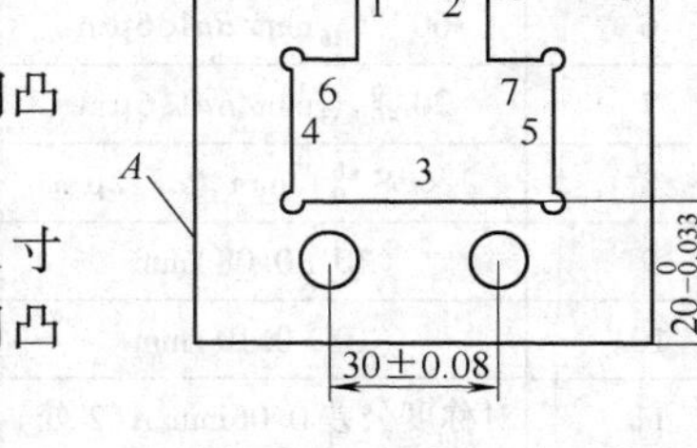

图 3-42　凹件尺寸要求

⑧加工 4 面，控制与 3 面的垂直度。

⑨加工 5 面，控制与 3 面的垂直度，并用凸件试配。

⑩最后加工 6、7 两面，用凸件试配，控制间隙。

⑪把凸件翻转 180°试配，可适当修正，控制好错位量。

5）去毛刺，尺寸复检。

五、注意事项

1）铁屑不能用嘴吹，必须用毛刷刷干净。

2）钻孔时要严格遵守台钻安全操作规程。

3）刃磨钻头时应严格遵守砂轮机操作规程。

4）注意做好圆弧与平面交角处的清角工作。

5）凹件錾除余料时应注意防止工件变形。

6）在配合过程要严格按照工艺流程进行。

7）铰孔时铰刀不能倒转。

8）工件两孔可采用顶尖法加工，以保证钻孔孔距精度。

任务十三　V 形圆镶配件

一、教学要求

1）掌握：V 形圆镶配件的锉配方法、测量方法、尺寸控制方法。

2）了解：提高锉配精度，树立产品意识。

二、教学内容

1）V 形圆镶配件的制作工艺及测量方法。

2）V 形圆镶配件的制作。

三、实习步骤

1. 备料图（图 3-43）

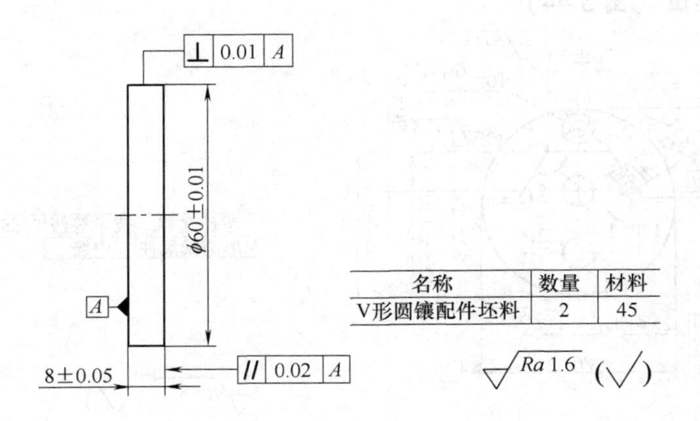

图 3-43　V 形圆镶配件坯料

2. 工、量、刃具清单（表 3-25）

表 3-25　V 形圆镶配件制作所用工、量、刃具清单　　（单位：mm）

名　称	规　格	分度值、精度	数量	名　称	规　格	数量
游标高度卡尺	0～200	0.02	1	手用圆柱铰刀	ϕ10	1
游标卡尺	0～150	0.02	1	细扁锉	150	1
狭錾	刃口宽约 10	—	1	细方锉	150	1
千分尺	25～50	0.01	1	细三角锉	150	1
	50～75	0.01	1		100	1
游标万能角度尺	0°～320°	2′	1	整形锉	—	1 副
刀口形直角尺	100×63	一级	1	锤子	—	1
				样冲	—	1
塞尺	0.02～0.5	—	1	划规	—	1
塞规	ϕ10	H7	1	划针	—	1
钢直尺	0～150	0.5	1	锯弓	—	1
表面粗糙度比较样块	—	—	1	锯条	—	自定
检验棒	ϕ10×100	—	—	V 形架		1 副
钻头	ϕ4、ϕ5	—	各 1	铰杠	—	1
	ϕ9.8、ϕ12	—	各 1	软钳口	—	1 副
粗扁锉	250	—	1	锉刀刷	—	1
中扁锉	200	—	1	刷子	75	1

3. 工作图（图 3-44）

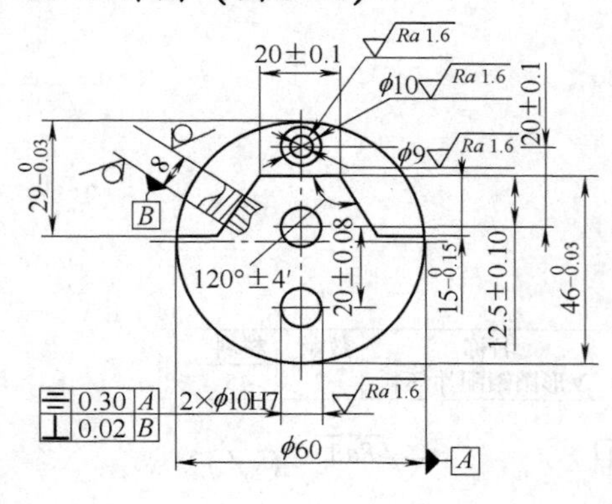

考件名称	技术等级	时间定额	材料
V形圆镶配件	中级		45

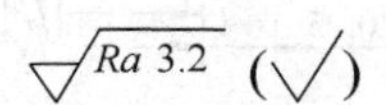

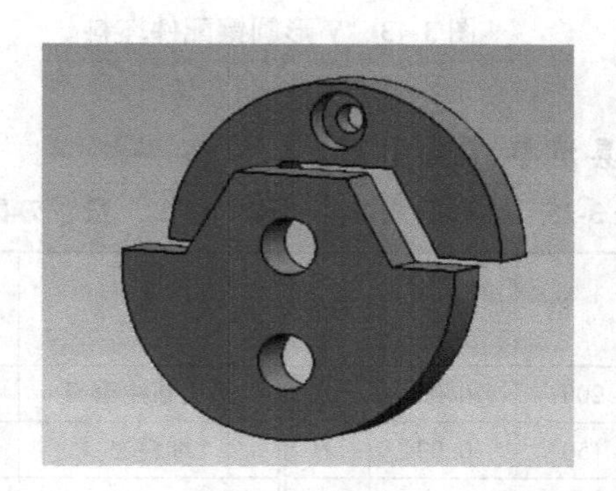

图 3-44　V 形圆镶配件工作图

4. 评分表（表 3-26）

表 3-26　V 形圆镶配件考核评分表

序号	考核内容	考 核 要 求	配分	评 分 标 准	检测结果	扣分	得分
1	凸件	$46_{-0.03}^{0}$mm	6	超差不得分			
2		$15_{-0.15}^{0}$mm	5	超差不得分			
3		120° ±4′(2 处)	6	超差不得分			
4		*Ra*3. 2μm（5 处）	5	超差不得分			
5		2 ×ϕ10H7	4	超差不得分			
6		(12. 5 ±0. 10) mm	3	超差不得分			
7		(20 ±0. 08) mm	6	超差不得分			
8		对称度公差 0. 30mm/*A*	6	超差不得分			
9		垂直度公差 0. 02mm/*B*	4	超差不得分			
10		*Ra*1. 6μm(2 处)	4	超差不得分			

（续）

序号	考核内容	考核要求	配分	评分标准	检测结果	扣分	得分
11	凹件	$29_{-0.03}^{\ 0}$mm	6	超差不得分			
12		$Ra3.2\mu m$（5处）	5	超差不得分			
13		$Ra1.6\mu m$（3处）	3	超差不得分			
14	配合	（20±0.1）mm	7	超差不得分			
15		间隙≤0.03mm（5处）	20	超差不得分			
16		ϕ60mm外圆圆度误差≤0.08mm	10	超差不得分			
17	安全文明生产	按国家颁发有关法规或企业自定有关规定进行考核	从总分中扣除	每违反一项规定扣2分；发生重大事故者取消考核资格			
18	其他要求	考件局部无缺陷		酌情扣1～5分，严重者扣30分			
总分	—	—	100	—	—	—	

四、加工方法

1）仔细分析图样，制订详细的加工工艺，检查来料尺寸是否合格。

2）加工凸件：

①划线，划出1面尺寸加工线，如图3-45所示。

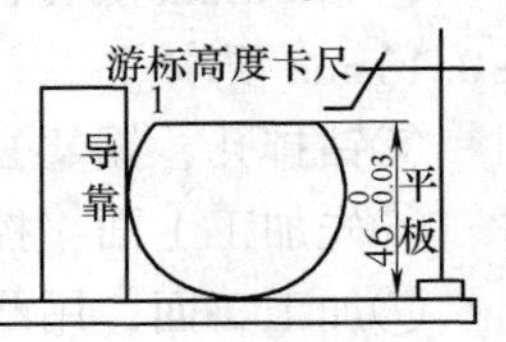

图3-45　划尺寸加工线

②加工1面，控制$46_{-0.03}^{\ 0}$mm尺寸，达到其他几何公差要求。

③如图3-46所示划出圆的中心线A线。

④如图3-47所示，划出圆的孔加工线和梯形面尺寸加工线。

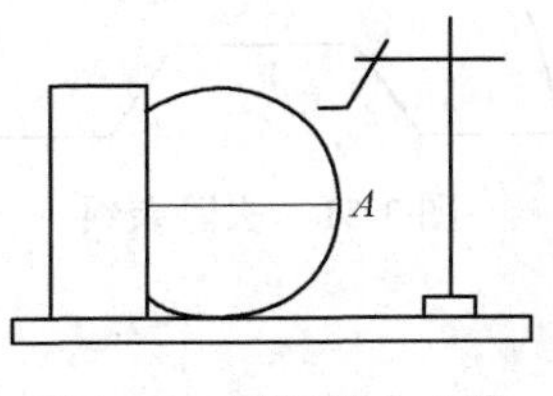

图3-46　画圆的中心线

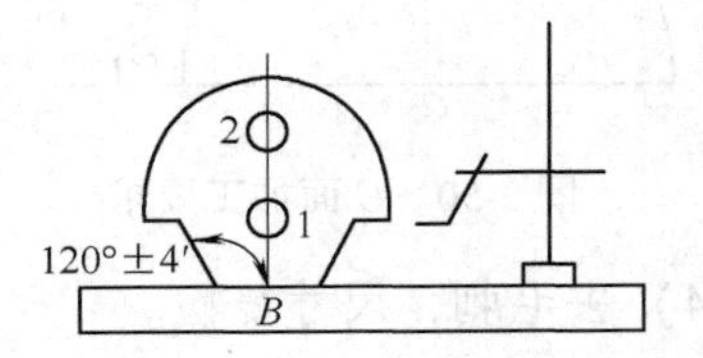

图3-47　画孔加工线和梯形面尺寸加工线

⑤加工 1 孔，控制孔径及孔中心与梯形面 B 面的尺寸为（12.5 ±0.10）mm，以及对称度 0.30mm 和垂直度 0.02mm。

⑥加工 2 孔，控制孔径及与孔 1 之间的孔距（20 ±0.08）mm，同时控制好对称度 0.30mm 和垂直度 0.02mm。

⑦加工 1 面，控制 1 面与靠铁之间的距离 $15_{-0.15}^{\ 0}$mm，如图 3-48 所示。

⑧同样方法加工 2 面，达到要求。

⑨加工 3 面，控制角度 120° ±4′，通过计算，控制尺寸 x。

⑩同样方法加工 4 面，同时控制梯形顶端长为（20 ±0.1）mm。

3）加工凹件：

①划线，如图 3-49 所示。

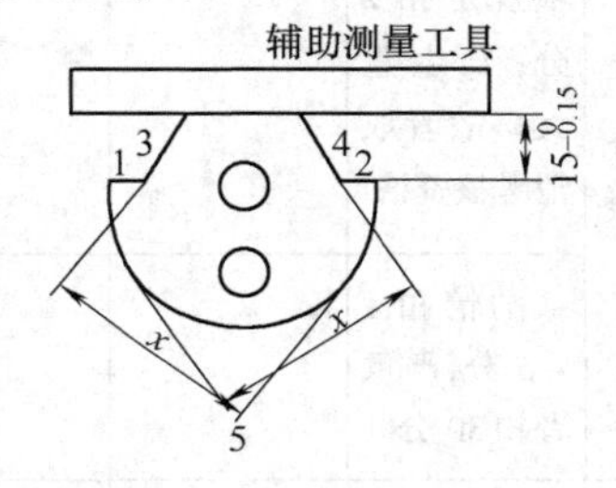

图 3-48　凸件各面加工顺序

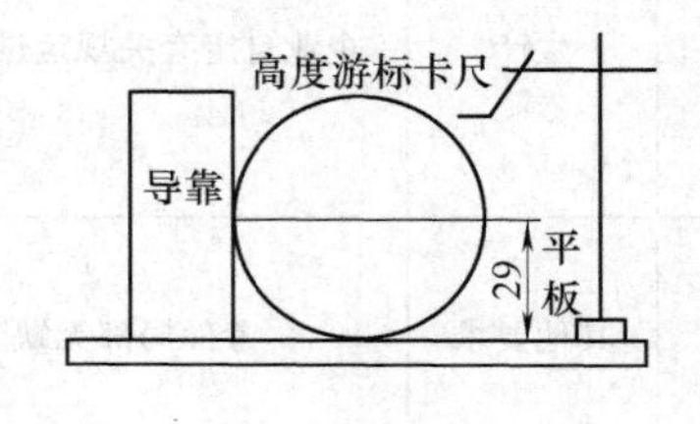

图 3-49　凹件划线

②如图 3-50 所示，加工好 C 面，控制尺寸 $29_{-0.03}^{\ 0}$mm。

③以 C 面为基准，划出 22.5mm 孔加工线。

④钻 ϕ5mm 底孔，打沉孔 ϕ10mm × ϕ9mm 达到要求，并达到孔边距（22.5 ±0.1）mm 要求。

⑤钻排孔，锯錾去除余料，如图 3-51 所示。

⑥先加工 1 面，控制凹槽深度，并用凸件试配。

⑦加工 2 面，用凸件试配，控制配合间隙及配合后的外圆圆度误差。

⑧加工 3 面，用凸件试配，控制配合间隙。

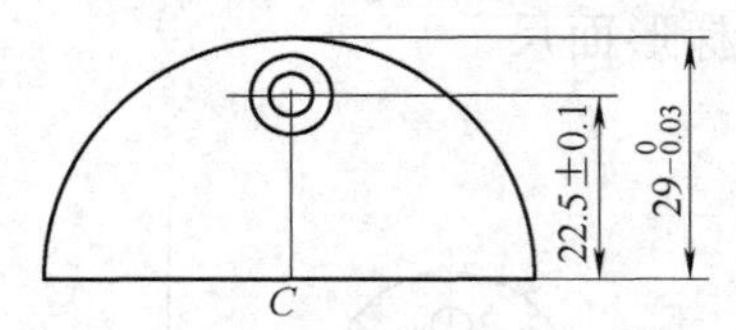

图 3-50　C 面加工要求

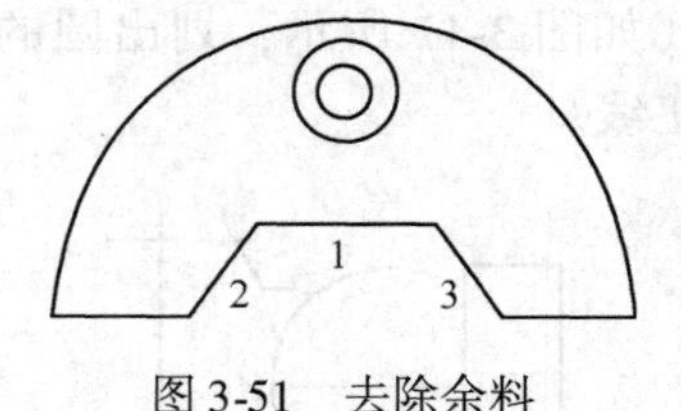

图 3-51　去除余料

4）去毛刺，尺寸复检。

五、注意事项

1）铁屑不能用嘴吹，必须用毛刷刷干净。

2）钻孔时要严格遵守台钻安全操作规程。

3）刃磨钻头时应严格遵守砂轮机操作规程。

4）注意做好圆弧与平面交角处的清角工作。

5）凹件錾除余料时应注意防止工件变形。

6）配合过程要严格按照工艺流程进行。

7）铰孔时铰刀不能倒转。

8）工件两孔可采用顶尖法加工，以保证钻孔孔距精度。

9）圆形工件的划线具有一定的方法和技巧，划线时要注意这一点。

10）配合时要注意工件的试配和修正，防止间隙超差和外圆圆度超差。

任务十四　X 形扣合件

一、教学要求

1）理解：封闭式镶配的工艺、测量方法。

2）掌握：提高锉配精度，提高对尺寸及几何公差的控制能力。

二、教学内容

1）X 形扣合件的制作工艺、测量方法、控制方法。

2）X 形扣合件的制作。

三、实习步骤

1. 备料图（图 3-52）

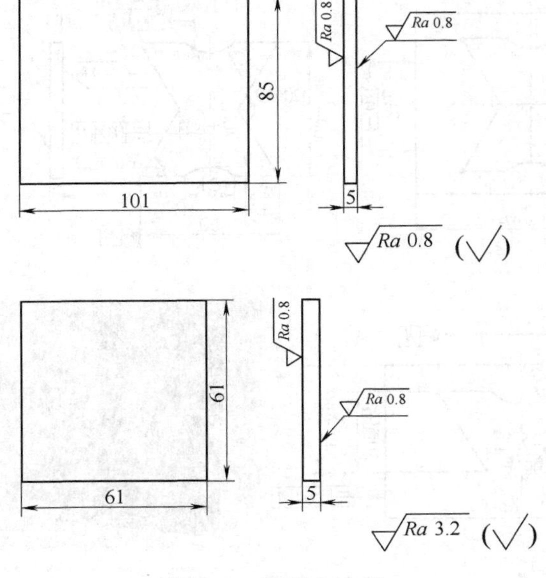

图 3-52　X 形扣合件

2. 工、量、刃具清单（表 3-27）

表 3-27　X 形扣合件制作所用工、量、刃具清单　（单位：mm）

序号	名　称	规　格	数　量
1	游标高度卡尺	0 ~ 300(0.02)	1
2	游标卡尺	0 ~ 150(0.02)	1
3	千分尺	0 ~ 25、25 ~ 50、50 ~ 75、75 ~ 100(0.01)	各 1
4	游标万能角度尺	0° ~ 320°(2′)	1
5	(90°)角尺	125(1 级)	1
6	刀口形直尺	75 或 125(1 级)	1
7	塞规	100B17(0.02 ~ 0.50)	1
8	精密 V 形架、V 形块	105 × 105 1 型	1
9	杠杆百分表(带表架)	0 ~ 0.8(0.01)	1 套
10	直柄麻花钻	φ2、φ4、φ5、φ6、φ7.8、φ7.9	各 1
11	小扁錾	刀口宽约 10	1
12	扁锉	300(1 号)、250(2 号)、200(3 号)、150(2 号、3 号)	各 1
13	三角锉	200(2 号)、150(2 号、3 号)	各 1
14	整形锉	—	1 套
15	塞尺		
16	检验棒	φ10	1
17	半径样板	—	1
划线工具 软钳口 锯弓 锯条 靠铁 油石 锤子			

3. 工作图（图 3-53）

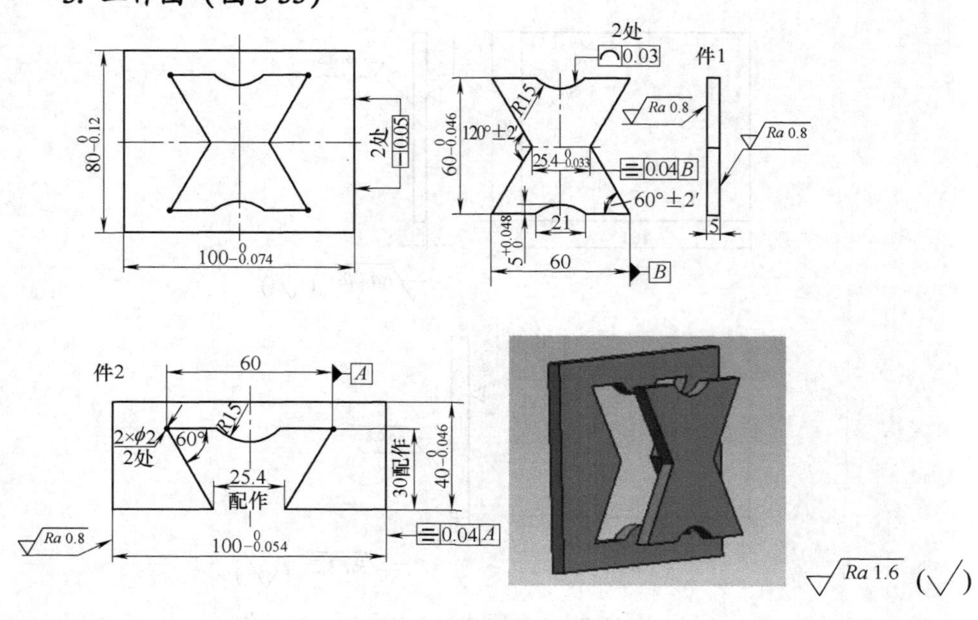

图 3-53　X 形扣合件工作图

4. 评分表（表 3-28）

表 3-28　X 形扣合件考核评分表

项目	序号	检测内容	配分	检测工具	检测结果	得分
件 1	1	$5^{+0.048}_{0}$mm(2 处)	6	百分表		
	2	$25.4^{0}_{-0.033}$mm	5	千分尺		
	3	$60^{0}_{-0.046}$mm	5	千分尺		
	4	120° ±2′(2 处)	6	游标万能角度尺		
	5	线轮廓度公差 0.03mm(2 处)	6	半径样板		
	6	对称度公差 0.04mm	6	检验棒、百分表		
件 2	1	$40^{0}_{-0.046}$mm(2 件)	6	千分尺		
	2	$100^{0}_{-0.054}$mm(2 件)	6	千分尺		
镶嵌	1	直线度公差 0.05mm(2 处)	6	平板、塞尺		
	2	配合间隙≤0.04mm(12 处)	24	塞尺		
	3	转位间隙≤0.04mm(12 处)	24	塞尺		
考试时间		开始　时　分		结束　时　分	实做工时　时　分	
监考：				检测：	复核：	
备注	1. 以图示件 1 左右方向转位检查转位间隙。 2. 超差无分，表面粗糙度不合格无分。 3. 圆弧间隙检查塞尺宽度为 3mm。					

四、加工方法

1. 加工前的准备工作

1）阅读图样，分析基准件与配合件及相关重要尺寸和单独工艺（制作先后次序）。

①确定基准件：件 1。

②相关重要尺寸及几何公差要求：$60^{0}_{-0.046}$mm、120° ±2′、$5^{+0.048}_{0}$mm、60° ±2′、$25.4^{0}_{-0.033}$mm、对称度 0.04mm/B。

③单独工艺分析：a. 为达到互换，关键要对两个对称度进行控制，在对具有对称度要求的面进行加工时一定要注意他们的先后次序，即先加工两个 120° ±2′的槽，以 60°与 V 形架结合来测量两圆弧的对称度。b. 在配作时，要单独分开锉配，切不可两块组合修整，这样较难保证平面间隙。c. 在加工两凹燕尾槽时，要控制对称度。

2）准备相应的工、量、刀具。

游标高度卡尺、千分尺（0 ~ 25mm、25 ~ 50mm、50 ~ 75mm、75 ~ 100mm）、检验棒、半径样板、平板、塞尺、百分表、60°V 形块、锉刀、手锯等。

2. 加工 X 形扣合件

1）加工外形尺寸至相关工艺要求。满足 $60_{-0.046}^{\ 0}$ mm、60° ± 2′、垂直度、平行度、平面度、表面粗糙度 $Ra3.2\mu m$ 等。

2）加工一边 V 形，在 V 形块或者在正弦规上加工角度，并按其对称度要求进行修整，达到尺寸要求 Δ（图 3-54）。

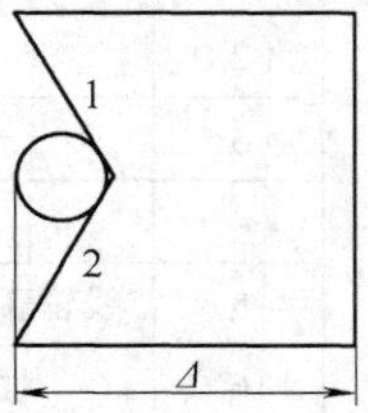

图 3-54　加工一边 V 形

关键：

①1、2 面达到对称度要求。

②同时考虑尺寸要求。

③去两尖的毛刺，但必须在同一平面内用百分表打表测量。

3）加工对面 V 形槽，方法同上。要注意对称度，以及加工尺寸和尺寸 $25.4_{-0.033}^{\ 0}$ mm 精度的控制，如图 3-55 所示。

4）对基准件双燕尾进行修整（控制对称度等技术要求），如图 3-56 所示。

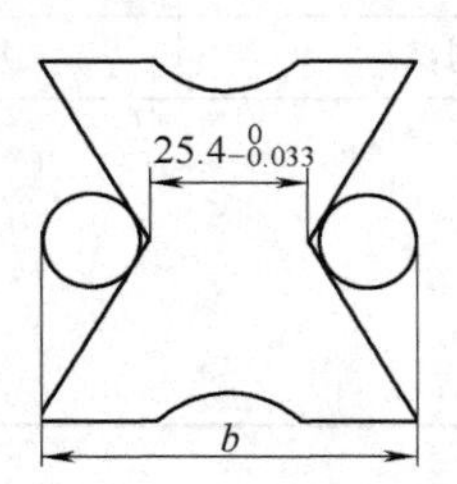

图 3-55　加工对面 V 形槽

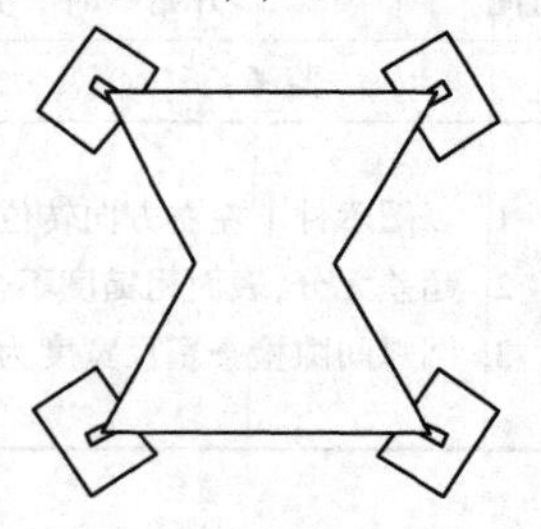

图 3-56　修整双燕尾

5）加工两端的圆弧，用图 3-57 所示方法来控制圆弧的对称度以及尺寸 $5_{\ 0}^{+0.048}$ mm。

6）间接控制另一端面深度，对称度控制方法同上。

7）以件 1 的实际尺寸和几何公差划出两块凹件体的加工界线，并排孔下料。

8）配作内燕尾形面，注意两边的对称度等技术要求。

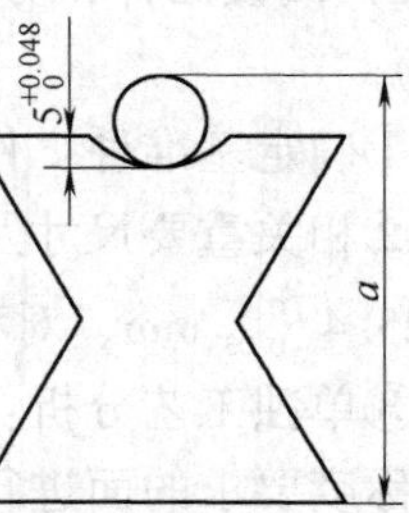

9）用同样的方法加工另一件的内燕尾形面，两块分别单独修配。

图 3-57　两端圆弧加工要求

10）三块组合加工，共同来修配尺寸 $80_{-0.12}^{\ 0}$ mm、直线度 0.05mm 等。

五、注意事项

1）为达到互换性要求，开始必须把件1对称度控制好，并注意加工顺序。

2）在加工两处圆弧深度尺寸$5^{+0.048}_{0}$mm时，要测量准确。

3）在进行两件凹件对配时，应分别进行单独对配。

4）在组合加工时，修配两边的接合处，使其达到配合间隙。

任务十五　样　　板

一、教学要求

1）掌握：盲配方法、测量方法、尺寸控制方法。

2）了解：提高盲配精度，树立产品意识。

二、教学内容

1）样板的制作工艺及测量方法。

2）样板的制作。

三、实习步骤

1. 备料图（图3-58）

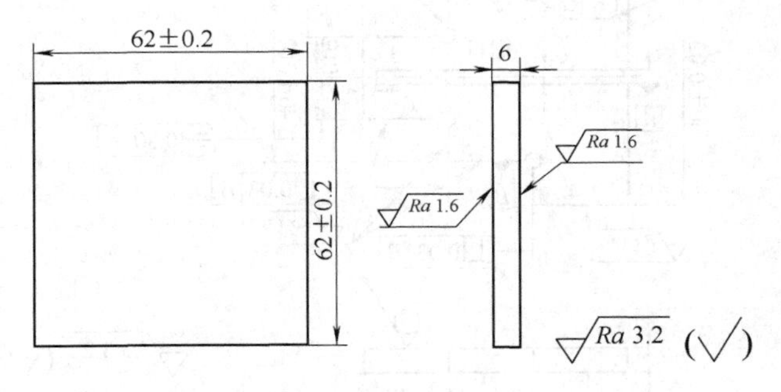

图3-58　样板坯料

2. 工、量、刃具清单（表3-29）

表3-29　样板制作所用工、量、刃具清单　（单位：mm）

名　称	规　格	分度值、精度	数量	名　称	规　格	分度值、精度	数量
游标高度卡尺	0～200	0.02	1	细扁锉	150	—	1
游标卡尺	0～150	0.02	1	细方锉	150	—	1
千分尺	0～25	0.01	1	细三角锉	150	—	1
	25～50	0.01	1		100	—	1
	50～75	0.01	1	整形锉	—	—	1副
游标万能角度尺	0°～320°	2′	1	锤子	—	—	1
刀口形直角尺	100×63	一级	1	样冲	—	—	1

（续）

名　　称	规　　格	分度值、精度	数量	名　　称	规　　格	分度值、精度	数量
塞尺	0.02～0.5	—	1	划规	—	—	1
百分表	—	—	1	划针	—	—	1
钢直尺	0～150	0.5	1	锯弓	—	—	1
表面粗糙度比较样块	—	—	1	锯条	—	—	自定
钻头	ϕ4	—	1	铜皮	—	—	1
粗扁锉	250	—	1	软钳口	—	—	1 副
中扁锉	200	—	1	锉刀刷	—	—	1
小扁錾	刃宽 $b=10$	—	1	刷子	75	—	1
备注				备注			

3. 工作图（图 3-59）

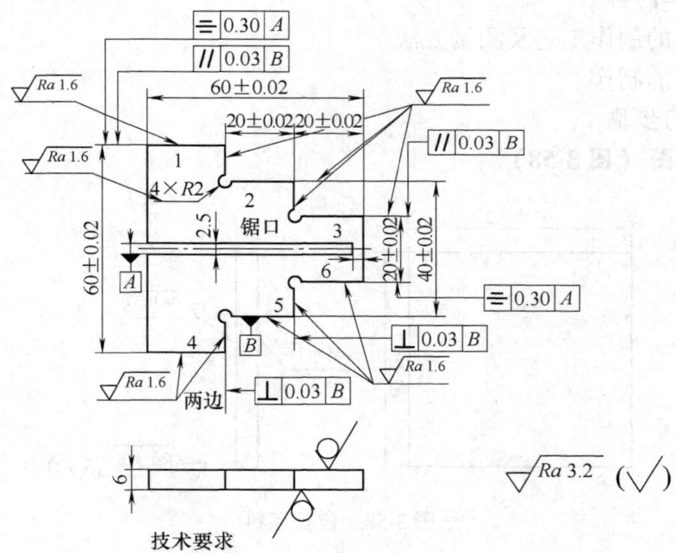

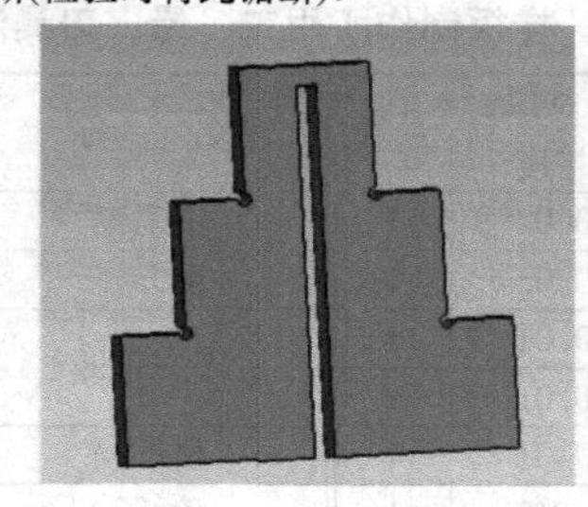

图 3-59　样板工作图

4. 评分表（表 3-30）

表 3-30　样板制作考核评分表

序号	考核项目	考核内容及要求	配分	检测结果	评分标准	扣分	得分
1		(60 ±0.02)mm(2 处)	7		超差不得分		
2		(20 ±0.02)mm(3 处)	18		超差不得分		
3		(40 ±0.02)mm	5		超差不得分		
4		*Ra*1.6μm(10 处)	10		超差不得分		
5		垂直度公差 0.03mm/*B*(4 处)	8				
6		对称度公差 0.30mm/*A*(3 处)	6		超差不得分		
7		平行度公差 0.03mm/*B*(3 处)	6		超差不得分		
8		配合换位间隙 ≤0.04mm(5 处)	40		超差不得分		
安全文明生产	安全生产	按国家颁发有关法规或企业自定有关规定进行考核	—		每违反一项规定从总分中扣除 2 分；发生重大事故者取消考核资格		
	文明生产	按企业自定有关规定进行考核	—		每违反一项规定从总分中扣除 2 分		
其他项目		未注公差尺寸按 IT14 要求进行考核	—		每超一处扣 2 分		
		考核件局部无缺陷	—		酌情扣 1 ~ 5 分，严重者扣 30 分		
总分		—	100	—	—	—	

四、加工方法分析

1. 加工前的准备工作

1）看图样，想形体。

此课题为双阶梯形零件，中间留有锯缝，总高度为（60 ±0.02）mm，宽度为（60 ±0.02）mm，每个台阶的宽度均为（20 ±0.02）mm，高度均为（10 ±0.02）mm，面与面的连接处都为直角相交。

2）看尺寸标注，确定精度范围。

在外形尺寸上，公差均为 0.04mm，上下偏差均为 ±0.02mm，平行度均为 0.03mm，垂直度均为 0.03mm。要求：在加工操作时，要注意修整量，且要控制时间。

3）看评分标准，分析相关重要尺寸（占分量比较大的）。

从评分表中，占分量较大的是配合间隙≤0.04mm（5 处），占分为 40 分，每处 8 分。

要求：加工时注意各个小平面的平行度、垂直度。

测量尺寸，二次转化，如图 3-60、图 6-61 所示。

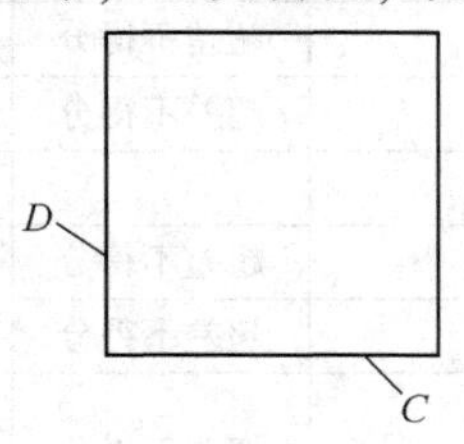

图 3-60　确定外形测量基准面

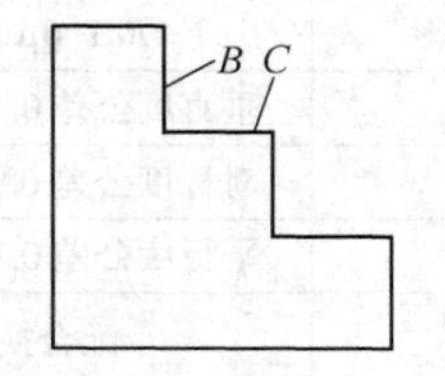

图 3-61　把已加工好的一面作为测量面

4）准备相关的工、量、刀具等。

工具：台虎钳、划线平台、锯弓等。

量具：千分尺（0 ~ 25mm、25 ~ 50mm、50 ~ 75mm）、游标万能量角尺 0° ~ 320°、百分表等。

刀具：锉刀、钻头等。

5）检测来料是否能够使用，备料（62 ±0.2）mm ×（62 ±0.2）mm ×6mm。

2. 加工样板

1）加工修整第一基准面 *A*、第二基准面 *B*、第三基准面 *C*，如图 3-62 所示，使其分别达到相应垂直度、平面度、粗糙度要求。

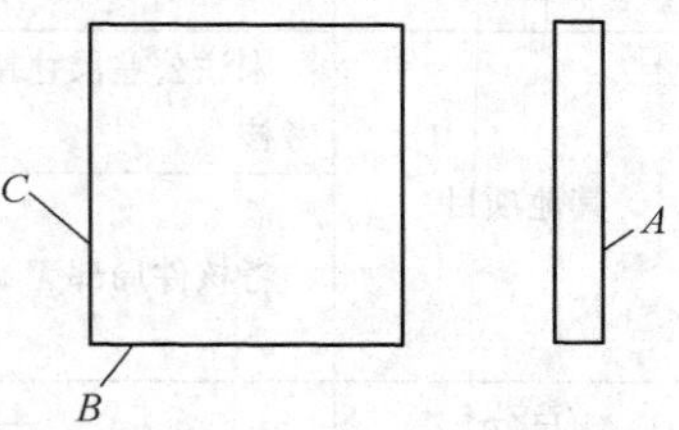

图 3-62　确定外形测量基准面

注意：在修整基面时，要注意控制外形尺寸，不允许偏小，但允许偏大。基准尺寸为（60 ±0.02）mm ×（60 ±0.02）mm，可根据加工时间的限制与自己的技能来决定。

2）通过游标高度卡尺，在划线平台上划出所有尺寸加工界线，并用卡尺检测所有线条的正确性。

3）上钻床钻工艺孔。

4）锯削下料一面，如图 3-63 所示。

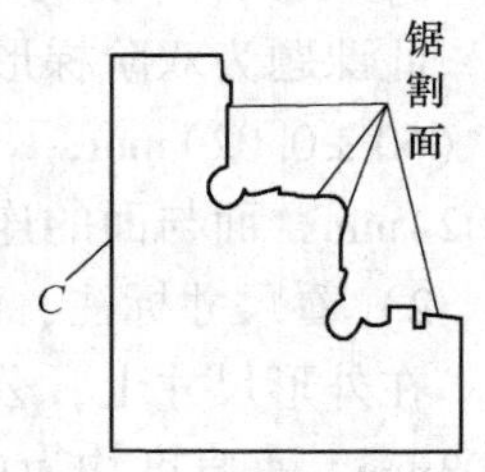

图 3-63　锯割下料一面

5）以基准 *C* 面为测量基准，用千分尺直接控制尺寸，但底面宽度必须达到（60 ±0.02）mm，用图标表示加工工序，如图 3-64 所示。

注意：

①在加工狭窄平面时，应达到几何公差要求。

②先加工底边是为了控制对称度，根据底边宽度的实际尺寸来计算控制。

6）以加工完毕的平面来直接控制对边，加工方法与加工凸件相似。如图3-65所示。

注意：在加工时，可用百分表测量来控制测量尺寸、对称度和平行度，特别是要控制两肩的高度，它们将影响配合间隙。

7）划出锯削线，考虑对称度0.30mm *A* 公差要求。

8）锯削，打钢印，自检，上交。

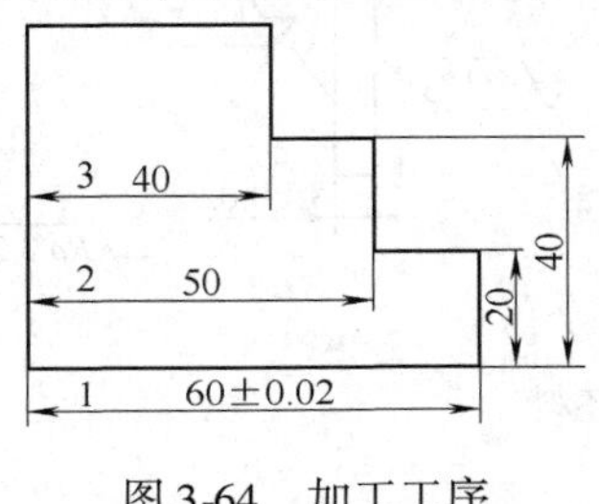

图3-64　加工工序

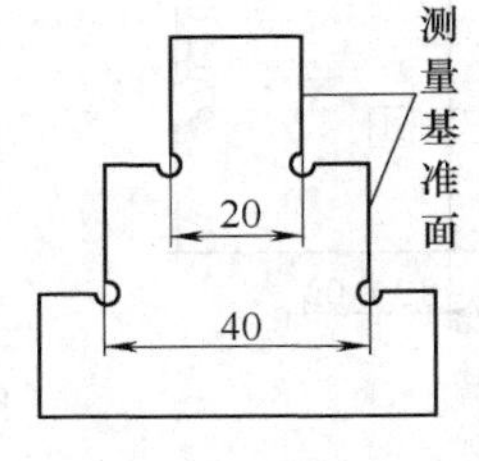

图3-65　加工对边

五、注意事项

1）两个表面粗糙度要求分别为 *Ra*1.6μm、*Ra*3.2μm，在加工时，要引起注意。

2）五个接触小平面的几何公差（平面度、垂直度），在加工时要谨慎。这将决定接触间隙的大小。

3）两肩高尺寸，深度10mm尺寸，也将决定配合情况的性质，加工时要特别注意。

4）在锯削中间的缝时，要注意大小两端的几何公差要求：平行度、对称度分别都为0.30mm。

5）毛刺要及时修掉，否则将影响尺寸的真实性。

任务十六　三角R合套

一、教学要求

1）理解：三角R合套的加工工艺、测量方法、控制方法。

2）掌握：提高多件组合的锉配精度、组合精度。

3）了解：树立良好的产品意识。

二、教学内容

1）三角R合套的制作工艺、测量方法、控制方法。

2）三角R合套的制作。

三、实习步骤

1. 备料图（图 3-66）

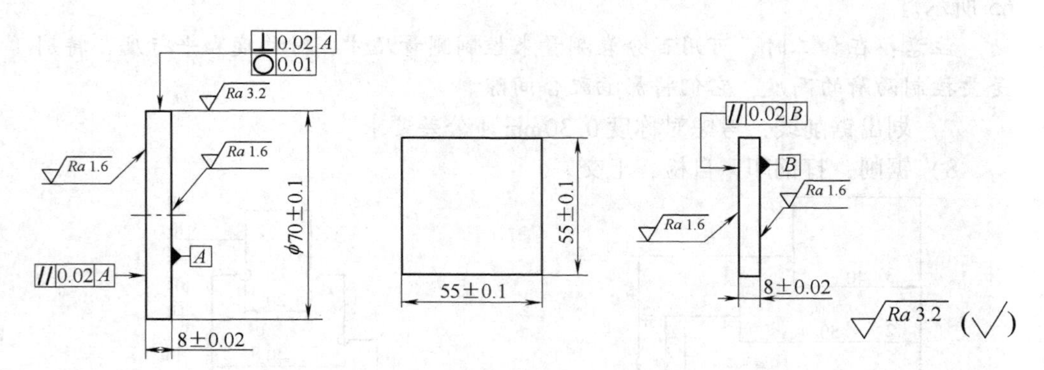

图 3-66　三角 R 合套坯料

2. 工、量、刃具清单（表 3-31）

表 3-31　三角 R 合套制作所用工、量、刃具清单　（单位：mm）

名　称	规　格	分度值、精度	数量	名　称	规　格	数量
游标高度卡尺	0 ~ 300	0.02	1	扁锉	250	1
游标卡尺	0 ~ 150	0.02	1		1250	1
游标万能角度尺	0° ~ 320°	2′	1		150	1
量块	38 块	—	1		100	1
正弦规	100 ~ 80	—	1	三角锉	150	1
千分尺	0 ~ 25	0.01	1		100	1
	25 ~ 50	0.01	1		100	1
	50 ~ 75	0.01	1		100	1
90°角尺	100 × 63	—	1	圆锉	150	1
刀口形直尺角	100 × 63	—	1		200	1
塞尺	0.02 ~ 0.5	—	1		200	1
塞规	$\phi10$	H7	1		100	1
检验棒	$\phi10 \times 100$	H7	1	整形锉	—	1
V 形架、V 形块	—	—	1 副	锯弓	—	1
百分表	0 ~ 0.8	0.01	1	锯条	—	自定
表架	—	—	1	锤子	—	1
分度头	F11160	—	1	样冲	—	1
直柄麻花钻	$\phi2$	—	1	划针	—	1
	$\phi3$	—	1	划规	—	1
	$\phi9.8$	—	1	钢直尺	0 ~ 150	1
	$\phi12$	—	1	软钳口	—	1
手用圆柱铰刀	$\phi10$	H7	1	锉刀刷	—	1
铰杠	—	—	1	半径样板	5 ~ 14.5	1

3. 工作图（图 3-67）

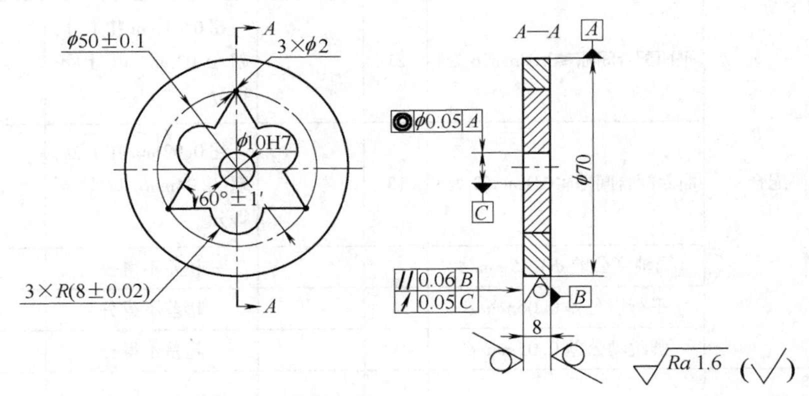

技术要求

1.平面配合间隙≤0.08mm;

2.曲面配合间隙≤0.1mm。

图 3-67　三角 R 合套工作图

4. 评分表（表 3-32）

表 3-32　三角 R 合套考核评分表

序号	考核项目	考核内容及要求	配分	检测结果	评分标准	扣分	得分
1	锉削	60° ±1′(3 处)	9		超差不得分		
2		φ(50 ±0.1) mm	9		超 0.1mm 扣 3 分，超 0.1mm 以上不得分		
3		R(8 ±0.02) mm(3 处)	12		超 0.01mm 扣 1 分，超 0.02mm 以上不得分		
4		Ra1.6(18 处)	12		每升高一级扣 0.5 分		
5	铰削	φ10H7	3		超差不得分		
6		Ra1.6μm	2		超差不得分		

（续）

序号	考核项目	考核内容及要求	配分	检测结果	评分标准	扣分	得分
7	配合	平面配合间隙≤0.08mm(6处)	21		超0.01mm扣1分，超0.03mm以上不得分		
8		曲面配合间隙≤0.1mm(3处)	18		超0.02mm扣1分，超0.04mm以上不得分		
9		同轴度公差ϕ0.15mm/A	6		超差不得分		
10		平行度公差0.06mm/B	4		超差不得分		
11		圆跳动公差0.05mm/C	4		超差不得分		
安全文明生产	安全生产	按国家颁发有关法规或企业自定有关规定进行考核	—		每违反一项规定从总分中扣除2分；发生重大事故者取消考核资格		
	文明生产	按企业自定有关规定进行考核	—		每违反一项规定从总分中扣除2分		
其他项目		未注公差尺寸按IT14要求进行考核			每超一处扣2分；		
		考件局部无缺陷	—		酌情扣1～5分；严重者扣30分		
总分		—	100	—	—		

四、加工方法

1. 加工前的准备工作

1）阅读图样，分析基准件与配合件及相关重要尺寸和单独工艺（制作先后次序）。

①确定基准件：三角R凸件

②相关重要尺寸：60°±1′、3×R(8±0.02)mm、同轴度公差ϕ0.05mm/A。

③单独工艺分析：a. 此课题的关键是要达到互换，开始必须把ϕ10H7的孔（工艺孔）充分利用起来。b. 三个角度60°±1′的测量与加工也是关键，要用到测量辅助工具（量具），即正弦规、百分表和60°的V形架。c. 在加工三角R凸件时，由工艺比较新颖，需要创新，要求在工艺制作中仔细分析研究。d. 在加工三角R内形件时，要考虑同轴度ϕ0.05mm/A的几何公差，开始必须把内形件的定位尺寸给加工好，并且把内形的垂直度控制好，虽然无直接要求，但在配合图中平行

度 0.06mm/B 已说明要求，圆跳动 0.15mm/C 说明了定位尺寸加工的重要性。

2）准备相应的工、量、刃具等：游标高度卡尺、游标卡尺、游标万能角度尺、量块、正弦规、千分尺（0～25mm、25～50mm、50～75mm）、塞尺、塞规、ϕ10H7 检验棒、V 形架（60°）、百分表、分度头、麻花钻（ϕ2mm、ϕ3mm、ϕ9.8mm、ϕ12mm）、手用圆柱铰刀 ϕ10H7、扁锉（4″、5″、6″、8″）、三角锉（4″、6″、）、圆锉 4″、锯弓等。

2. 三角 R 合套的加工

1）基准件三角 R 凸件的加工。

①在已备料完毕的（55 ±0.1）mm ×（55 ±0.1）mm ×（8 ±0.02）mm 的来料中划出 ϕ10H7 的定位尺寸，同时必须加上 3 × R(8 ±0.02) mm 的尺寸要求，如图 3-68 所示。注意：考虑到 3 × R8mm 的实体部分尺寸，a、b 尺寸的确定是关键。

②钻、铰工艺孔，并修整孔边距，关键是达到对称度和尺寸要求，通过检验棒检测，注意修整。把工件放在 V 形架中测量 C''尺寸，通过 ϕ(50 ±0.1) mm 内接正三角形的计算并打表测量基准平面 C，使其达到平行度要求；在加工圆弧 R8mm 时，可用检验棒测量 c 与 c' 尺寸，通过计算或直接用游标卡尺测量可得（比较法）控制对称度，即要求的 c''尺寸、c'与 c 尺寸对称，如图 3-69 所示。

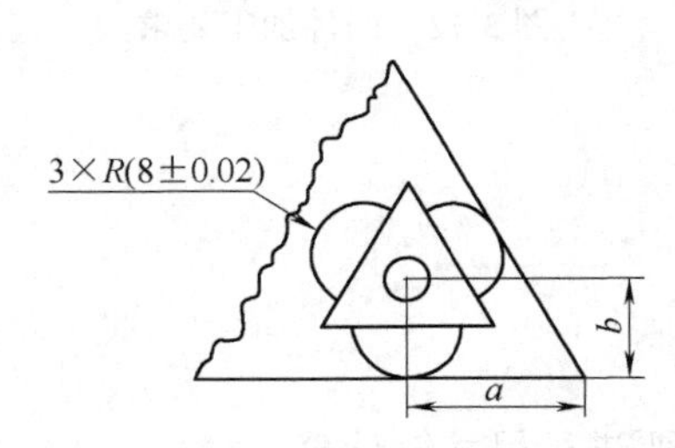

图 3-68　画定位尺寸

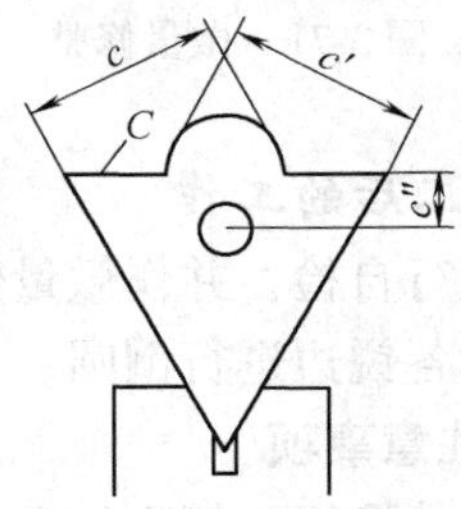

图 3-69　对称度的控制

③加工 2 面时，用百分表、量块（8mm）打平行，并用检验棒检测 c 尺寸，修整控制 c 尺寸，达到尺寸精度要求。关键步骤：以基准面 A 为测量基准面，控制 2 面与底面的尺寸，以孔为测量基准，60°不变，尺寸 c 不变，如图 3-70 所示。

④用同样的方法加工 3 面，关键步骤与要求同上。

⑤用检验棒插入工艺孔，放在 60°V 形块上，结合 ϕ(50 ±0.1) mm 尺寸微量修整 3 组 h 尺寸，如图 3-71 所示。

⑥加工 2 × R8mm 尺寸，用检验棒或直接用游标卡尺测量。目的是达到 3 组的对称度要求。

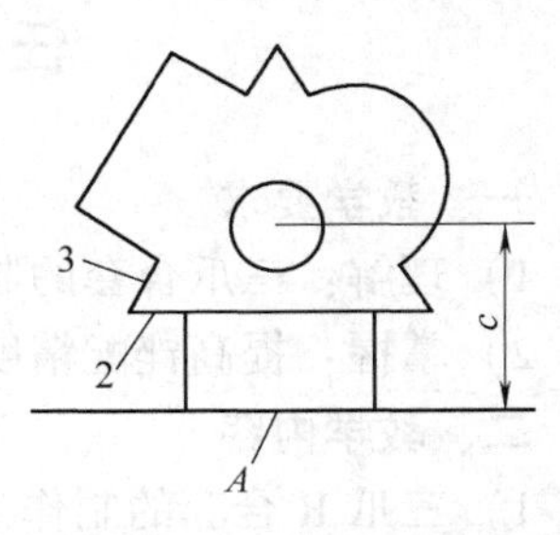

图 3-70　加工 2 面的方法及要求

2）加工内三角 R 凹件（图 3-72）。

①划出内三角 R 的加工界线。

②排孔下料内三角 R 件，可以钻三孔然后锯削下料。

③加工 1 面，用千分尺量出实际尺寸 f，考虑同轴度 $\phi0.05\text{mm}/A$ 使其达到要求。

④加工 2 面，用千分尺量出实际尺寸 f，考虑同轴度 $\phi0.05\text{mm}/A$ 使其达到要求。关键步骤：在进行③、④两步骤加工时，要用凸件来修整 60°角，目的是用凸件来修整内件的 60°角。

⑤用外凸三角 R 件来修整内 R 三角件，采用斜配法，注意内形面的垂直度。关键几何公差及间隙要求：平行度 0.06mm/B、圆跳动 0.05mm/C、同轴度 $\phi0.05\text{mm}/A$、平面配合间隙≤0.08mm、曲面部分配合间隙≤0.1mm。

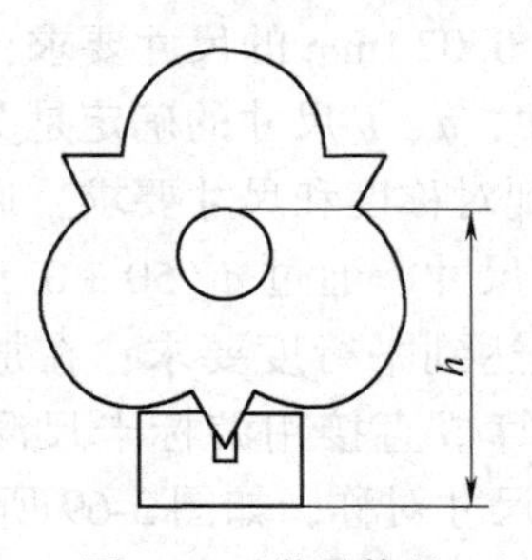

图 3-71　微量修整

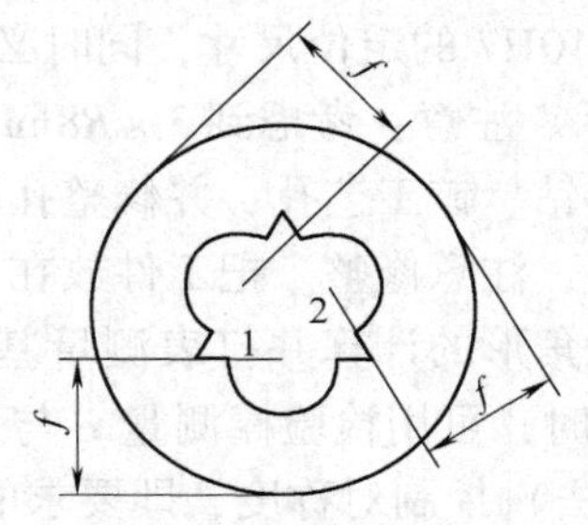

图 3-72　凹件加工要求

3. 加工后的工作

1）进行自检，并作微量修整。

2）对各锐边进行倒圆。

五、注意事项

1）尺寸换算应精确，在计算包容面时，要进行尺寸链计算。

2）加工工艺孔时，要进行对称度的计算。

3）加工保证 2、3 圆弧对称度时，要精确测量并注意加工工艺方法。

4）正确领会工艺，是保证制作精度的首要条件。

任务十七　三爪 R 合套

一、教学要求

1）理解：三爪合套的制作工艺、测量方法、控制方法。

2）掌握：提高锉配精度、钻孔、铰孔的精度。

二、教学内容

1）三爪 R 合套的制作工艺及测量方法。

2）三爪 R 合套的制作。

三、实习步骤

1. 备料图（图 3-73）

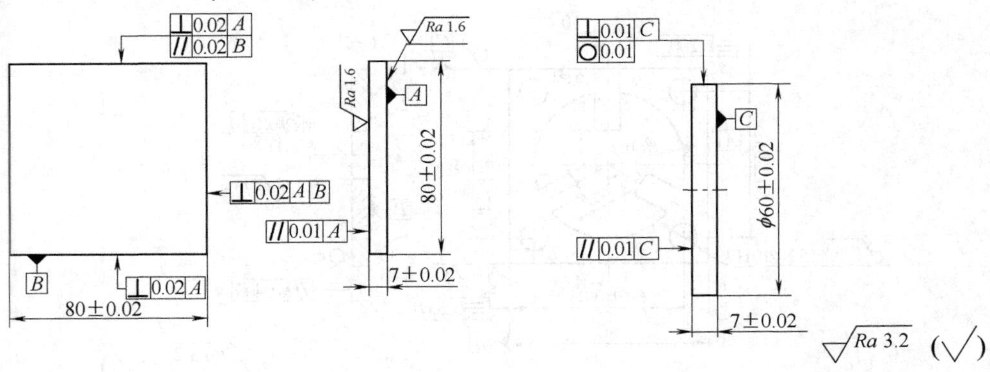

图 3-73　三爪 R 合套备料图

2. 工、量、刃具清单（表 3-33）

表 3-33　三爪 R 合套制作所用工、量、刃具清单　　（单位：mm）

名　称	规　格	分度值、精度	数量
游标高度卡尺	0～300	0.02	1
游标卡尺	0～150	0.02	1
游标万能角度尺	0°～320°	2′	1
正弦规	100×80	一级	1
千分尺	0～25	0.01	1
	25～50	0.01	1
	50～75	0.01	1
	75～100	0.01	1
杠杆百分表	0～0.8	0.01	1
表架	—	—	1
分度头	F11160	一级	1
量块	38 块	—	—
塞规	φ10	—	1
塞尺	0.02～0.5	h7	1
刀口尺	100	—	1
90°角尺	100×63	—	1
检验棒	φ10×100	h6	1
V 形架	—	—	1 副
直柄麻花钻	φ2	—	1
	φ4	—	1
	φ7	—	1
	φ9.8	—	1
	φ12	—	1

名　称	规　格	数量
手用圆柱铰刀	φ10	1
铰杠	—	1
扁锉	150	1
	150	1
	100	1
三角锉	100	1
	100	1
	100	1
方锉	150	1
	150	1
半圆锉	200	1
	250	1
	250	1
	250	1
整形锉	—	1 副
锯弓	—	1
锯条	—	自定
锤子	—	1
錾子	—	自定
样冲	—	1
划规	—	1
划针	—	1
钢直尺	0～150	1
软钳口	—	1 副
锉刀刷	—	1

3. 工作图（图 3-74）

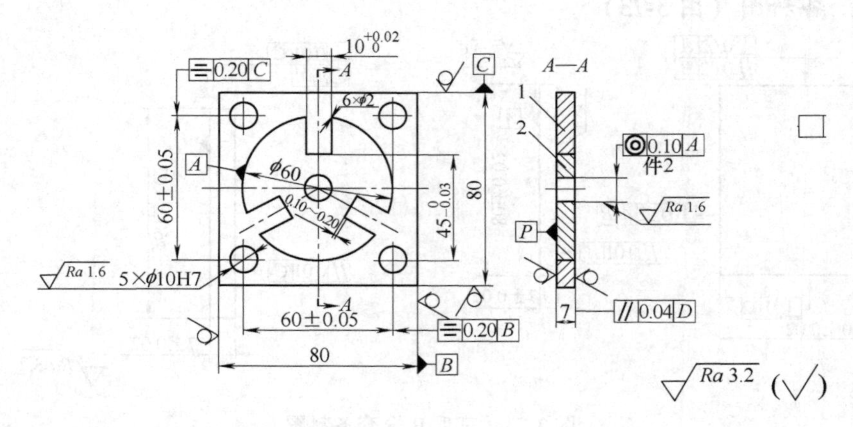

技术要求：配合间隙≤0.09mm。

图 3-74　三爪 R 合套工作图

4. 评分表（表 3-34）

表 3-34　三爪 R 合套考核评分表

序号	考核项目		考核内容及要求	配分	检测结果	评分标准	扣分	得分
1	件 1	铰削	5×ϕ10H7	4		超差不得分		
2			(60±0.05)mm(4 处)	7		超差得分		
3			对称度公差 0.20mm/*B*(2 处)	3		超差不得分		
4			对称度公差 0.20mm/*C*(2 处)	3		超差不得分		
5			*Ra*1.6μm(4 处)	4		超差不得分		
6		锉削	*Ra*3.2μm(12 处)	6		超差不得分		
7	件 2	锉削	$10^{+0.02}_{0}$mm(3 处)	9		超差不得分		
8			$45^{0}_{-0.03}$mm(3 处)	9		超差不得分		
9			*Ra*3.2μm(12 处)	5		超差不得分		
10		铰削	ϕ10H7	2		超差不得分		
11			同轴度公差 ϕ0.10mm/*A*	6		超差不得分		
12			*Ra*1.6μm	2		超差不得分		

（续）

序号	考核项目	考核内容及要求	配分	检测结果	评分标准	扣分	得分
13	配合	间隙≤0.08mm（9处）	36		每超0.02mm扣1分，超0.04mm以上不得分		
14		平行度公差0.04mm/D	4		超差不得分		
安全文明生产	安全生产	按国家颁发有关法规或企业自定有关规定进行考核	—		每违反一项规定从总分中扣除2分；发生重大事故者取消考核资格		
	文明生产	按企业自定有关规定进行考核	—		每违反一项规定从总分中扣除2分		
其他项目		未注公差尺寸按IT14级要求进行考核	—		每超一处扣2分		
		考件局部无缺陷	—		酌情扣1～5分；严重者扣30分		
总分		—	100	—	—		

四、加工方法分析

1. 加工前的准备工作

1）看视图，想形体。此课题由件1、件2两件组成，件2为基准件，件1为配合件，厚度均为7mm。

件2要求在ϕ60mm的圆坯料中（外圆不加工）加工出三个间隙相等，宽为10mm的槽，圆弧面到槽底的距离为$45_{-0.03}^{\ 0}$mm，ϕ10H7的圆在圆坯料的正中，同轴度公差为ϕ0.10mm。

件1的外形是80mm×80mm（自由公差）的正方形，有四个孔，孔距均为（60±0.05）mm，有对称度要求，内凹圆弧为坯料加工，并且有三个内凹的槽，用件2配作。

2）看尺寸标注，确定精度范围和测量工具。

件2：槽宽$10_{\ 0}^{+0.02}$mm，公差为0.02mm，用量块或检验棒测量；槽底$45_{-0.03}^{\ 0}$mm，公差为0.03mm，用千分尺测量。

件 1：孔距（60 ± 0.05）mm，公差为 0.10mm，用游标卡尺测量，可用定位针法加工。0.20mm/*B*、0.20mm/*C*，分别为两孔相对于外形 80mm × 80mm 的基准要素 *B*、*C*（中心线）的对称度，可转化为孔边距的误差 0.20mm。

注意：对称度要求与孔距的控制没有内在的联系，如果当孔加工完毕后，可用卡尺分别来检测孔边距，然后进行比较，差值大于 0.20mm 时，可进行修改，因为外形公差为自由公差，可提高灵活性。

3）看评分标准，分析相关尺寸的内容和确定占分量较大的尺寸。

首先，我们在看图样时，有些尺寸比较难确定，如 $45_{-0.03}^{0}$ mm。通过评分表分析得知，此尺寸为内凹槽底与外圆弧的距离。该尺寸和件 2 与件 1 的两孔中心无任何关系。然后是尺寸 0.10 ~ 0.20mm（3 处），在视图中有标注，但在评分表中无占分，这应引起我们的注意，在加工时，可不用浪费时间测量，可估测。

对单项占分比例最高的，要确定加工方案。

①同轴度 ϕ0.10mm/*A* 占分为 6 分，对应此要求应提高划线精度，还要复检、打样冲眼，用定位针定位夹紧，用游标卡尺检测，钻、铰。

②平行度 0.04mm，此为对件 1、件 2 配合后的两大平面的平行度要求，通过在加工时控制两件配合面的垂直度即可达到，占分为 4 分。

③间隙≤0.08mm（9 处），占分为 36 分，每一面分别占 4 分。在此要多留点时间进行逐步修整，件 2 为基准件，把 3 槽的加工精度控制在技术要求之内。

④此类课题中，表面粗糙度占分总数较高，合计为 17 分。如孔表面粗糙度 *Ra*1.6μm，平面表面粗糙度为 *Ra*3.2μm。

2. 加工三爪 R 合套

1）加工基准件 2。

①把 ϕ60mm 圆坯料装夹在分度头的夹头上，用游标高度卡尺量出它的总高度，减去圆坯料的半径。用游标高度卡尺划出中心线且向上，向下各降 5mm，即为槽宽 10mm，如图 3-75 所示。

②上钻床钻排孔和工艺孔 ϕ9.8mm。

③在钻床上铰孔。

注意：在钻床上用手工铰刀铰的目的是为了达到垂直度要求，但不能开机，手动拉动传动带或转动转夹头，而工件不能动。

④去除三槽余料。

⑤锉削第一个凹槽，达到目标尺寸 $45_{-0.03}^{0}$ mm 和槽宽 $10_{0}^{+0.02}$ mm，可用 ϕ10mm 检验棒测量或量规测量。

注意两面的平行度、垂直度、粗糙度、尺寸要求。

⑥锯削，锉削第二个、第三个 10mm 尺寸槽，控制 $45_{-0.03}^{0}$ mm 和 $10_{0}^{+0.02}$ mm

尺寸，以及两槽夹角120°。测量方法如图3-76所示。

$$h=\sin60°\times100\text{mm}=\sqrt{3}/2\times100\text{mm}=86.6\text{mm}$$

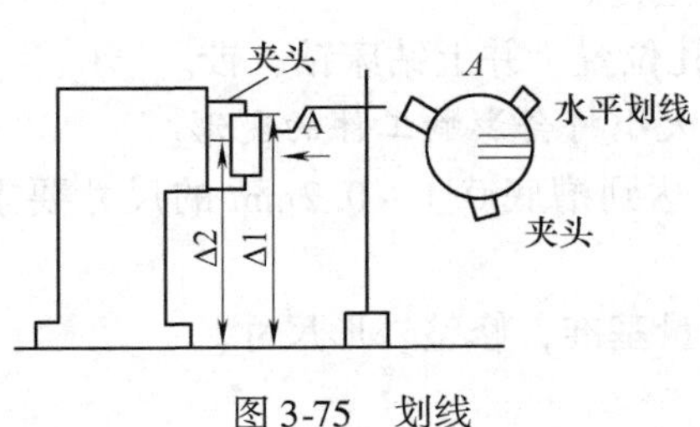

图3-75　划线

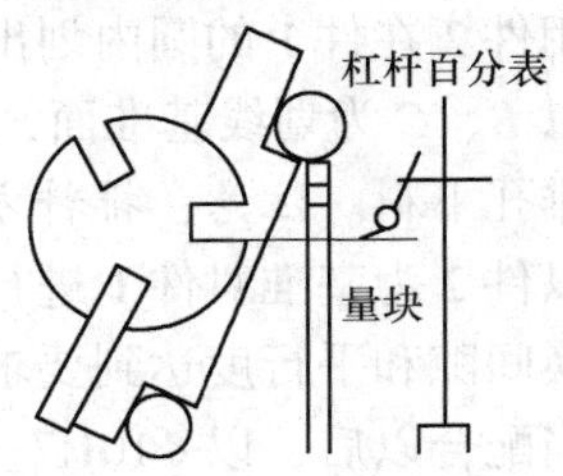

图3-76　测量槽的尺寸

说明：用量块插入第一个槽中，并把它们放在量块上，用手压板，使量块与正弦规测量块充分接触，并用杠杆百分表测量另两个槽各面的的水平面，修整至百分表显示数值相差0.03mm即可。

图3-77说明（条件为$45_{-0.03}^{\ 0}$mm尺寸已加工完，检验棒直径为5mm）：

$\because\quad BO=BF=5/2\text{mm}=2.5\text{mm}$

$FA=45\text{mm}-60/2\text{mm}=15\text{mm}$

$AB=BF+FA=15\text{mm}+2.5\text{mm}=17.5\text{mm}$

$\therefore\quad OA=\sqrt{AB^2+BO^2}=16.78\text{mm}$

又 $\because\quad \angle BAD=60°$

$\angle BAO=\arctan BO/AB=8°$

$\therefore\quad \angle OAD=60°-8°=52°$

$\therefore\quad OD=OA\times\sin\angle OAD=16.78\text{mm}\times\sin52°=13.22\text{mm}$

$DC=OD+OC=13.22\text{mm}+2.5\text{mm}=15.72\text{mm}$

$\therefore\quad EC=2DC=31.44\text{mm}$

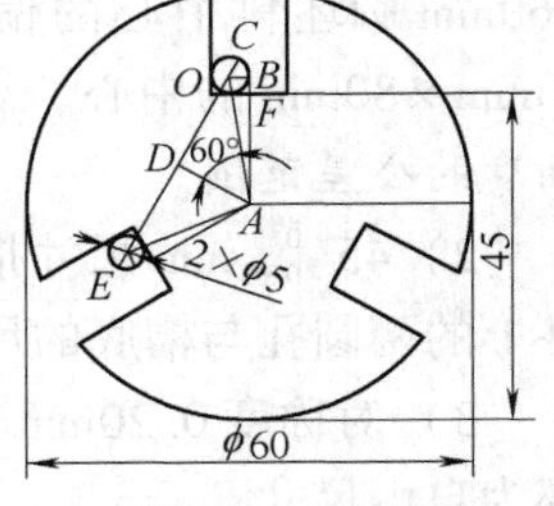

图3-77　检验

注意：测量方法的正确与否将会影响三槽角度的正确性和互换性（技术要求），另两槽10mm槽宽的加工是首先用正弦规量出两槽各一面的几何公差，用量块和检验棒修整至加工尺寸（图3-78、图3-79）。

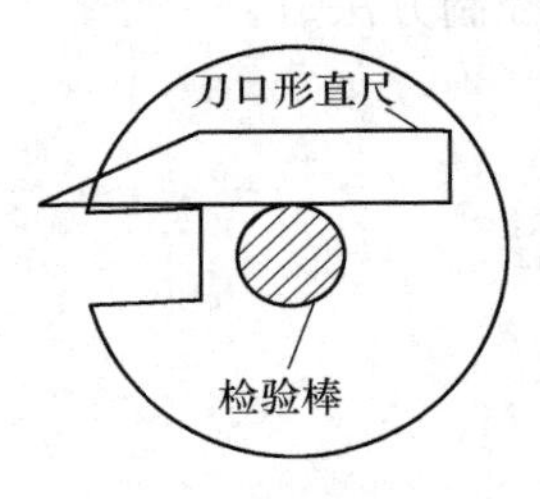

图3-78　检验棒修整

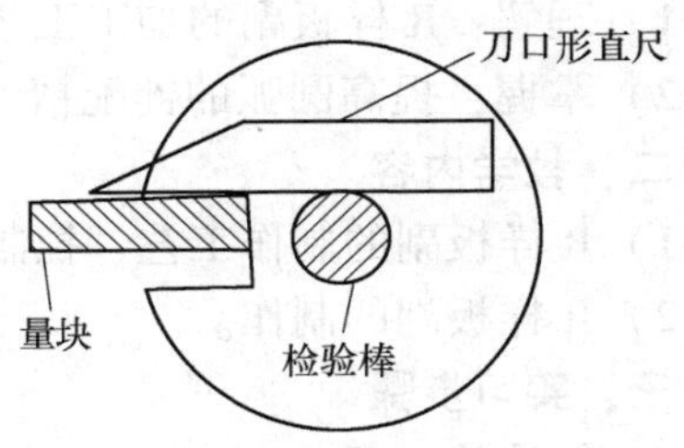

图3-79　量块和检验棒配合修整

2）加工配合件件1。

①加工和确定划线基准 B、C 两面，并划出 ϕ60mm 的圆。

②用件2在件1的圆内划出三槽的加工位置。

③以 B、C 为划线基准面，划出4个圆孔位置，并上钻床钻、铰。

④排孔下料。注意：排料方法及余量的大小将会影响工件的变形。

⑤以件2为基准对件1进行整体锉配，达到槽底0.1～0.2mm的尺寸要求，配合互换间隙和平行度达到要求。

⑥当配合以后，以 ϕ10H7（件2）为测量基准，修整外形尺寸。

3）加工后的工件。

①自检：根据评分标准的内容进行。

②修整：做微量修整，考虑公差。

③打钢印及上交。

五、注意事项

1）同轴度 ϕ0.10mm/A（ϕ10H7）：它所表示的意义为工艺孔 ϕ10H7 相对于 ϕ60mm 圆坯料中心的偏差在 ϕ0.10mm 的圆中浮动，而不是指工艺孔相对于 80mm×80mm 的中心。说明：在加工 ϕ60mm 板料中的中心孔时应注意控制其同轴度的公差范围。

2）$45_{-0.03}^{0}$mm 尺寸指的是 ϕ60mm 三槽槽底与外圆母线的距离尺寸，不是指件1的两圆孔与槽底的尺寸。

3）对称度0.20mm/B，对称度0.20mm/C 可以修整，因为两处80mm尺寸都为自由尺寸。

4）平行度0.04mm可以理解为小平面与基准大平面的垂直度在小于0.02mm范围内可以达到此要求。

任务十八　R 样板副

一、教学要求

1）理解：R样板副的加工工艺、测量方法、控制方法。

2）掌握：提高圆弧的锉配精度、组合精度。

二、教学内容

1）R样板副的制作工艺、控制方法、测量方法。

2）R样板副的制作。

三、实习步骤

1. 备料单（图3-80）

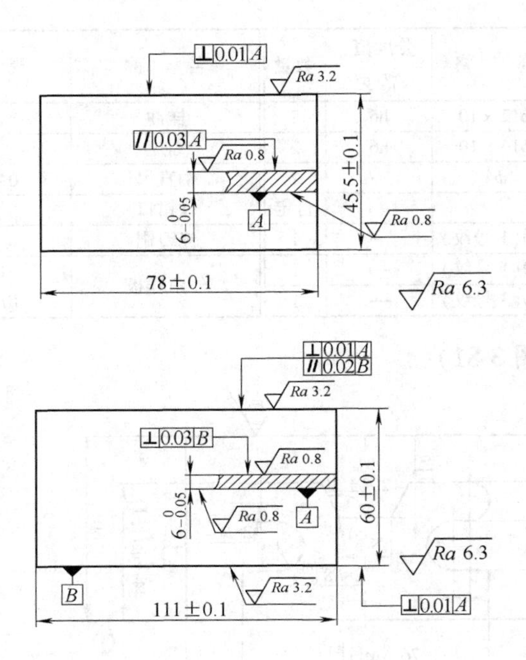

图 3-80　R 样板副备料单

2. 工、量、刃具（表 3-35）

表 3-35　R 样板副制作所用工、量、刃具　　　（单位：mm）

名　　称	规　　格	分度值、精度	数量	名　　称	规　　格	数量
游标高度卡尺	0～300	0.02	1	扁锉	150	1
游标卡尺	0～150	0.02	1		200	1
正弦规	100×30	一级	1		150	1
量块	38 块	—	1		100	1
千分尺	0～25	0.01	1	圆锉	150	1
	25～50	0.01	1		200	1
	50～75	0.01	1		150	1
	75～100	0.01	1		200	1
百分表	0～0.8	0.01	1	三角锉	100	1
表架	—	—	1	方锉	200	1
深度千分尺	0～25	0.01	1	整形锉	—	1 副
刀口尺	125	—	1	锯弓	—	1
90°角尺	100×63	—	1	锯条	—	自定
塞尺	0.02～0.5	—	1	锤子	—	1
半径样板	5～14.5	—	1	划针	—	1

（续）

名　称	规　格	分度值、精度	数量	名　称	规　格	数量
检验棒	$\phi12\times10$	h6	2	样冲	—	1
	$\phi16\times10$	h6	2	划规	—	1
直柄麻花钻	$\phi4$	—	2	钢直尺	0～150	1
錾子	—	—	自定	软钳口	—	1
扁锉	300(1 号纹)	—	1	锉刀刷	—	1
	150(1 号纹)	—	1	外角样板	120° 边长 12	1
	150(3 号纹)	—	1			

3. 工作图（图 3-81）

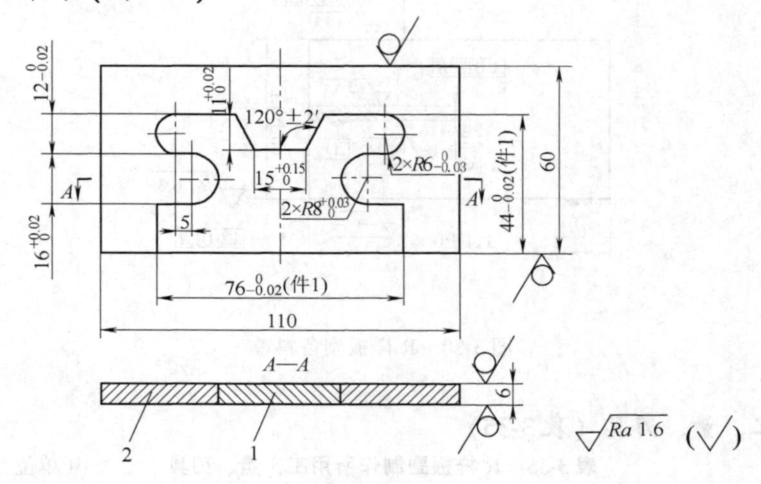

技术要求

1.件2按件1配作，配合互换间隙≤0.04mm；

2.下侧错位量≤0.04mm。

图 3-81　R 样板副工作图

4. 评分表（表3-36）

表3-36　R样板副考核评分表

序号	考核项目	考核内容及要求	配分	评分标准	扣分	得分
1	锉削	$12_{-0.02}^{0}$mm(2处)	6	超差不得分		
2		$16_{0}^{+0.02}$mm(2处)	6	超差不得分		
3		$2\times R8_{0}^{+0.03}$mm	10	超差不得分		
4		$2\times R6_{-0.03}^{0}$mm	10	超差不得分		
5		$44_{-0.02}^{0}$mm	4	超差不得分		
6		$76_{-0.02}^{0}$mm	4	超差不得分		
7		$15_{0}^{+0.15}$mm	3	超差不得分		
8		$11_{0}^{+0.02}$mm	4	超差不得分		
9		120°±2′(2处)	6	超差不得分		
10		*Ra*1.6μm(配合面)	10	每升高一级扣配分的一半		
11	配合	间隙≤0.04mm(15处)	30	平面部分超差不得分，曲面部分每超0.01mm扣1分		
12		错位量≤0.04mm	7	超差不得分		
安全文明生产	安全生产	按国家颁发有关法规或企业自定有关规定进行考核	—	每违反一项规定从总分中扣除2分；发生重大事故者取消考核资格		
	文明生产	按企业自定有关规定进行考核	—	每违反一项规定从总分中扣除2分		
其他项目		未注公差尺寸按IT14要求进行考核	—	每超一处扣2分		
		考核件局部无缺陷	—	酌情扣1～5分；严重者扣30分		
总分		—	100	—		

四、加工方法分析

1. 加工前的准备工作

1）阅读图样，分析基准件、配合件及相关重要尺寸和单独工艺（制作先后次序）。

①确定基准件：件1。

②相关重要尺寸：$76_{-0.02}^{0}$mm、$12_{-0.02}^{0}$mm、$11_{0}^{+0.02}$mm、120°±2′、$44_{-0.02}^{0}$mm。

③单独工艺分析：a. $76_{-0.02}^{0}$mm尺寸的控制将影响下道工序的测量与控制，特别是几何公差、垂直度、平面度、平行度，虽然无几何公差要求，但作为基准，必须达到在公差0.02mm之内（已包含在内）。b. 在制作基准件时，关键还

是控制对称度，虽然在图样中无相应的对称度要求，但为了达到技术要求中的配合互换间隙，开始必须控制对称度。c. 在加工件 2 时，可以按照凸件的加工方案进行，不要直接加工圆弧，可先加工直角形。d. $12_{-0.02}^{\ 0}$mm、$16_{\ 0}^{+0.02}$mm 有尺寸链的关系，可直接测量控制 $16_{\ 0}^{+0.02}$mm。e. 在加工中应该注意公差与上下偏差的关系。有些尺寸要求上偏差或下偏差为零，而有些尺寸要求上偏差为零，下偏差有确定的值。

④配合件 2 到最后再修整尺寸 110mm×60mm，可以保证错位量≤0.04mm。

2）准备相应的工、量、刀具等。如游标高度卡尺、游标卡尺、正弦规、量规、千分尺（0~25mm、25~50mm、50~75mm、75~100mm）、百分表、表架、塞尺、半径样板、检验棒、直柄麻花钻 ϕ4mm、锉刀、手锯等。

2. R 样板副的加工

①加工件 1 外形尺寸 $76_{-0.02}^{\ 0}$mm×$44_{-0.02}^{\ 0}$mm，特别是对几何公差值应严格控制。*注意：要求上偏差为零，下偏差为 -0.02mm。*

②划出所有加工界线，并检验线条的正确性。

③排孔下料 120°±2′槽（图 3-82），用正弦规、百分表、量块组合加工角度。关键是通过正弦规组合测量并控制对称度和角度，可用间接测量法控制槽深，并打平底面（槽底）。

④加工一端的尺寸 $12_{-0.02}^{\ 0}$mm、$16_{\ 0}^{+0.02}$mm（图 3-83）。

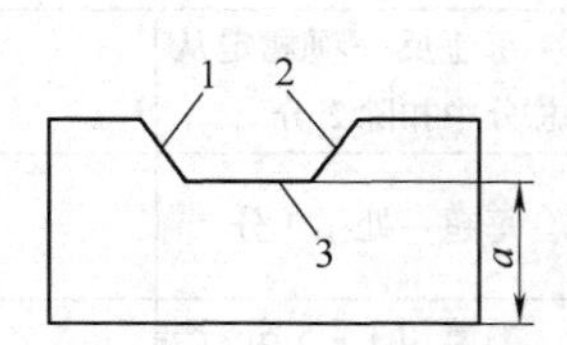

图 3-82 排孔下料 120°±2′槽

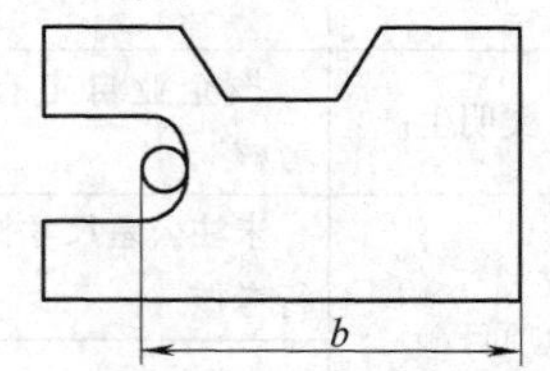

图 3-83 加工一端内圆弧

关键步骤：要严格控制 b 尺寸。在加工时要注意垂直度、平行度等几何公差要求，圆弧要光滑过渡。

⑤用已加工完毕的圆弧来控制和加工另一端的圆弧。关键步骤：在加工第一段内圆弧时，应算出与要求尺寸的偏差，并在加工第二段内圆弧时，用同样的偏差来加工尺寸，这样可以保证其对称度，如图 3-84 所示。

优势：槽深为自由未注公差，伸缩性比较大。

⑥用同样的方法来控制加工外凸圆弧。

注意：用圆弧的最高点来控制尺寸，并用已加工完毕的 120°槽两侧面控制对称度来加工两端的外凸圆弧。

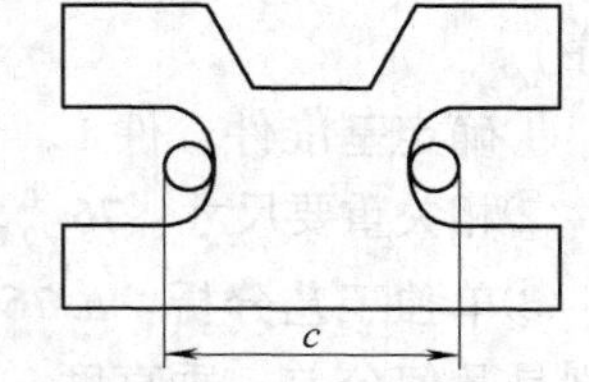

图 3-84 加工另一端内圆弧

⑦用仿划线的方法来划出凹件的加工界线，并做检验。

⑧排孔下料内形，先做粗加工。

⑨用外凸件1来加工件2内形，且注意间隙的控制。

⑩加工外形尺寸110mm×60mm，并注意错位量≤0.04mm。

3. 加工后的工作

1）进行自检，并做微量修整。

2）各锐边进行倒棱。

五、注意事项

1）在加工件1 $12_{-0.02}^{0}$mm、$16_{0}^{+0.02}$mm 尺寸时，要特别强调两肩的等高性，可用百分表结合来修整。

2）在加工内、外圆弧时，要注意光滑连接和粗糙度的要求。

3）在加工两端的内、外圆弧时，要根据标准槽来修整对称度。

4）在加工槽底深度 $11_{0}^{+0.02}$mm 尺寸时，可用深度千分尺或者间接控制法来控制尺寸。

任务十九　梅花合套

一、教学要求

1）掌握：梅花合套的制作工艺、测量方法、尺寸控制方法。

2）了解：提高圆弧的镶配精度，树立产品意识。

二、教学内容

1）梅花合套的制作工艺及测量方法。

2）梅花合套的制作。

三、实习步骤

1. 备料图（图3-85）

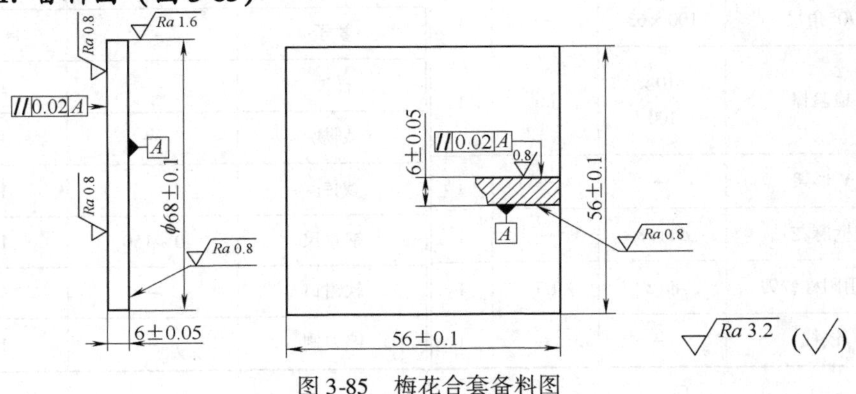

图3-85　梅花合套备料图

2. 工、量具清单（表3-37）

表3-37　梅花合套制作所用工、量具清单　（单位：mm）

名　称	规　格	分度值、精度	数量
游标高度卡尺	0~300	0.02	1
游标卡尺	0~150	0.02	1
游标万能角度尺	0°~320°	2′	1
正弦规	100×80	一级	1
千分尺	0~25	0.01	1
	25~50	0.01	1
	50~75	0.01	1
	75~100	0.01	1
百分表	0~0.8	0.01	1
表架	—	—	1
分度头	F11160	一级	1
量块	38块	—	
塞规	ϕ10	—	1
塞尺	0.02~0.5	h7	1
刀口尺	100	—	1
90°角尺	100×63	—	1
检验棒	ϕ10×100	h6	1
V形架	—	—	1副
直柄麻花钻	ϕ11.8	—	1
手用圆柱铰刀	ϕ12	H7	1
铰杠	—	—	1

名　称	规　格	数量
扁锉	150	1
	150	1
	100	1
	100	1
三角锉	100	1
	100	1
方锉	150	1
	150	1
半圆锉	200	1
	250	1
	250	1
	250	1
整形锉	—	1副
锯弓	—	1
锯条	—	自定
锤子	—	1
錾子	—	自定
样冲	—	1
划规	—	1
划针	—	1
钢直尺	0~150	1
软钳口	—	1副
锉刀刷	—	1

3. 工作图（图 3-86）

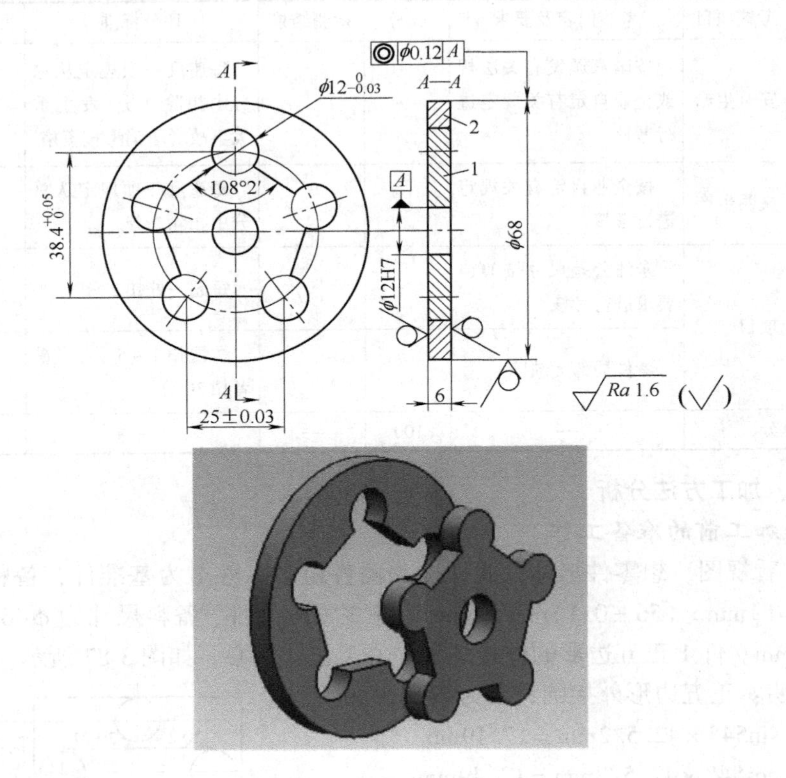

图 3-86　梯花合套工作图

4. 评分表（表 3-38）

表 3-38　梯花合套考核评分表

序号	考核项目	考核内容及要求	配分	检测结果	评分标准	扣分	得分
1	锉削	$38.4_{\ 0}^{+0.05}$mm(5 处)	15		超差不得分		
2		(25±0.03)mm(5 处)	20		超差不得分		
3		$5\times\phi12_{-0.03}^{\ 0}$mm	10		每超 0.01mm 扣 1 分，超 0.02mm 以上不得分		
4		Ra1.6μm(10 处)	10		每升高一级扣 0.5 分		
5	铰削	φ12H7	2		超差不得分		
6		Ra1.6μm	2		超差不得分		
7	配合	间隙≤0.1mm(10 处)	35		超差不得分 超差不得分		
8		同轴度公差 φ0.12mm/A	6		超差不得分每升高一级扣配分的一半		

（续）

序号	考核项目	考核内容及要求	配分	检测结果	评分标准	扣分	得分
安全文明生产	安全生产	按国家颁发有关法规或企业自定有关规定进行考核	—		每违反一项规定从总分中扣除 2 分；发生重大事故者取消考核资格		
	文明生产	按企业自定有关规定进行考核	—		每违反一项规定从总分中扣除 2 分		
其他项目		未注公差尺寸按 IT14 要求进行考核			每超一处扣 2 分		
		考件局部无缺陷			酌情扣 1 ~ 5 分；严重者扣 30 分		
总分		—	100	—	—		

四、加工方法分析

1. 加工前的准备工作

1）看视图，想零件形体：此课题为两件组合，件 1 为基准件，备料尺寸为 $(56 \pm 0.1)\text{mm} \times (56 \pm 0.1)\text{mm} \times 6\text{mm}$。件 2 为配合件，备料尺寸为 $\phi(68 \pm 0.1)\text{mm} \times 6\text{mm}$。件 1 正五边形的外接圆和中心工艺孔同心，如图 3-87 所示。

证明：正五边形外接圆直径为 $\phi 42.5\text{mm}$

则 $y = \sin 54° \times 42.5/2\text{mm} = 17.19\text{mm}$

$x = \cos 54° \times 42.5/2\text{mm} = 12.49\text{mm}$

$12.49\text{mm} \times 2 = 24.98\text{mm}$

又因为两圆心距为 25mm，相差 0.02mm。所以，综合考虑用坐标法划出五边形：

①$y' = \sin 18° \times 42.5/2\text{mm} = 6.57\text{mm}$

$x' = \cos 18° \times 42.5/2\text{mm} = 20.21\text{mm}$

图 3-87　件 1 各尺寸的计算

②也可用作图法作出，但是坐标法精度比较高。

两者相比：

用作图法速度快，误差较大。

用坐标法速度慢，但误差小（需要计算）。

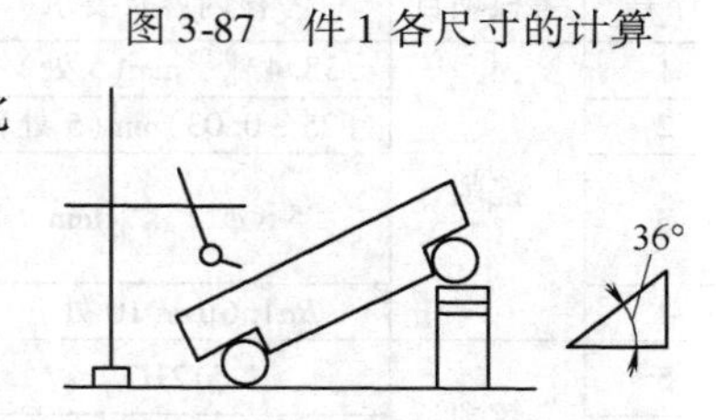

图 3-88　测量角度

2）看尺寸标注，确定精度范围并考虑相应的尺寸测量方式。

①角度 108° ±2′，虽然评分表对其无评分要求，但会影响互换性和间隙，因此，是关键尺寸之一。测量时，可用专用样板或正弦规测量，如图 3-88 所示。

正弦规测量法：$y''=\sin36°\times100\text{mm}=58.78\text{mm}$（图 3-88）。

样板制作法，如图 3-89 所示。

②$38.4^{+0.05}_{0}$mm，公差为 0.05mm，测量方法为整体测量、间接测量。尺寸 $38.4^{+0.05}_{0}$mm 与圆尺寸 $\phi12^{0}_{-0.03}$mm 直接关联，如图 3-90 所示。

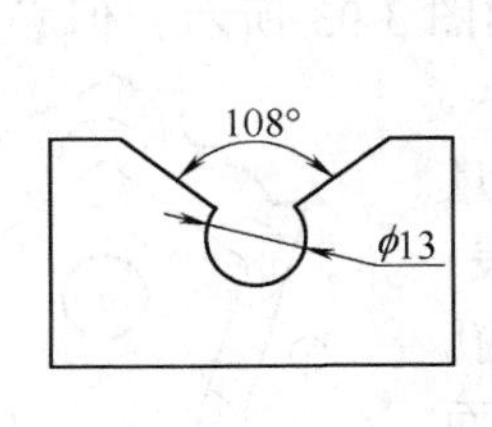

图 3-89　样板制作

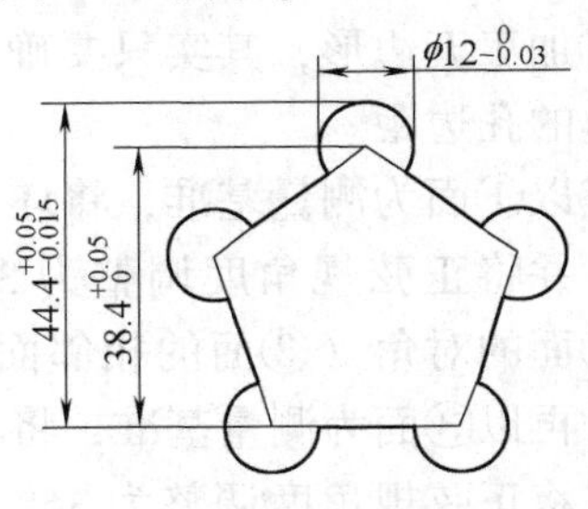

图 3-90　尺寸要求

③(25 ± 0.03)mm，公差为 0.06mm，测量方法可采用图 3-91 所示方法。即尺寸(25 ± 0.03)mm 与两圆尺寸 $\phi12^{0}_{-0.03}$mm 直接关联，25mm = 37mm − 12mm（25mm = 37mm − 2 × 12/2mm）。

④几何公差（同轴度 $\phi0.12\text{mm}/A$）。加工方法为控制内孔边到外圆的尺寸。检测方法如图 3-92 所示。

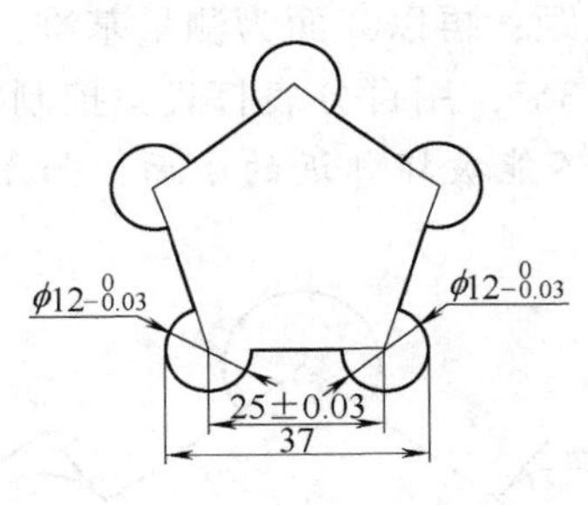

图 3-91　尺寸测量

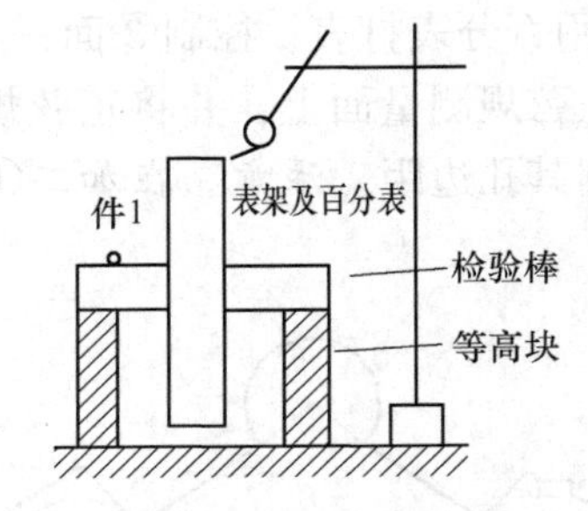

图 3-92　同轴度的检测

3）看评分标准。分析相关尺寸的内容和确定占分量较大的尺寸。

①表面粗糙度占分为 12 分。

②尺寸精度占分 45 分，其中 38.4mm、25mm 在加工时与 $\phi12^{0}_{-0.03}$mm 尺寸加工精度有关。因此，在加工 $5\times\phi12^{0}_{-0.03}$mm 圆时要特别注意。

③虽然，在评分表中对角度 108° ± 2′无要求，但此角度影响较大。因此，在加工中，也要特别注意。

④间隙占分 35 分，每处为 3.5 分。

4）准备相应的工、量、刃具，可根据备料单准备。

5）检测来料是否符合加工要求。

2. 加工梅花合套

加工基准件（件 1）。

①来料为方料，由一组直角边划出所有的加工界线，根据图 3-87 确定。

②上钻床钻、铰工艺孔 ϕ12H7，控制孔径和粗糙度。

③加工五边形，其实只要确定 3 条边即可，如图 3-93 所示，但必须严格控制 3 边的孔边距。

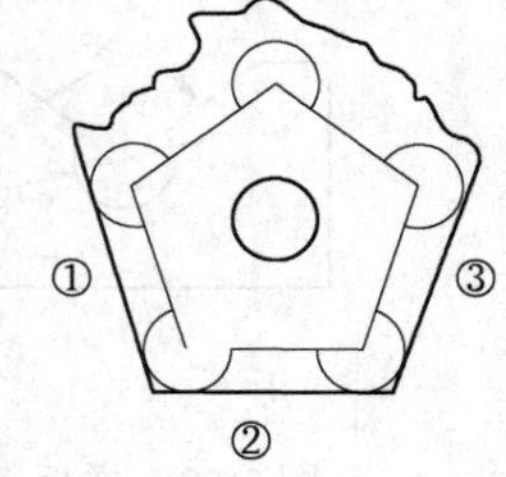

图 3-93　3 边的加工示意图

④以①面为测量基准，将坯料放在正弦规的测量面上，并将正弦规角度调整为 36°，用百分表打表，控制①面的对角（③面的相邻面），并注意控制其孔边距；再以③面为测量基准，将其放在正弦规测量面上，并将正弦规角度调整为 36°，用百分表打表，控制③的对面（①面的相邻面，并注意控制其孔边距，同时加工 ϕ12mm 圆弧。此过程涉及的尺寸及公差有：角度 108° ± 2′，直径 ϕ12mm，ϕ12mm 圆的对称度，孔边距：17. 19mm − 6mm（孔的半径）= 11. 19mm，表面粗糙度（3 处）。注意：36°是①面和③面的夹角，加工以基准转换原则和方便测量为前提。加工结果如图 3-94 所示。

⑤以①面为测量基准，将其放在正弦规测量面上，并将正弦规角度调整为 36°，用百分表打表，控制③面，并控制其孔边距；再以③面为测量基准，将其放在正弦规测量面上，并将正弦规角度调整为 36°，用百分表打表，控制①面，并控制其孔边距。注意：在加工①、③面时，不能破坏邻近的小面，如图 3-95 所示。

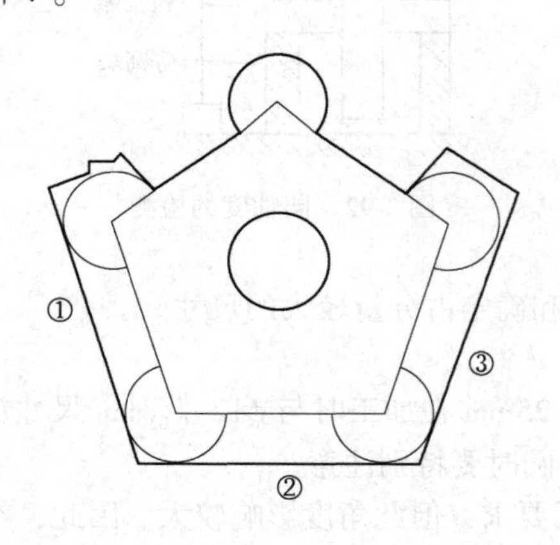

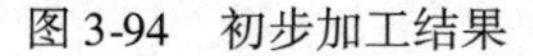
图 3-94　初步加工结果

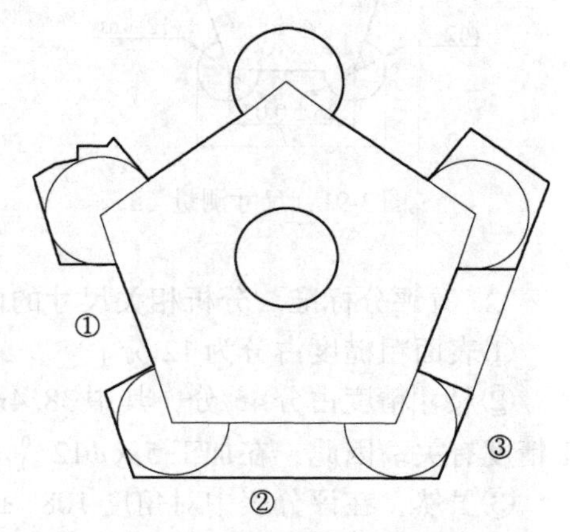

图 3-95　加工①、③面

⑥如图 3-96 所示，以圆弧 1 的正对面为自身测量基准面，使用量块并用百分表打表，加工深度为 6mm 的平槽。控制角度、孔边距和表面粗糙度。

⑦以圆1为测量基准，加工圆2、圆3，控制尺寸37mm［37mm＝25mm（两圆心距）＋12mm（两个圆的半径）］。测量的尺寸及其要求如图3-91、图3-97所示，即 $l_1 = l_1' = l_2 = l_2' = l_3$。先加工使 $l_1 = l_1'$，用圆弧基准点来控制两处 ϕ12mm尺寸，然后加工使 $l_2 = l_2'$，再用圆弧基准点来控制两处 ϕ12mm尺寸，最后控制 l_3 尺寸。

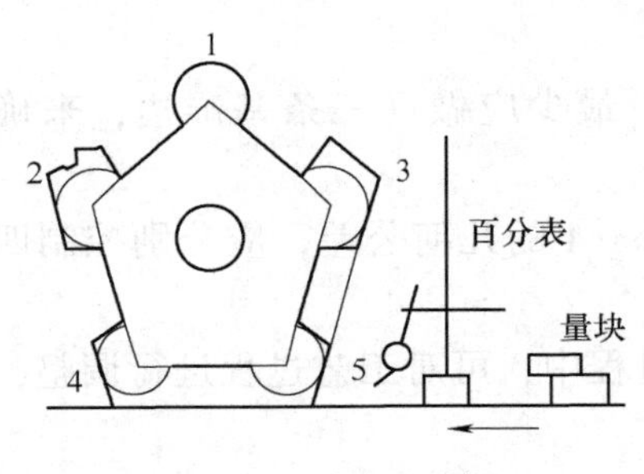

图3-96　加工平槽

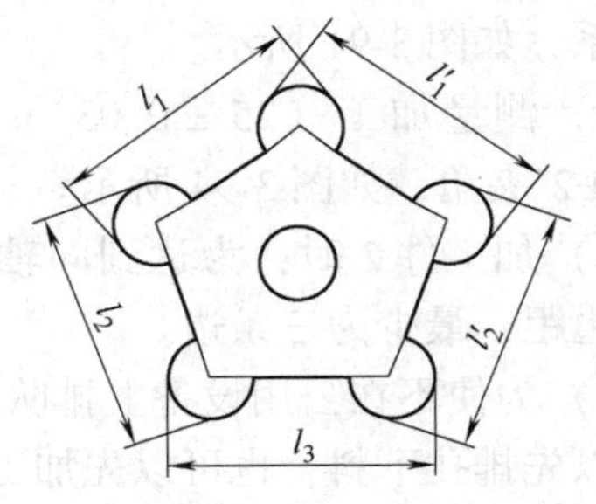

图3-97　尺寸要求

3. 加工配合件（件2）

1）划出 ϕ68mm中心孔位置，上钻床钻、铰以及划出五边形及五圆。划线方法：a. 仿划线（钻、铰）；b. 几何法划出；c. 坐标法。

最佳方法：把工件夹在分度头中，旋转72°或者手柄转 $n = 40/8 = 5$ 圈，划出5条水平线。

2）上钻床钻出 ϕ11. 8mm五圆孔，并锯削下料，方法如图3-98所示。

3）用件1来修配件2内形面。方法：从108°±2′的一个圆角处来修配，并且用卡尺来检测对称度，即通过控制边距尺寸来加工第一处，然后逐步向上修配。如图3-99所示。原则：加工时应注意孔边距尺寸，并从圆角处入手。

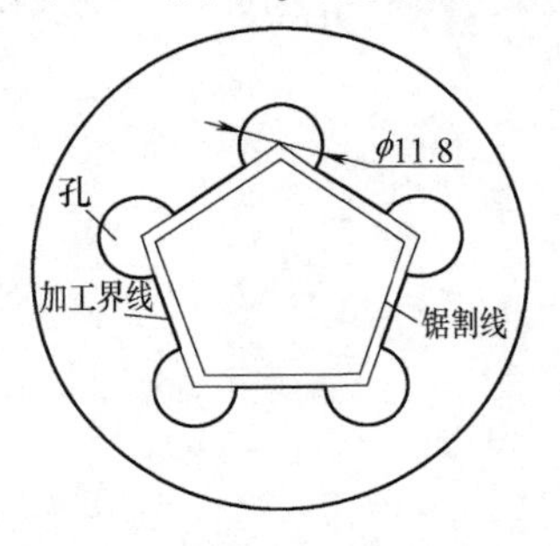

图3-98　钻孔、锯削下料

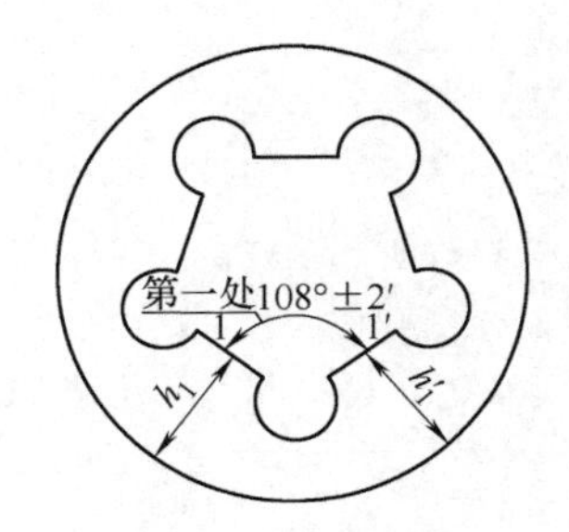

图3-99　修配

4. 加工后的工作

1）复检，并做微量修整。

2）打钢印，工件上交。

五、注意事项

1）在加工件1时，用正弦规检测108°±2′角度时，正弦轨的量块高度应以sin18°×100mm来确定，即正弦规斜度角为18°。

2）测量加工尺寸$38.4^{+0.05}_{0}$mm与圆尺寸ϕ12mm的公差，它们与总高度有直接联系，如图3-91所示。

3）测量加工（25±0.03）mm尺寸时，最少应做好三条基准边，来确定108°±2′夹角，如图3-94所示。

4）加工件2时，为达到同轴度ϕ0.12mm/A的几何公差，应分别控制四条边的边距，最少为三条边。

5）为使不在公用设备上排队，在加工过程中，可对工艺过程进行调整，如即可以先排孔下料，也可以先加工件1。

参 考 文 献

[1] 王才林，谭显秋．钳工操作技能考试手册：国家职业资格五级（初级）［M］．北京：中央广播电视大学出版社，2001．

[2] 王才林，谭显秋．钳工操作技能考试手册：国家职业资格四级（中级）［M］．北京：中央广播电视大学出版社，2001．

[3] 劳动部教材办公室．钳工生产实习［M］．北京：中国劳动出版社，1997．

[4] 刘风军．高级机修钳工操作技术要领图解［M］．济南：山东科学技术出版社，2008．